高等学校教材

大学计算机
——计算思维与信息素养

主　编　孙春玲

参　编　镡　欣　李天亿　宋振东

　　　　任　健　任春玉　邓　倩

　　　　田海萍

主　审　郑大渊

U0352169

高等教育出版社·北京

内容提要

信息技术已成为当代社会发展和人们赖以生存的基础，已经融入社会生活的方方面面，深刻改变着人类的思维、生产、生活、学习方式，以信息素养为重点，培养学生学习信息技术的理论和实践，提高学生计算机应用能力和综合素质，是计算机基础教学改革的方向。

本书根据教育部大学计算机课程教学指导委员会提出的"以计算思维为切入点的计算机基础教学改革"思路编写而成。全书共10章，主要内容包括信息技术基础知识、计算机概述、操作系统及 Android 应用、算法及 Raptor 程序设计、互联网、物联网、网络空间安全、云计算、大数据、人工智能等。

本书适合作为高等学校以培养学生计算思维、信息素养、应用能力为目标的第一门计算机课程的教材，也可作为计算机爱好者的自学参考书。

图书在版编目（C I P）数据

大学计算机：计算思维与信息素养／孙春玲主编
. -- 北京：高等教育出版社，2019.11（2024.8重印）
ISBN 978-7-04-052771-1

Ⅰ. ①大… Ⅱ. ①孙… Ⅲ. ①电子计算机-高等学校
-教材 Ⅳ. ①TP3

中国版本图书馆 CIP 数据核字(2019)第 213710 号

| 策划编辑 | 唐德凯 | 责任编辑 | 唐德凯 | 特约编辑 | 薛秋丕 | 封面设计 | 李小璐 |
| 版式设计 | 童 丹 | 插图绘制 | 于 博 | 责任校对 | 王 雨 | 责任印制 | 存 怡 |

出版发行	高等教育出版社	网 址	http://www.hep.edu.cn
社 址	北京市西城区德外大街 4 号		http://www.hep.com.cn
邮政编码	100120	网上订购	http://www.hepmall.com.cn
印 刷	保定市中画美凯印刷有限公司		http://www.hepmall.com
开 本	787 mm×1092 mm 1/16		http://www.hepmall.cn
印 张	18.75		
字 数	460 千字	版 次	2019 年 11 月第 1 版
购书热线	010-58581118	印 次	2024 年 8 月第14次印刷
咨询电话	400-810-0598	定 价	36.00 元

本书如有缺页、倒页、脱页等质量问题，请到所购图书销售部门联系调换
版权所有 侵权必究
物 料 号 52771-00

大学计算机
——计算思维与信息素养

主编　孙春玲

1 计算机访问 http://abook.hep.com.cn/1875787，或手机扫描二维码、下载并安装 Abook 应用。

2 注册并登录，进入"我的课程"。

3 输入封底数字课程账号（20位密码，刮开涂层可见），或通过 Abook 应用扫描封底数字课程账号二维码，完成课程绑定。

4 单击"进入课程"按钮，开始本数字课程的学习。

　　课程绑定后一年为数字课程使用有效期。受硬件限制，部分内容无法在手机端显示，请按提示通过计算机访问学习。

　　如有使用问题，请发邮件至 abook@hep.com.cn。

扫描二维码
下载 Abook 应用

○ 前 言

信息技术日新月异，移动通信、物联网、云计算、大数据和人工智能这些新概念和新技术的出现，在社会经济、人文科学、自然科学的许多领域引发了一系列革命性的突破。信息技术已经融入社会生活的方方面面，深刻改变着人类的思维、生产、生活、学习，展示了人类社会发展的前景。

"大学计算机"是大学生进入大学后学习的第一门计算机课程，其教学目的是培养学生使用计算机解决和处理问题的思维和能力，提升大学生信息素养。为了适应新时代学生发展的需求，长期从事计算机基础教学的作者团队进行了广泛的调查研究，同相关领域专家进行了多次研讨，并进行了两个周期的教学实践，在此基础上编写了本书。

本书编写的总体思路是"普及科学知识、弘扬科学精神、传播科学思想、倡导科学方法"。在编写过程中，以贯彻通识教育思想、提高学生的科学修养和信息素养为主线，对当前学生必备的信息技术知识进行了梳理，力求帮助学生由浅入深地理解当前信息技术基础理论，通过案例进行知识内化，以培养学生的计算思维、信息素养、实践能力为教学目标。

本书共分 10 章，主要内容如下。

第 1 章 信息技术基础知识。通过本章的学习，使学生了解信息及其对社会的作用与影响，掌握信息处理的方法及表达方式，培养学生分析问题、解决问题的能力，增强学生的信息意识。

第 2 章 计算机概述。通过本章的学习，使学生了解国内外计算机发展简史，了解计算机分类及应用，掌握计算机硬件组成及功能，掌握计算机软件分类及功能，了解冯·诺依曼计算机模型、图灵计算机模型。

第 3 章 操作系统及 Android 应用。通过本章的学习，使学生对操作系统尤其是智能操作系统的基本概念和应用有基本的了解，熟悉 Android 操作系统的基本概念和特点，了解 Android 系统的应用领域，熟练掌握常用 App 的使用方法，掌握 Android 文件管理的方法，为全面使用移动互联网及相关内容的学习奠定基础。

第 4 章 算法及 Raptor 程序设计。通过本章的学习，使学生掌握算法的概念、特性，了解常用的高级程序设计语言，了解计算机的数据存储，初步掌握计算机中的数据运算方法，掌握程序流程图的画法，掌握 Raptor 程序设计案例的实现，培养学生的计算思维能力。

第 5 章 互联网。通过本章的学习，使学生对计算机网络基础知识有所了解，了解网络技术的新发展、新动态。向学生整体介绍物联网的概念、内涵、关键技术、发展现状以及主要应用等，培养学生信息获取的能力。

第 6 章 物联网。通过本章的学习，使学生了解物联网发展的背景以及物联网的应用领域、基本概念及特征。

第 7 章 网络空间安全。通过本章的学习，使学生了解网络安全的基本理论，掌握基本的网络安全防护手段，了解安全威胁及威胁出现的原因，了解保障网络安全的有效办法，帮助学生树立网络安全防范意识，提高学生的信息运用能力。

第8章 云计算。通过本章的学习，使学生对云计算的由来、基本概念和关键技术有基本的了解，熟悉云计算的服务和类型，了解云计算的应用领域，认清云计算的发展趋势和应用前景，为后续大数据及相关内容的学习奠定基础。

第9章 大数据。通过本章的学习，使学生了解大数据的基本概念、主要技术，使学生认识到大数据思维的重要性。提高学生的信息获取能力及信息运用能力。

第10章 人工智能。通过本章的学习，使学生掌握人工智能的基本原理、方法及研究应用领域，拓展学生的信息技术知识，提高学生的信息创新能力。

本书以"提升素养，夯实技术，接轨社会，融合专业"为编写的指导思想，层次清晰，通俗易懂、内容丰富、图文并茂，通过本书的学习，可为学习各专业后续开设的计算机类课程打下扎实的基础。

本书编写分工如下：第1章由镡欣编写，第2章由田海萍、镡欣编写，第3章由宋振东编写，第4章由任春玉编写，第5、6章由李天亿编写，第7章由任健编写，第8章由宋振东编写，第9章由邓倩编写，第10章由孙春玲、镡欣编写，全书由孙春玲统稿。

本书编写过程中参考了大量的参考文献，在此向文献作者表示感谢。

由于作者水平有限，不妥与疏漏之处，恳请专家和读者批评指正。

作 者

2019 年 7 月

目　录

第 1 章　信息技术基础知识

第 2 章　计算机概述

第 3 章　操作系统及 Android 应用

第4章 算法及 Raptor 程序设计

第5章 互 联 网

第6章 物 联 网

第1章
信息技术基础知识

 本章导读

电子课件

　　信息技术的发展十分迅猛，它的广泛普及与应用，不仅改变了人们的生活方式和学习习惯，而且极大地推动了经济的发展与社会的进步，帮助人类进入了一个全新的信息化社会。因此，各专业各层次的人才都应该了解并掌握信息技术的基础知识，以便更好地适应社会的高速发展，拓宽视野，提高综合素质。

　　本章概述信息技术的基础知识，从信息的基本概念开始，介绍信息技术的发展过程以及和信息技术密切相关的一些知识，向读者展示信息技术对于学习、生活、工作及未来的影响。

1.1 信息的基本概念

物质、能量和信息是构成客观世界的三大要素，信息与物质和能量同等重要，在人们的学习和社会生活中发挥着重要作用。那么什么是"信息"？它的主要特征是什么？它和数据、信号、消息的区别是什么？对这些问题的深入了解，是正确理解信息技术内涵的前提，让我们从这里开始探索信息世界，迈入神秘的信息技术的大门。

1.1.1 信息的定义

当今的社会是信息社会，人们早已离不开信息，对信息的依赖性越来越强。每天清晨当人们收听到广播中的天气预报、看到电视中的节目、和友人拨打电话或者打开手机上网浏览新闻时，人们就感觉到自己获得了"信息"。那么，"信息"是否就是这些广播、电视、电话或新闻呢？这个问题中存在一些模糊的、不确定的答案。因为如果这些广播、电视、电话或新闻的内容是人们早就了解、知道的，那么在获得这些"信息"时，人们就会觉得没有什么意义，也可以说并没有带来什么信息；反之，如果这些内容是人们原来并不知晓，甚至是完全出乎意料的，就会觉得获得了很多信息。"信息"正是从这些原始的、含糊不清的概念中概括、提炼、提高而形成的内容，它具有严格的、确切的含义和一定的数学表达，并且可以度量。

什么是信息呢？据《新词源》考证，远在一千多年前，我国唐代诗人李中在他的《暮春怀故人》一诗中，就使用了"信息"一词，"梦断美人沉信息，目穿长路倚楼台"。这里的"信息"指的是"消息"。在国外，据说较早讨论数据、信息、知识与智慧之间关系的，不是数学家，也不是计算机科学家，而是诗人。直至今天，据不完全统计，科学文献中有关信息的定义已出现了百余种，它们都从不同的侧面和不同的层次揭示了信息的本质，但同时它们也都有各自的局限性，下面引述其中一些有代表性的说法。

1928 年，哈特莱（R. V. L. Hartley）在《贝尔系统技术杂志》上发表了一篇论文《信息传输》。他认为"发信者所发出的信息，就是他在通信符号表中选择符号的具体方式"。他把信息理解为选择通信符号的方式，并且用选择的自由度来计算这种信息量的大小。他的这种理解能够在一定程度上解释通信工程中的一些信息问题，但也存在一些局限性。一方面，定义的信息不涉及内容和价值，只考虑选择的方式；另一方面，没有考虑到信源所具有的统计性质。虽然这些缺点使其适用范围受到一定程度的限制，但他的研究成果为信息论的创立奠定了基础。

1948 年，信息论创始人香农（C. E. Shannon）在《贝尔系统技术杂志》上发表了一篇论文《通信的数学原理》，文中对信息的认识方面取得了重大突破，香农也被后人称为信息论的创始人。他以概率论为工具，深刻论述了通信工程的一系列基本理论问题，给出了计算信源信息量和信道容量的方法和一般公式，得到了一组编码定理，

扩展阅读

1-1

香农简介

这些定理表征了信息传递的重要关系。文中虽然没有直接给出信息的定义，但在进行信息定量计算时把信息量定义为随机不确定性程度的减少。他对信息的理解为，信息是用来减少随机不确定性的东西。

同年，控制论的奠基人维纳（N. Wiener）在《控制论——动物和机器中的通信与控制问题》一书中指出"信息就是信息，不是物质，也不是能量"。也就是说，信息就是信息本身，它不是其他什么东西的代替物，它是与"物质""能量"同等重要的基本概念。后来，维纳在 1950 年出版的《控制论与社会》一书中是这样理解信息的，"信息就是我们在适应外部世界，并把这种适应反作用于外部世界的过程中，同外部世界进行交换的内容的名称"。

"信息"是一个抽象又复杂的概念，迄今为止，由于受到民族文化、研究领域与观察视角影响，还没有形成一个完整、准确的定义，不同的研究学派对信息本质和定义还没有形成统一的意见和认识。广义地说，信息是认识主体（人、生物和机器）所感受的或所表达的事物运动的状态和运动状态变化的方式。

1.1.2　数据、消息、信号与信息的关系

在日常生活中，人们普遍认为数据、消息、信号与信息有着非常紧密的联系，并不刻意区分它们之间的差别。但从信息科学的角度来讲，信息是不能等同于数据、消息、信号的，信息的含义更为深刻和广泛。

1. 数据

数据是对客观事物的性质、状态和相互关系等进行记载的物理符号，是信息的载体。数据是未经加工的信息，而信息则是加工后为某个目的使用的数据，信息是数据的内容或诠释，将数据加工为信息的过程称为信息加工或处理。

2. 消息

在西方出版的文献著作中，"信息"（information）和"消息"（message）两个词经常通用，人们也经常把信息等同于消息，其实这两者之间是存在差异的。1928 年，哈特莱在《信息传输》中论述过"信息"与"消息"的关系，他认为，信息是包含在消息中抽象的量，而消息是具体的，其中蕴含着信息。

香农认为，在通信过程中，信息经过编码（符号化）成为消息，经过媒介传播，信息的接收者收到消息后，经过译码（解读）获得其中的信息。消息是信息的载体，信息是消息的内容。

3. 信号

在实际的通信系统中，为了克服时间或空间的限制，必须对消息进行加工处理。把消息变成适合信道中传输的物理量，这种物理量称为信号。信号是消息的运载工具，信号携带消息，以达到迅速并有效地传送和交换信息的目的。

数据、消息、信号与信息的关系可以概括为，数据是未经加工的信息，而信息是经过加工以后能为某个目的使用的数据。消息是信息的表现形式，信息是消息的具体内容。信号是消息的物理体现，消息包含在信号之中，信号是消息的载体。通信的结果是消除或部分消除不确定性，从而获得信息。例如，当人们用手机进行信息交换时，所表达的内容是信息，传送的符号序列是消息，无线电磁波为信号。

1.1.3 信息的主要特征

信息既区别于物质和能量，又与物质和能量相互依赖，一般而言，信息具有以下几个方面的特征。

1. 信息的载体依附性

信息不能独立存在，需要依附于一定的载体，才能被人们所感知、识别和利用。同一个信息可以依附于不同的载体。比如交通信息通过信号灯显示，也可以通过交通警察的手势来传递，注意，这里的载体本身并不是信息。

2. 信息的客观性

信息是事物的状态和变化的反映，而事物的状态、特征的变化是客观存在的，不以人的意志为转移，信息是反映这种客观存在的，所以信息也具有客观性。

3. 信息的价值性

信息本身是抽象的，但它一经生成并依附于载体上，就是一种资源，具有使用价值，能够满足人们的某些方面的需求，服务于社会。就像不能没有空气和水一样，人类也离不开信息。获取的信息可以影响人们的思维、决策和行为方式，从而为人们带来不同层面上的收益。

4. 信息的时效性

信息是有寿命和时效的，信息从发生、接收到利用的时间间隔及效率被称为信息的时效。信息的使用价值与其所提供的时间成反比，延误时间会削减信息的使用价值，甚至会使信息的价值完全消失。

5. 信息的可度量性

信息是可以度量的。香农用事件发生的状态数目及每种状态发生的概率，给出用以度量信息熵的函数，这是度量信息的一种基本方法。虽然这种方法有其局限性，但它是信息论、信息科学发展的起点。

6. 信息的共享性

可共享性是指信息可以被共同分享和占有。信息可以与其他人共享而不会使信息的拥有者产生损失，也不会失去原有的信息，双方或多方可以共享信息，这与实物的交流有着本质的区别，这也说明信息的生产成本不取决于其被使用的规模。例如，有线电视节目、杂志等拥有众多的观众和读者，这些观众和读者就是在共享信息。

7. 信息的可存储性

信息可以以一定的方式存储在某种物质载体之中，存储信息的目的是进一步利用信息。人类除了可以用大脑进行信息的存储，还用文字、语言、符号、图像、音频、视频等记载信息，用纸张、磁带、磁盘等作为它的载体加以存储。

8. 信息的可传递性

可传递性是信息的一个重要特征，把信息从时间上或空间上的某一点向其他点移动，这个过程称为信息的传递。信源、信宿、信道及信息是信息传递过程的四个基本要素，信源发出信息后，经过信道传递至信宿。信息可以通过多种渠道、采用多种方式进行传递，随着现代通信技术的发展，信息可以通过电话、广播、通信卫星、网络等手段进行传递。

9. 信息的可扩散性

信息可以通过各种渠道和手段迅速散布出去，容易被滥用，信息一经扩散，就不可以收回。信息具有很强的渗透力，就像一个热源，可以迅速向温度低的地方扩散。在日常生活中，越是小概率的离奇的事件，越是爆炸性的新闻，传播的速度越快。

10. 信息的可加工性

现实世界中的信息是大量的、类型多种多样的，为了更好地利用和开发信息，需要对信息用科学的方法进行分类、整理、筛选，排除无用信息，还可以从大量的信息中找出普遍性和规律性的信息。

11. 信息的可转换性

信息的形式可以进行多种转换，可以从一种形态转换成另一种形态，如语言形式的信息可以转换成图像、音频、图表等形式，也可以转换为计算机语言、电信号等。

1.1.4　信息论的产生

美国学者欧廷格说："Without materials nothing exists. Without energy nothing happens. Without information nothing makes sense."（没有物质的世界是虚无的世界，没有能量的世界是死寂的世界，没有信息的世界是混乱的世界）。物质、能量和信息是组成客观世界的三大基本要素。信息同物质、能量一起，成为现代科学技术的三大支柱，并且是人类生存和发展不可缺少的宝贵资源。物质向人类提供材料，能量向人类提供动力，而信息奉献给人类的则是知识和智慧。

为了了解和改造客观世界，人们发展了材料科学、能量科学和信息科学。对于物质和能量的研究，已经形成了专门的学科，如天文学、物理学、化学等。但直到 20 世纪 40 年代末，人们才真正认识到信息的客观存在，并建立起研究信息的学科——信息论。信息论是研究信息的获取、传输、存储和处理的一般规律的理论。信息论强调用数学理论来描述信息科学中的共性问题和解决方法，是信息科学的基础。

信息论近期发展的主要特征是向多学科结合方向发展，主要有信息论与密码学、算法信息论与分形数学、信息论在统计与智能计算中应用三个重要的发展方向。信息论的研究内容极为广泛，是一门新兴的学科，目前，信息论的研究范畴可以概括为狭义信息论（信息论基础）、一般信息论和广义信息论三个层面。

1. 狭义信息论

狭义信息论也就是香农信息论，以香农的研究成果为主，以概率信息的度量为基础，研究通信系统的有效性和可靠性两大基本问题。通信系统的有效性和可靠性涉及信息的测度、信道容量、信源和信道编码理论等问题，其重点是信源编码和信道编码。控制论创始人维纳的学生美国数学家香农，于 1948 年 6 月到 10 月，在《贝尔系统技术杂志》上连载发表了影响深远的论文《通信中的数学理论》，又于 1949 年发表了论文《噪声下的通信》。两篇论文奠定了香农信息论的基础，阐明了通信的基本问题，给出了通信系统的模型，提出信息量的数学表达式，解决了信道容量、信源统计特性、信源编码、信道编码等一系列基本问题的数学描述，奠定了香农信息论的基础。

通信系统中以消息作为其传送形式，接收者在收到消息之前是不知道消息的内容的，通过消息的传递，接收者知道了消息的具体内容，从而消除或部分消除了接收者原来的不确定和疑问。消息的传递是一个从不知到知的过程，从不确定到全部或部分确定的过程。而消息所消除的不确定性越小，接收者获得的信息量就越小，反之，消息消除的不确定性越大，接收者获得的信息量越大。而某一事物状态出现的概率越小，它的不确定性越大；反之，事物状态出现的概率越大，它的不确性越小。比如，如果是预料中肯定会出现的事件，也就是出现的概率接近于1，它的不确性就接近于0。由此可见，这种"不确定性"与概率的大小存在着一定的关系，"不确定性"的消除量（减少量），也就是狭义信息量。

2. 一般信息论

一般信息论也就是通信基础理论，也称为工程信息论，主要研究信息传输和处理问题。除了香农理论外，还包括噪声理论、信号滤波和预测、统计检测与估计理论、调制理论及信号处理理论等。这些通信基础理论是构成现代通信工程学科领域的理论基础体系，是实现香农信息论通信有效性和可靠性目标的具体实现方法的理论基础。

3. 广义信息论

广义信息论包含狭义信息论中的信息的测度、信道容量、信源和信道编码理论以及一般信息论中的一般通信问题与噪声理论、信号滤波、预测、调制和信号处理等问题，还包括所有与信息有关的自然和社会领域，如模式识别、计算机翻译、心理学、语言学、神经生理学及语义学、社会学、人文学、经济学等。广义信息论以信息论与控制论为基础，以电子技术（特别是微电子技术）、计算机和通信技术为主要技术手段，以仿生学和人工智能为主要技术途径，以系统科学为其最优化方法和理论。

广义信息论从人们对信息特征的理解出发，从客观和主观两个方面更全面地研究信息的度量、获取、传输、存储、处理、利用和功效等问题，是狭义信息论的进一步深化和推广。由于主观因素的过于复杂，很多问题还受到科学认知水平的限制，因此，广义信息论的理论体系还处在发展和完善的初级阶段。

综上所述，信息论是一门应用概率论、随机过程、数理统计和近代代数的方法，来研究广义的信息传输、提取和处理系统中一般规律的工程学科。它的主要目的是提高信息系统的可靠性和有效性，以达到系统的最优。它的主要内容包括香农理论、编码理论、维纳理论、检测和估计理论、信号设计和处理理论、调制理论和随机噪声理论等。

扩展阅读
1-2
信息论的推广和应用

1.2 信息科学

信息科学是一门新兴学科，正在飞速发展，是信息社会的标志性学科，受到了空前广泛的关注。关于它的内涵、对于社会的意义、信息科学与其他学科的关系等一些基本问题，学术界各持己见，可谓"仁者见仁，智者见智"。例如，有人把它单纯地理解为计算机科学，有人把它理解为图书情报学或图书馆学等。这些理解是不全面的，一般地说，信息科学可以理解为是研究信息现象及其转化规律的科学，由信息论、检测论、识别论、通信论、存储论、认知论、决策论、控制论、智能论等理论组成，这些理论共同形成了一个有机的学科体系。信息科学以香农的信息论为理论基础，实质就是扩展和增强人们认识世界和改造世界的能力。

1.2.1　科学、技术与工程的界定

1. 科学

科学（science）是指探知事物的本质、特征、内在规律以及与其他事物的联系，关于自然、社会和思维发展规律的知识体系。科学的任务是揭示事物发展的客观规律，探求真理，成为人们改造世界的指南。

2. 技术

技术（technology）是指运用科学规律实现某一目的的手段和方法，泛指根据生产实践经验和科学原理而发展形成的各种工艺操作方法、技能和技巧。技术具有综合性与集成性、通用性与适用性、依存性与连锁性、先进性与经济性、自然和社会双重属性、个性化等特征。

3. 工程

工程（engineering）是指将科学原理应用到工农业等生产部门中而形成各门学科的总称。工程是以一系列科学知识和技法为依托，并结合经验的判断，经济地利用自然资源为人类服务的一种专门活动。

科学、技术与工程之间的关系体现了人在协调人与自然关系的过程中的能动性的不断加强，人对自然界的认识在这些活动中不断深化。也就是说，科学的本质是发现，技术的灵魂是发明，工程的核心是建造。

1.2.2　信息科学

信息科学（information science）是研究信息现象及其运动规律和应用方法的科学，是以信息论、控制论、系统论为理论基础，以电子计算机等为主要工具的一门新兴学科。钟义信在《信息科学原理》一书中这样定义信息科学："信息科学是以信息为研究对象、以全部信息运动过程的规律为研究内容、以信息科学方法论为主要研究方法、以扩展人类信息功能（全部信息功能形成的有机整体就是智力功能）为研究目标的一门学科。"

1. 信息科学的研究对象

信息科学的研究对象是信息，不是物质也不是能量，这是信息科学得以成为一门独立科学并区别于其他一切已有学科的前提。信息是一个具有普遍性、基础性和重要性的研究对象，信息资源是与物质资源和能量资源一样重要的资源，人类正在从开发利用物质资源、能量资源转向开发利用信息资源，人类社会正在从农业社会、工业社会迈向信息社会，因此，信息科学作为一门独立研究对象的新兴学科在现代科学体系中将占有越来越重要的地位。

2. 信息科学的研究内容与体系

信息科学的基本内容是研究信息的性质及其运动规律，信息科学基础理论的研究内容可以归纳为如下几个方面。

（1）探讨信息的定性本质和定量测试方法。

（2）阐明信息过程的基本规律，包括信息获取、信息传递、信息认知、智能决策、策略

执行和策略优化的基本规律（这些规律的有机综合，就构成了智力活动的基本规律）。

（3）总结和提炼信息科学的方法论。

由此可见，信息科学基础理论的研究内容不仅包含香农信息论的内容，还涵盖了计算科学、系统科学、控制科学、人工智能理论、认知科学、思维科学等研究领域，形成了一个完整的信息科学体系。

由于信息现象具有普遍性，信息科学理念具有基础性、深刻性及渗透性，信息科学方法论的研究范围已经超越了自然科学的边界，逐渐深入到经济领域和社会科学领域。因此可以将信息科学体系分为以下几个层次。

（1）信息科学的哲学问题研究，称为信息哲学。

（2）信息科学的基本理论研究，称为信息科学的基础理论。

（3）信息科学的技术应用研究，称为信息技术学。

（4）信息科学的经济学研究，称为信息经济学。

（5）信息科学的社会学研究，称为信息社会学。

1.3 信息技术

当今社会信息产业的发展是以信息技术的发展为主导的，而信息技术的飞速发展使社会生产得到迅速提高，从而带来社会经济生活各个方面的新变化。信息技术已经成为当代新技术革命中最活跃的领域，它是所有高新技术的基础和核心。它的发展离不开电子技术，特别是微电子技术的进步。一般来说，其他技术作用于能量和物质，而信息技术则改变人们对空间、时间和知识的理解。信息技术的普遍应用将会进一步挖掘人类的智力资源，对其他各种生产要素效能发挥也将起到催化和倍增的作用。什么是信息技术？信息技术的特点是什么？信息技术的"四基元"及支撑技术又是什么？这些知识的深入了解对掌握信息技术概念有着非常重要的作用。

1.3.1 信息技术的定义

迄今为止，人们对信息还没有一个公认的定义，因此，信息技术（information technology）的定义也没有得到所有人的认可，人们对信息技术的定义因为其使用的目的、范围、层次的不同而有不同的表述。

定义1： 信息技术是指有关信息的收集、识别、提取、变换、存储、传递、处理、检索、检测、分析和利用等技术。

定义2： 现代信息技术就是以计算机技术、微电子技术和通信技术为特征。

定义3： 信息技术是指在计算机和通信技术支持下用以获取、加工、存储、变换、显示和传输文字、数值、图像以及声音信息，包括提供设备和提供信息两大方面的方法与设备的总称。

综上所述，所谓信息技术就是人类开发和利用信息资源的所有手段的总和。信息技术主要研究信息的产生、获取、存储、传输、处理及其应用，也就是扩展人类信息功能的技术。信息主体技术包括信息获取、传输、处理和存储技术。

1.3.2　信息技术的特点

在社会生产力发展、人类认识和实践活动的推动下，信息技术将会得到更加深远的发展，它的主要特点一般而言可以概括为数字化、网络化、高速化、智能化等。

1. 数字化

数字化就是将信息使用电磁介质按照二进制的编码方法加以传输和处理，将原来用纸质媒介或其他媒介存储的信息转换为计算机可以处理和传输的信息。二进制数字信号在信息处理和信息传输领域是最容易表达、物理状态最稳定的信号。它将信息转变为电磁信号存储在磁介质上，压缩了信息的存储空间、改进了信息组织方式、提高了信息的更新速度、为信息远距离传输提供了基础，也为进行信息的统一处理和传输提供了基础，提高了信息检索的效率。

2. 网络化

计算机技术、网络技术与通信技术的结合将人类带入了全新的网络环境，把分布在各地的计算机系统连接起来，通过各种管理软件，实现了资源的共享和信息的交换。网络通信协议可以保证各种数字化信息在网络中安全地、可靠地传输。目前，人们越来越重视信息基础建设，投入大量资源建设宽频的信息高速公路，信息高速公路的发展和建设使信息能以非常快的速度传递到世界的每一个角落，数字化的多媒体信息沿着数字网络流通，一个拥有无数可能性的全新社会由此揭开了序幕。

3. 高速化

无论是计算机技术还是通信技术，它们的信息传输速度都是越来越快，信息的容量也是越来越大。现代通信技术采用数据压缩技术，对信息通道的带宽有很高要求，光纤通信技术是增加带宽的有效手段。

4. 智能化

信息技术注重吸收社会科学等其他学科的理论和方法，最为突出的表现就是人工智能理论与方法的深化和应用。信息技术与认知科学等学科的整合产生了人工智能，它用计算机来模拟、延伸扩展人的智能，以实现机器思维或脑力劳动的自动化。目前，信息处理本身几乎还没有智能，传输信息的网络也几乎没有智能，如果想在浩如烟海的信息海洋中找到有用的信息，将会耗费大量的时间，所以信息处理技术的智能化是必然的发展方向。例如，智能化的搜索引擎可以代替人在网上查找信息，从而自动、高效地为人们收集各种有用的信息。在信息系统领域，智能信息系统将提供智能的人机界面，用户与系统之间可以用自然语言交互信息，系统具有很强的推理、检索及学习能力。

1.3.3　信息技术发展概述

在古代人类依靠语言和动作传递信息，自从发明了文字、造纸术及印刷术后，开始采用纸张、文字来传递信息。随后电报、电话和电视的发明，将人类推入电信时代，它结束了单纯依靠烽火和驿站传递信息的时代。20 世纪，计算机技术、无线电技术及网络技术、通信技术的发展，促使信息技术进入了一个全新的时代。21 世纪，多媒体计算技术及网络通信技术成为信息技术的主要标志，人们不断研究、开发更加先进的信息技术，以达到更方便地获取信息、存储信息，更好地加工信息、再生信息的目的。

20世纪50年代初期到70年代中期，信息技术在计算机（computer）、通信（communication）和控制（control）领域都有了一定的突破，简称3C时期。计算机此时已成为信息处理的工具，各种应用软件也得到了大规模的开发；由于大规模使用同轴电缆及交换机使得通信能力得到了较大提高；在控制领域，单片机的开发和内置芯片的自动机械开始应用于生产过程。

从20世纪70年代中期到80年代末期，在办公自动化（office automation）、工厂自动化（factory automation）及家庭自动化（house automation）领域，信息技术取得了很大的进步，简称3A时期。计算机信息系统全面应用于生产及日常工作活中，大型企业及管理机构纷纷构建属于自己的计算机网络；工厂开始使用计算机网络系统，大大提高了劳动生产率和产品质量，实现了工厂自动化；家庭中也开始出现智能化电器和信息设备的身影，迅速提高了家庭自动化水平。

从20世纪80年代末至今，主要以互联网技术的开发和应用、数字信息技术为主，全球掀起了信息基础设施建设的浪潮，在此过程中信息技术也得到了空前的发展和应用。在数字化通信（digital communication）、数字化交换（digital switching）、数字化处理（digital processing）领域，信息技术取得重大突破，简称3D时期。人们进一步明确了未来最重要的技术发展趋势，就是以计算机或智能技术为核心，并且与通信技术、感测技术及控制技术结合，形成一个以数字化、网络化、智能化、高速化等为特征的智能信息环境系统，从而进一步扩展人类的信息功能。由此可以看出信息技术的形成和发展过程，正是人类认识世界和改造世界的一个信息实践过程。

1.3.4 信息技术的"四基元"及支撑技术

人类如果想要发展进步，需要不断地加强自身的信息处理能力，人类自身的信息处理器官主要是感觉器官、神经器官、思维器官和效应器官，这些器官在功能和效用上都有自己的局限性，不能充分地满足人类信息活动的需求。

1. 信息技术的"四基元"

信息技术的目标就是要扩展人的信息器官功能，人类在进行信息处理时需要经过信息获取、信息传递、信息处理和信息执行四个阶段。这四个阶段，分别对应于信息技术中的感测技术、通信技术、计算机与智能技术、控制技术。人类信息器官功能及其扩展技术如表1-1所示。

表1-1 人类信息器官功能及其扩展技术

人体的信息器官	功 能	扩展人类信息器官功能的信息技术
感觉器官	获取信息	感测技术
神经器官	传递信息	通信技术
思维器官	加工/再生信息	计算机与智能技术
效应器官	使用信息	控制技术

根据上面给出的信息技术的相应分析，可以明确信息技术的四项基本内容，称之为信息技术的"四基元"，它们分别如下。

（1）感测技术。信息的采集技术，包括传感技术和测量技术等。它是感觉器官的延伸，使人们能够更好地从外部世界中获得各种有用的信息。

（2）通信技术。信息的传递技术，主要作用是传递、交换和分配信息，以消除或者克服时空的限制，使人们能更有效地利用信息资源，是神经系统功能的延伸。

（3）计算机与智能技术。信息的处理和存储技术，包括计算机技术、人工智能技术等，主要用于帮助人们更好地加工和再生信息，是思维器官功能的延伸。

（4）控制技术。信息的使用技术，包括一般调节技术和控制技术，主要用于根据输入的指令即决策信息对外部事物的运动状态进行干预，是效应器官功能的延伸。

信息技术四基元是一个有机的整体，它们互相协作，共同完成扩展人类信息功能的任务。信息技术四基元的功能与人类的信息器官功能是相对应的，只是在功能水平或性能上有所差别，计算机与智能技术处于信息技术的核心地位，感测技术和控制技术是计算机与智能技术的外部接口，它们互相协作，缺一不可。

2. 信息技术的主要支撑技术——微电子技术

信息技术的飞速发展离不开两个基本的条件，一是快速，可以在短时间里收集或传输大量信息；二是体积小，携带便捷，适用于任何场合。信息技术可以用不同的工程技术手段来实现，当前实现信息技术的主要工程技术手段是电子技术，其主体是各种通信技术和计算机，其核心则是以大规模集成电路为代表的微电子技术。

肖克于 1947 年发明晶体管，诺易斯在 1959 年发明半导体集成电路，历经 60 多年，微电子技术取得了突飞猛进的发展，全世界半导体生产每年的增长率超过 15%，以半导体集成电路作为基础元器件的信息产品市场总额超过 10 000 亿美元，是世界第一大产业。

当代信息技术也可称作电子信息技术，它是采用电子技术来采集、传递、控制和处理信息的技术，信息技术也是与电子计算机和通信设备的设计、制造以及信息的设计、处理、传输、变换和存取有关的技术。计算机是信息处理的工具，通信是信息传播的手段，微电子技术是信息技术的基础。正因为集成电路的高集成化、高密度化和高速度化，电子计算机才变得小型化、微型化、高性能化和价格低廉化。未来集成电路生产竞争的关键将是高效的产能以及低廉的成本，将向着制程线宽越来越缩小，晶圆尺寸进一步增大的方向发展。

信息技术的主要标志从初期的编程技术，到数据处理，到计算机网络，到模式识别，直至人工智能，其发展速度是非常迅速的。计算机与通信的结合，把信息处理系统与信息传输系统结合在一起，正悄悄地改变着社会生活的各个方面。

激光技术、超导技术及生物技术等也是实现现代信息技术的主要手段，这些技术在飞速发展。信息技术的实现手段将会逐渐向激光技术、生物技术转化，进一步形成一些新的信息技术分类，目前，信息技术的支撑技术仍主要是微电子技术。

1.4　信息社会

从生产力发展过程看，人类社会经过原始社会、农业社会和工业社会后，目前已经进入信息社会。信息社会是以计算机处理技术和传输手段的广泛应用为基础和标志的新技术革命，影响和改造了社会生活方式的过程。是脱离工业化社会以后，信息起主要作用的社会。本小节将从信息社会的含义、信息社会的特征等几个方面展开介绍。

1.4.1 信息社会的含义及特征

1. 信息社会的含义

信息社会也称信息化社会，关于"信息化"一词日本学者伊藤阳一认为：信息化就是信息资源知识的空前普遍和高效率的开发、加工、传播和利用，人类的体力劳动和智力劳动获得空前的解放。我国学者钟义信将"信息化"定义为，全面地发展和应用现代信息技术，以创造智能工具，改造、更新和装备国民经济的各个部门和社会活动的各个领域，包括家庭，从而大大提高人们的工作效率、学习能力和创新能力，使社会的物质文明和精神文明空前高涨的过程。

总之，"信息化"就是充分利用信息技术，开发利用信息资源，促进信息交流和知识共享，提高经济增长质量，推动经济社会发展转型的历史进程。信息化一方面是现代信息技术在人们生产和生活中的扩散应用，使得生产高效化、生活便利化和高质量化，另一方面信息化是推动社会变革的过程，推动整个社会向信息社会转型升级的过程。信息化并不是社会发展的目的，而是社会发展的一个过程。这个过程表现为信息资源越来越成为整个经济活动的基本资源，信息产业越来越成为整个经济结构的基础产业，信息活动越来越成为经济增长不可或缺的一个重要力量，信息化是这个时代最明显的趋势。

1963年，日本社会学家梅棹忠夫在《信息产业论》中首次提出了"信息社会"的概念，其后又有多位学者提到"信息社会"。1979年，贝尔认为"信息社会"的概念比"后工业社会"更确切，此后，"信息社会"的概念被人们广泛接受。

信息社会，也叫信息化社会、知识社会、网络社会、虚拟社会、后工业社会等。信息社会是人类社会从技术角度定义的未来社会，实质上就是社会生活中广泛应用现代化通信、计算机和终端设备结合的新技术的社会，是以信息科技的发展和应用为核心的高科技社会，是由信息、知识起主导作用的知识经济社会。信息社会是以信息技术为基础，以信息产业为支柱，以信息价值的生产为中心，以信息产品为标志的社会。信息社会起主导作用的是知识密集型产业，战备资源是信息和知识。

2. 信息社会的基本特征

在信息社会中信息的影响力大大提高，将具有解决社会问题，扩大人类活动领域的效果。信息社会是由生产技术上的重大变化开始，引起社会生产结构的改变、人们劳动方式及生活方式的改变，一般来说，信息社会具有如下基本特征。

（1）信息、知识、智力日益成为社会发展的决定力量。在信息化社会中信息、知识、智力、技术、科学都是无形资产。知识是信息的积累，智力是知识的激活，所有这些信息资源都是社会共有资源，它的开发与利用是经济发展与社会进步的重要保证。无论是个人、企业还是国家，在信息化社会，都应该从战略高度重视发展、利用信息资源，否则将处于落后地位。

（2）信息技术、信息产业和信息经济日益成为科技、经济和社会发展的主导因素。信息技术的先导性和渗透性，决定了它的作用是非同一般的。一种新的信息技术的诞生，是经济发展中需求拉动和市场推动的结果，而新的信息技术同时也促进了经济的形成和发展。一方面，信息技术通过对传统产业结构和就业结构的变更，推动着社会信息经济的形成和发展，另一方面，信息技术也开创了全球范围的信息经济。

（3）信息劳动者、脑力劳动者、知识分子的作用日益增大。从事与信息生产、存储、分配、交换以及与此相关的各类工作的劳动者的人数和比重正在急剧增加，甚至会超过其他劳动者。信息劳动者、脑力劳动者、知识分子的社会地位和作用正在迅速提高。贝尔"后工业社会"概念的首创者认为，未来属于知识分子，由于知识成了改革与制定政策的核心因素，技术成为了控制未来的关键力量，所以各行各业的专家、技术人员将发挥重大的历史作用。

（4）信息网络成为社会发展的基础设施。信息技术的发展方向之一就是网络化，由程控交换机、大容量光纤、通信卫星及其他现代化通信装备组成，可以覆盖全球的网络可以称得上是信息社会的"神经系统"。随着信息时代的到来，全球经济有了根本性的改变，建设网络社会将成为走向成功的关键因素。

1.4.2　我国的信息化发展情况

我国的信息化建设从 20 世纪 80 年代初开始，国家大力推动电子信息技术的应用，大体可以分为准备阶段、启动阶段、展开阶段、发展阶段四个阶段。

1. 准备阶段

20 世纪 80 年代初期，我国将重心从研究制造计算机硬件设备转向计算机的普遍应用，以推动电子信息技术，尤其是大规模集成电路与计算机应用为主线，并以此作为重点带动研究发展、生产制造、应用开发、技术服务、外围配套以及产品的销售等全生产链发展。1984 年，国务院发出通知指出，为了加速我国四个现代化的建设，必须有重点地发展新兴产业，这其中最重要的、影响最广泛的就是信息产业。要发展我国的信息产业，要把电子工业摆到国民经济发展的重要位置上。

2. 启动阶段

1993 年开始，我国信息化建设正式进入启动阶段，主要标志就是"三金工程"，拉开了国民经济信息化的序幕。"三金工程"是中国国民经济信息化的起步工程，也是我国政府信息化的雏形，分别是金桥工程、金关工程及金卡工程。1993 年 12 月确立了"推动信息化工程实施，以信息化带动产业发展"的指导思想，1994 年 5 月成立了专门为国家信息化建设决策参谋的机构即国家信息化专家组。1996 年以后，中央和地方都确立了信息化在国民经济和社会发展中的重要地位，在我国的各行各业都掀起了信息化发展的浪潮。

3. 展开阶段

我国的信息化建设经过启动阶段的建设与发展，初步形成了符合我国国情的信息化发展思路，发展阶段从 1997 年开始，以"全国信息化工作会议"为标志，这次会议界定了国家信息化的含义和国家信息化体系六要素，提出了符合国情的信息化发展总体思路，进一步充实和丰富了我国信息化建设的内涵。提出了信息化建设的 24 字指导方针，即"统筹规划，国家主导，统一标准，联合建设"。我国的信息化工作从解决应急性的热点问题，步入有组织、有计划地推动国民经济发展和社会进步的正常轨道中。

4. 发展阶段

发展阶段的标志是《中共中央关于制定国民经济和社会发展第十个五年计划的建议》的提出，该建议指出信息化是当今发展的大趋势，要把推进国民经济和社会信息化放在首要位置，以信息化带动工业化，走新型工业化道路的战略举措，成为我国产业化升级和实现工业化、现代化的基本方针。为了更好地贯彻这一方针，国家发展计划委员会编制了我国第一个国家信息化规划《国民经济和社会发展第十个五年计划信息化重点专项规划》，这是规划和指导全国信息化建设的纲领性文件。

信息化发展的环境也得到了不断改善，先后研究制定了《电子签章法》《电信条例》《政府信息公开条例》《个人数据保护法》等法律法规。我国的信息网络已经成为支撑经济社会发展重要的基础设施，电话用户的数量、网络的规模已经位居世界前列，我国的互联网用户和宽带接入数量也处于世界领先位置，我国所有行政村已经实现广播电视网全面覆盖。我国的信息产业发展快速而稳定，在 GDP 中所占比重稳步上升，部分掌握自主知识产权的关键技术的企业，国际竞争力不断增强。信息技术的应用效果显著，在传统产业不断取得新的进展，水平稳步提高。电子政务的开展，有效地推动了政府职能的转变，使得信息更加公开，促进了信息资源共享。信息资源的开发与利用取得了重要的进展，水平不断提高。更加重视信息的安全与保护，逐步加强了信息安全保障工作，制定并实施了国家信息安全战略，建立了安全管理体制。

1.4.3 我国的信息化发展战略

信息化是当今世界发展的大势所趋，是推动经济社会变革的重要力量。我国制定了《2006—2020 年国家信息化发展战略》，该战略指出："信息化是当今世界发展的大趋势，是推动经济社会变革的重要力量。大力推进信息化是覆盖我国现代化建设全局的战略举措，是贯彻科学发展观、全面建设小康社会、构建社会主义和谐社会和建设创新型国家的迫切需要和必然选择。"

我国信息化发展的战略目标是，综合信息基础设施基本普及，信息技术自主创新能力显著增加，信息产业结构全面优化，国家信息安全保障水平大幅提高，国民经济和社会信息化取得明显成效，新型工业化发展模式初步确立，国家信息化发展的制度环境和政策体系基本完善，国民信息技术应用能力显著提高，为迈向信息社会奠定坚实基础。

我国信息化发展的具体目标是，促进经济增长方式的根本转变；广泛应用信息技术，改造和提升传统产业，发展信息服务业，推动经济结构战略性调整；实现信息技术自主创新、信息产业发展的跨越；提升网络普及水平、信息资源开发利用水平和信息安全保障水平。增强政府公共服务能力、社会主义先进文化传播能力、中国特色的军事变革能力和国民信息技术应用能力。

我国信息化发展的战略重点主要集中在推进国民经济信息化、推行电子政务、建设先进网络文化、推进社会信息化、完善综合信息基础设施、加强信息资源的开发利用、提高信息产业竞争力、建设国家信息安全保障体系、提高国民信息技术应用能力。

本章小结

　　本章主要针对信息技术的基础知识进行介绍，包括信息的基本概念、信息科学、信息技术及信息社会等知识。通过本章的学习，使读者理解什么是信息，数据、消息、信号与信息的关系，了解信息的主要特征；了解信息论是如何产生的；初步了解什么是信息科学、信息科学的研究对象、研究内容与体系；初步理解什么是信息技术，了解信息技术的特点及发展过程，理解信息技术的"四基元"及其支撑技术；初步了解信息社会及我国信息化发展情况及发展战略。

　　信息产业的发展带来了社会经济生活各个方面的新变化，信息产业的发展是以信息技术的发展为主导的。信息技术改变了人们通信、信息处理、学习、工作和研究的方式，因此需要人们去了解它、去理解它、去掌握它，更好地了解和利用信息技术，会给人们的生活和学习带来奇妙而又神奇的体验！

思考与练习

1. 简答题

（1）什么是信息，它的主要特征有哪些？

（2）什么是信息技术，信息技术"四基元"及支撑技术分别是什么？

2. 填空题

（1）信息技术是一个综合的技术，_____是信息技术的支撑技术。

（2）信息技术是对人类信息器官功能的扩展，通信技术是对人类_____的扩展。

（3）信息技术"四基元"分别为感测技术、通信技术、计算机与智能技术、_____。

（4）_____、物质和能量是现代社会主要依赖的三种资源。

（5）狭义信息论的创始人是_____。

（6）信息技术的英文简称是_____。

（7）"两个人在一起交换苹果与两个人在一起交换思想完全不一样。两个人交换苹果，每个人手上还有一个苹果；但是两个人在一起交换了思想，每个人就同时有两个人的思想。"这句话体现了信息的_____特征。

（8）香农认为：信息是对客观事物_____的消除或减少。

3. 选择题

（1）信息论发展分为三个阶段，（　　）不属于这三个阶段。

　　　　A）一般信息论　　　　B）广义信息论　　　　C）狭义信息论　　　　D）宏观信息论

（2）信息技术的"四基元"包括（　　）。

A）计算机与智能技术、微电子技术、数据库技术、通信技术

B）计算机与智能技术、通信技术、感测技术、控制技术

C）计算机与智能技术、微电子技术、控制技术、多媒体技术

D）计算机与智能技术、网络技术、感测技术、通信技术

（3）数码相机中的 CCD 可以将采集到的光信号转换成电信号，这一过程主要是使用了信息技术"四基元"中的（　　）。

A）控制技术   B）感测技术

C）通信技术   D）计算机与智能技术

（4）以下关于信息的叙述中，正确的是（　　）。

A）信息就是对客观事物确定性的消除或减少

B）确定性越大信息量越大

C）信息的多少无法用数学方法来计算

D）信息就是不确定性的消除量

（5）红绿灯本身不是信息，它包含了车辆能否通行的信息，说明信息具有（　　）的特征。

A）载体可控   B）载体依附性   C）载体通用性   D）载体可靠性

（6）下列关于信息的叙述，正确的是（　　）。

A）信息是不能转换的   B）信息是信号的载体

C）信息等同于消息   D）信息具有时效性和价值性

（7）关于数据、消息、信号和信息，下列说法中错误的是（　　）。

A）信息本质上就是数据   B）消息是信息的载体

C）消息以信号的形式传播和存储   D）加工过的数据包含信息

（8）信息科学的奠基人香农（Shannon）在信息科学发展史上的主要贡献是创立了（　　）。

A）控制论   B）狭义信息论   C）仿生理论   D）噪声理论

第 2 章
计算机概述

 本章导读

计算机，顾名思义是一种计算设备，其本质与计算紧密相连。本章将采取明暗两条线索编排内容。明线即时间线索，讲述计算机的过去、现在和将来。暗线以"计算"为线索。什么是计算？ 计算机科学与技术的研究内容有哪些？ 以此为引导，透过梳理计算机的发展历程，揭示人类计算工具如何从手动计算过渡到机械计算、电子计算，计算机所使用的计算器件有哪些，科学家们如何逐步提升计算机的计算性能；通过讲述计算机应用，列举计算机的计算领域和计算种类；详细介绍微型计算机的软、硬件系统的构成，计算机中的数据与编码；最后简述计算机的应用及发展趋势。

2.1 基本概念

2.1.1 计算

何谓计算（computing），毫无疑问一开始大多数人都会将其理解为数值之间的某种运算，最简单的是加减乘除，稍微复杂一点或许会认为是高等函数中的求微分或积分的运算。但当问及计算的本质时，答案似乎并不那么明显了。不同的学科中，不同的层次上，不同的语境，计算的含义都存在着不同的理解，因此计算的概念并没有一个明确的定义。

计算机科学家和哲学家 B. C. 史密斯（Brian Cantwell Smith）认为有 7 个计算的版本，分别是形式符号操作（formal symbol manipulation）、能行可计算（effective computability）、算法的执行（execution of algorithm）或规则的遵守（rule-following）、函数的运算（calculation of a function）、数字状态机器（digital state machine）、信息处理（information process）和物理符号系统（physical symbol systems）。史密斯的分类刻画了计算概念本身的复杂性，但也有学者认为这些版本具有一个共同的本质，可以用"计算就是信息处理"来统一上述不同的计算版本。

2.1.2 计算机

计算机俗称电脑，是一种用于高速计算的电子计算机器，可以进行数值计算，又可以进行逻辑计算，还具有存储记忆功能，是能够按照程序运行，自动、高速地处理海量数据的现代化智能电子设备。

计算机由硬件系统和软件系统所组成，硬件与软件是相辅相成的，硬件是计算机的物质基础，没有硬件就无所谓计算机。软件是计算机的灵魂，没有软件，计算机的存在就毫无价值。没有安装任何软件的计算机称为"裸机"。硬件系统的发展给软件系统提供了良好的开发环境，而软件系统发展又给硬件系统提出了新的要求。

2.1.3 计算机科学与技术

计算机科学与技术学科来源于数理逻辑、计算模型、算法理论和自动计算机的研究，形成于 20 世纪 30 年代后期，它是研究计算机设计、制造及计算机信息获取、存储表示、处理控制等理论和技术的学科，是描述和变换信息的算法，包括其理论、分析、设计、实现和应用的系统研究。

由"计算机科学与技术学科"这一名词就可以看出它涵盖计算机科学和计算机技术两方面的内容。其中，计算机科学侧重于研究现象，透过现象揭示事物的规律、本质；而计算机技术则侧重于研制计算机和研究使用计算机进行信息处理的方法与手段。

数学是计算机科学与技术学科的主要基础，以离散数学为代表的应用数学是描述学科理论、方法和技术的主要工具，而微电子技术和程序技术则是反映学科产品的主要技术形式。在该学科中，无论是理论研究还是技术研究的成果，最终要体现在计算机软硬件系统产品和技术服务上。然而，作为硬件产品的计算机系统和作为软件产品的程序指令系统必须机械地、严格地按照程序指令执行，绝不能无故出错。计算机系统的这一客观属性和特点决定了计算机的设计、制造及各种软件系统开发的每一步都应该是严密的、精确无误的。就目前基于图灵机这一理论计算模型和存储程序式思想设计制造的计算机系统而言，它们只能处理离散问题或可用构造性方式描述的问题，而且这些问题必须对给定的论域存在有穷表示。至于非离散的连续性问题，如实线上的函数计算、方程求根等还只能用近似的逼近方法。计算模型的非连续性特点，使得以严密、精确著称的数学，尤其是离散数学被首选为描述该学科的主要工具。在这一学科中，数学与电子技术结合是理论与技术完美结合的一个成功范例。

2.2　电子计算机发展历程

电子计算机被誉为 20 世纪最伟大的科学技术发明之一，对人类的生产活动和社会活动产生了极其重要的影响，并以强大的生命力飞速发展。它的应用领域从最初的军事科研应用扩展到社会的各个领域，规模巨大的计算机产业带动了全球范围的技术进步，引发了深刻的社会变革。每件事物都有属于自己的一段历史，任何一项伟大的发明都不是一蹴而就的，而是经过长期的科学探索。现代计算机更是经历了原始计算工具、机械式计算机（加法机、乘法机）到电子计算机的过程。

2.2.1　早期计算工具

1. 算筹

算筹是中国古代用来记数、列式和进行各种数与式演算的一种工具，又称筹、策、算子等。它最初是小竹棍一类的自然物，以后逐渐发展成为专门的计算工具，质地与制作也愈加精致。算筹在中国的起源很早，春秋战国时期的《老子》中就有"善数者不用筹策"的记述。

算筹有纵横两种布筹方法，按照中国古代的筹算规则，表示一个多位数字时把各位数按高位到低位从左往右横列，遇零用空位，记数时各位数的筹式要纵横相间，个位用纵式，十位用横式，百位再用纵式，千位再用横式，万位再用纵式……这样纵横交替摆放就可以摆数。如图 2-1 所示。

算筹在我国使用了 2000 多年，作为计算工具解决过一般农业生产、人民生活的问题，也解决过至今闻名全球的中国古典数学问题。但算筹也存在一些不足之处，比如占地大、用筹多、取用麻烦、易出错等，我国从唐宋开始进行算具改革，在公元 15 世纪，算盘在中国得到了广泛使用后流传到日本、朝鲜、东南亚各国，也传入美洲、欧洲等地区。可见那时候的中国数学在数值计算方面处于世界前列。

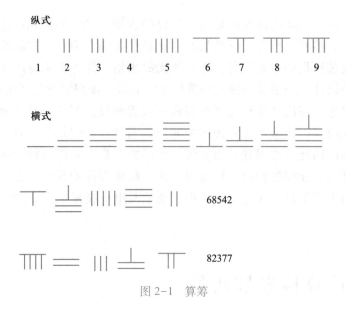

图 2-1 算筹

2. 加法机

算盘这种计算工具毕竟是需要由人来操作，对于大型计算来说不仅效率低，而且很容易出错。于是，人们很自然地想到要实现一个机械计算机。1642 年由法国人 B. 帕斯卡发明了世界上第一款可以进行加法计算的机械计算机，取名为 Pasealine，如图 2-2 所示。帕斯卡加法机是由一系列齿轮组成的装置，外形像一个长方盒子，它依靠齿轮的传动进行计算，而小爪子般的棘爪完成进位。帕斯卡先后制造了 50 台左右的 Pasealine，甚至在故宫博物院，都有当年外国人送给慈禧太后的 Pasealine 仿制品。

图 2-2 帕斯卡加法机

1971 年发明的一种程序设计语言——Pascal 语言，就是使用帕斯卡的名字命名，以纪念这位先驱。

3. 乘法机

时隔 32 年后，G. W. 莱布尼茨发明了能做四则运算的手摇计算机，也称为乘法机。莱布尼茨发明的新型计算机约有 1 米长。内部安装了一系列齿轮机构，除了体积较大之外，基本原理继承于帕斯卡。他为计算机增添了一种名叫"步进轮"的装置。步进轮是一个有 9 个齿的长圆柱体，9 个齿依次分布于圆柱表面；旁边另有个小齿轮可以沿着轴向移动，以便逐次与步进轮啮合。每当小齿轮转动一圈，步进轮可根据它与小齿轮啮合的齿数，分别转动 1/10、

2/10圈……直到 9/10 圈，这样一来，它就能够连续重复地做加法。由于莱布尼兹设计的乘法机能够进行加、减、乘、除四种运算，因此，给当时的数学计算带来很大的方便，并为后人设计出更强大的计算机奠定了坚实的基础，如图 2-3 所示。

4. 差分机

1822 年，英国的 C·巴贝奇便根据使用穿孔卡片控制纺织机的原理制成了一部能执行计算程序的差分机。所谓"差分"的含义，是把函数表的复杂算式转化为差分运算，用简单的加法代替平方运算。它能够按照设计者的旨意，自动处理不同函数的计算过程，让机械式计算机的计算不仅仅限于简单的四则运算。巴贝奇 1834 年设计了一部完全由程序控制的分析机，并亲手打造这台机器的零部件，可是由于差分机运转的精密程度很高，巴贝奇花费了 10 年的时间，也就只能拿出完成品的 1/7 部分来展示。后期巴贝奇又设计了精度更高的大型差分机，并提出了具有存储器、运算器、控制器的机械计算机的设计思想，遗憾的是受当时机械技术的限制都没有制成，如图 2-4 所示。

图 2-3　莱布尼茨乘法机

图 2-4　差分机

2.2.2　图灵机与冯·诺依曼机

1. 图灵机

艾伦·图灵，1912 年出生于英国，被称为"计算机科学之父""人工智能之父"。后人为纪念他，在英国曼彻斯特的 Sackville 公园雕塑了真人大的青铜坐像；为了纪念他在计算机领域奠基性的贡献，美国计算机学会决定设立"图灵奖"，从

1966 年开始颁发给最优秀的计算机科学家，它就像科学界的诺贝尔奖那样，是计算机领域的最高荣誉。

图灵机（Turing machine），又称确定型图灵机，是图灵于 1936 年提出的一种抽象计算模型，其更抽象的意义为一种数学逻辑机，可以看作等价于任何有限逻辑数学过程的终极强大逻辑机器。

图灵机被公认为现代计算机的原型，这台机器可以读入一系列的"0"和"1"，这些数字代表了解决某一问题所需要的步骤，按这个步骤走下去，就可以解决某一特定问题。这种理念在当时是具有革命性意义的。因为即使在20世纪50年代，大部分的计算机还只能解决某一特定问题，不是通用的，而图灵机从理论上讲是通用机。

图灵机的基本思想是运用机器来模拟人用纸笔做数学运算的过程。他把这样的过程看作是下列两种简单的动作：在纸上写上或擦除某个符号；把注意力从纸的一个位置移动到另一个位置。

而在每个阶段，人要决定下一步的动作，依据当前所关注的纸上某个位置的符号和当前思维的状态。为了模拟人的这种运算过程，图灵构造出一台假想的机器，该机器由以下几个部分组成。

（1）一条无限长的纸带。纸带被划分为一个接一个的小格子，每个格子上包含一个来自有限字母表的符号，字母表中有一个特殊的符号表示空白。纸带上的格子从左到右依此被编号为0、1、2、……，纸带的右端可以无限伸展。

（2）一个读写头。该读写头可以在纸带上左右移动，它能读出当前所指的格子上的符号，并能改变当前格子上的符号。

（3）一套控制规则。它根据当前机器所处的状态以及当前读写头所指的格子上的符号来确定读写头下一步的动作，并改变状态寄存器的值，令机器进入一个新的状态。

（4）一个状态寄存器。它用来保存图灵机当前所处的状态。图灵机的所有可能状态的数目是有限的，并且有一个特殊的状态，称为停机状态。

注意这个机器的每一部分都是有限的，但它有一个潜在的无限长的纸带，因此这种机器只是一个理想的设备。图灵认为这样的一台机器就能模拟人类所能进行的任何计算过程。在图灵看来，这台机器只需要保留一些简单的指令，一个复杂的工作只需要把它分解为这几个最简单的操作就可以实现了，在当时他能够具有这样的思想确实是很了不起的。

图灵机模型建立了指令、程序及通用机器执行程序的理论模型，奠定了计算理论的基础。所谓计算，就是计算者对一条两端可无限长的纸带上的一串0或1，执行指令，一步一步地改变纸带上的0或1，经过有限步骤，最后得到一个满足预先规定的符号串的变换过程。

2. 冯·诺依曼机

冯·诺依曼（John von Neumann，1903—1957年），出生于匈牙利首都布达佩斯，20世纪最重要的数学家之一，在现代计算机、博弈论和核武器等诸多领域内有杰出建树的最伟大的科学全才之一，被称为"计算机之父"和"博弈论之父"。

冯·诺依曼首先提出了采用"存储程序"工作方式的计算机设计方案，确立了现代电子计算机硬件的基本结构，即电子计算机由运算器、控制器、存储器、输入设备和输出设备五个部分组成。迄今为止，计算机绝大多数都属于冯·诺依曼计算机模型，如图2-5所示。

（1）运算器。运算器是能够完成各种算术运算和逻辑运算的装置。算术运算指加、减、乘、除等运算；逻辑运算是按照逻辑代数规则进行的运算，如逻辑或、逻辑与等。运算器还能进行其他的一些操作，如数码的传送、移位等。运算器中还含有能暂时存放数据或运算结果的寄存器。

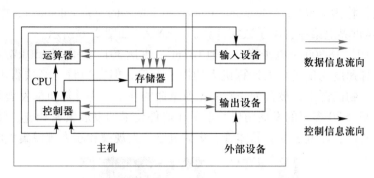

图 2-5 计算机结构图

（2）控制器。控制器是整个计算机的指挥系统。它负责从存储器中取出指令，确定指令类型，并对指令进行译码，按时间的先后顺序，负责向其他各部件发出控制信号，保证各部件协调一致地工作，一步一步地完成各种操作。控制器主要由指令寄存器、译码器、程序计数器等组成。

控制器中也有一些寄存器，但它们不同于存储器。运算器中的寄存器用于暂存进行运算与比较的数据及其结果。例如累加器就是可以进行加法运算并保存其结果的寄存器。控制器中的寄存器，用于保存程序运行状态的寄存器称为状态寄存器；用于存储当前指令的寄存器称为指令寄存器；用于存储将要执行的下一条指令的地址的寄存器称为程序计数器。

（3）存储器。存储器是计算机记忆或暂存数据的部件。计算机中的全部信息，包括原始输入数据、中间数据以及最后结果均存放在存储器中。同时，指挥计算机运行的各种程序，即规定对输入数据如何进行加工处理的一系列指令也都存放在存储器中。衡量存储器的指标有存储容量、存储速度和价格。计算机的存储器又分为内存储器（内存）和外存储器（外存）两种。

（4）输入设备。输入设备是指把原始数据、解题步骤和方法输入到计算机中的装置，包括能把原始编码转换成计算机能识别的二进制代码的装置。常见的输入设备有键盘、扫描仪、数码相机、光笔和鼠标等。

（5）输出设备。输出设备是把计算机运算的结果和处理而成的信息输送出来的装置。常见的输出设备有打印机、显示器、绘图仪和扬声器等。

计算机工作时，这五大部分相互配合，协同工作。其基本工作原理为，首先由输入设备接受外界信息（程序和数据），控制器发出指令将数据送入（内）存储器，然后向内存储器发出取指令命令。在取指令命令下，程序指令逐条送入控制器；控制器对指令进行译码，并根据指令的操作要求，向存储器和运算器发出存数、取数命令和运算命令，经过运算器计算并把计算结果存在存储器内；最后在控制器发出的取数和输出命令的作用下，通过输出设备输出计算结果。

2.2.3 电子计算机硬件的发展

1946 年 2 月 14 日，美国宾夕法尼亚大学的物理学家毛彻莱（J. W. Mauchly）和电子工程师埃科特（J. P. Eckert）在海军部的支持下，以冯·诺依曼的设计思想为指导，研制出一台电子真空管计算机，称为 ENIAC（electronic numerical integrator and calculator，电子数字积分计算机），被认为是世界上第一台电子数字计算机。ENIAC 如图 2-6 所示。

ENIAC 共使用了 18 800 个电子管，占地 167 m²，重达 30 t，耗电量 150 kW，运算速度每秒五千次。虽然运算速度比现代个人计算机大约慢 1 万倍，但在当时已经快得不可思议了。它宣布了一个新生事物的诞生，被誉为是新的工业革命的开始，为计算机的发展开辟了道路。

计算机诞生至今 70 多年的发展历史与电子元器件技术的发展紧密相连，计算机使用的器件发展分为四个阶段，即电子管、晶体管、集成电路、大规模和超大规模集成电路。

图 2-6　ENIAC

1. 第一代（1946—1958 年）：电子管计算机

1913 年研制成功了电子管，ENIAC 的主要器件是 18 800 个电子管，如图 2-7 所示。这类计算机的特点如下。

（1）主要器件：电子管。

（2）主存储器：延迟线和磁鼓。

（3）辅助存储器：纸带、卡片和磁鼓。

（4）速度：几千次/秒~几万次/秒。

（5）软件：机器语言和汇编语言。

（6）用途：科学计算、军事研究。

2. 第二代（1959—1964 年）：晶体管计算机

1948 年出现了半导体技术，研制成功了晶体管，如图 2-8 所示。1956 年开始用于制作晶体管计算机。这类计算机的特点如下。

（1）主要器件：晶体管。

（2）主存储器：磁芯。

（3）辅助存储器：磁带、磁盘。

（4）速度：几十万次/秒~百万次/秒。

（5）软件：高级语言程序（FORTRAN 语言）、汇编语言程序及操作系统出现。

（6）用途：科学计算、过程控制、数据处理和事务处理。

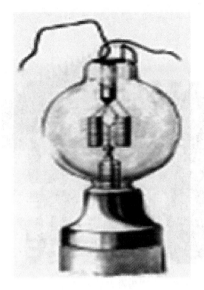

图 2-7　电子管

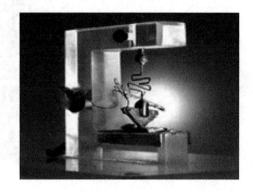

图 2-8　晶体管

3. 第三代（1965—1970 年）：集成电路计算机

20 世纪 60 年代中期出现了中、小集成电路（IC）技术，就是将原来由数十个或数百个分散的电子元器件所实现的功能，集中制作在一个几平方厘米的芯片上，如图 2-9 所示。集成电路的体积更小、耗电更少、速度更快、可靠性进一步提高。应用这一技术的计算机特点如下。

（1）主要器件：集成电路。

（2）主存储器：半导体。

（3）辅助存储器：磁带、磁盘。

（4）速度：几百万次/秒~几千万次/秒。

（5）软件和外部设备：高级语言程序及操作系统进一步发展和完善，外部设备增加。

（6）用途：科学计算、数据处理、远程终端联机系统和工业控制等领域。

4. 第四代（1971 年至今）：大规模和超大规模集成电路计算机

以 Intel 公司研制的第一代微处理器 Intel 4004 为标志，从 20 世纪 70 年代开始出现了大规模集成电路（LIC）和超大规模集成电路（VLIC）技术，集成电路的集成度越来越高，一个芯片上集成数百万、数千万个电子元器件，如图 2-10 所示。超大规模集成电路的出现为研制巨型计算机和微型计算机创造了条件，使巨型机的速度成倍提高，微型计算机迅速普及。这类计算机的特点如下。

（1）主要器件：大规模、超大规模集成电路。

（2）主存储器：半导体。

（3）辅助存储器：磁盘、光盘。

（4）速度：几百万次/秒~千亿次/秒。

（5）软件：高级语言、数据库、语言处理程序、操作系统、各类软件。

（6）用途：科学计算、过程控制、数据处理、计算机网络与分布式处理、软件工程、人工智能等各个领域。

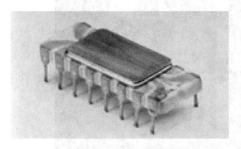 

图 2-9　集成电路　　　　　　　　　　图 2-10　大规模和超大规模集成电路

2.2.4　电子计算机语言的发展

程序是控制计算机完成特定功能的一组有序指令的集合，编写程序所使用的语言称为程序设计语言，即计算机语言。按其和硬件接近程度分为机器语言、汇编语言和高级语言三类。

1. 机器语言

机器语言（machine language）即计算机指令系统，是直接用二进制形式指令表达命令的一种语言。机器语言被计算机硬件系统所识别，是一种不需翻译就能直接使用的程序语言。电子计算机所使用的是由"0"和"1"组成的二进制数，二进制是计算机语言的基础。

使用机器语言十分痛苦，特别是在程序有错需要修改时，更是如此。由于每台计算机的指令系统往往各不相同，因此，在一台计算机上执行的程序，要想在另一台计算机上执行，必须另编程序，造成了重复工作，机器语言是第一代计算机语言。

2. 汇编语言

人们对机器语言进行了一种有益的改进，即用一些简洁的英文字母、符号串来替代一个特定的二进制串指令。比如，用"ADD"代表加法，"MOV"代表数据传递，等等。这样一来，人们很容易读懂并理解程序在干什么，纠错及维护也变得方便了，这种程序设计语言就称为汇编语言（assemble language），即第二代计算机语言。然而计算机是不认识这些符号的，这就需要一个专门的程序，专门负责将这些符号翻译成二进制数的机器语言，这种翻译程序被称为汇编程序。汇编语言同样十分依赖于机器硬件，移植性不好，但效率仍十分高，针对计算机特定硬件而编制的汇编语言程序，能准确发挥计算机硬件的功能和特长，程序精练而质量高，所以至今仍是一种常用而强有力的软件开发工具。

3. 高级语言

高级语言（high level language）是一种比较接近于自然语言的计算机语言。在高级语言中，一条命令的功能可以代替几条、甚至几百条汇编语言命令的功能。高级语言由于接近于自然语言，具有易学、易记、易用、通用性强、兼容性好、便于移植等优点，现已成为普遍使用的语言。1954 年，第一个完全脱离机器硬件的高级语言——FORTRAN 问世了。几十年来，共有几百种高级语言出现，有重要意义的有几十种，影响较大、使用较普遍的有 FOR-TRAN、ALGOL、COBOL、BASIC、LISP、SNOBOL、Pascal、C、PROLOG、Ada、C、VC++、VB、Delphi、Java 等。

高级语言源程序必须被翻译成二进制目标程序代码后才能被计算机所执行，这项工作由计算机自己来完成。将高级语言所写的程序翻译为机器语言程序，有两种翻译程序，一种叫"编译程序"，一种叫"解释程序"。编译程序是将用高级语言编写的源程序翻译成二进制目标程序，然后再运行这个目标程序。经过编译产生的目标程序运行速度快，但占用的内存空间较大（工作方式如图 2-11 所示），FORTRAN、C 语言等都采用这种编译的方法。解释程序是将源程序的语句翻译一条，执行一条，边翻译边执行。解释程序占用空间较小，但运行速度较慢（工作方式如图 2-12 所示）。现在多数高级程序设计语言的翻译程序都是用编译方式。BASIC 语言属于解释型。

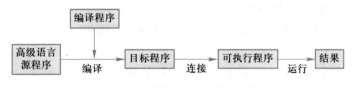

图 2-11 编译方式的执行过程

图 2-12 解释方式的执行过程

2.2.5 电子计算机类型的发展

可以根据计算机的工作原理、运算方式、字长、用途、信息的处理方式、数据表示形式和综合性能指标等对计算机进行分类。

1. 根据计算机的工作原理、运算方式分类

根据计算机的工作原理、运算方式分类，计算机可以分为数字计算机、模拟计算机和混合计算机。数字计算机的性能特点是计算机处理时输入和输出的数值都是数字量，模拟计算机处理的数据对象直接为连续的电压、温度、速度等模拟数据；混合计算机将数字技术和模拟技术相结合，输入输出既可以是数字量，也可以是模拟数据。目前，应用最为广泛的是数字计算机，因此，常把数字计算机简称为电子计算机或计算机。

2. 根据计算机的字长分类

根据计算机的字长分类，计算机可以分为 8 位机、16 位机、32 位机、64 位机等。

3. 根据计算机的用途分类

根据计算机的用途分类，计算机可以分为通用计算机和专用计算机。通用计算机是具有较强通用性的计算机，其特点是系统结构和软件能够解决多种类型的问题，满足多种用户的需求。一般的数字计算机多属于此类。专用计算机是针对某一特定应用领域，为解决某些特定问题而专门设计的计算机。其特点是系统结构以及专用软件对于其特定的应用领域是高效的，如嵌入式系统。

4. 根据计算机内部对信息的处理方式分类

根据计算机内部对信息的处理方式分类，计算机可以分为并行计算机和串行计算机。并行计算机是指将多个计算单元组合在一起，共同协作完成计算任务。它的基本思想是用多个处理器来协同求解同一问题，即将被求解的问题分解成若干个部分，各部分均由一个独立的处理机来并行计算。并行计算系统既可以是专门设计的、含有多个处理器的超级计算机，也可以是以某种方式互连的若干台的独立计算机构成的集群。通过并行计算集群完成数据的处理，再将处理的结果返回给用户。

5. 根据计算机处理的数据表示形式分类

根据计算机处理的数据表示形式分类，计算机可以分为定点计算机和浮点计算机。

6. 根据计算机的综合性能指标分类

根据计算机的综合性能指标分类，计算机可以分为巨型机、大中型机、小型机、微型机和嵌入式计算机。

巨型机也称为超级计算机，它采用大规模并行处理体系结构，存储容量大，运算速度极快，有极强的运算处理能力。我国自行研制的"银河3"百亿次计算机、"曙光"千亿次计算机、"天河二号"千万亿次计算机和"神威·太湖之光"亿亿次计算机都属于巨型机。巨型机大多使用在军事、科研、气象、石油勘探等领域。

大型机具有极强的综合处理能力，它的运算速度和存储容量仅次于巨型机，运算速度在千万次/秒。大型机主要用于计算机中心和计算机网络中，比如保险、银行等金融系统。

小型机的规模较小，它的结构较简单，操作简便，维护容易，成本较低。小型机主要用于一般应用系统和小型应用系统从实现科学计算和数据处理。除此之外，它还用于生产中的过程控制以及数据采集、分析计算等。

微型机也称为个人计算机、个人电脑或微机。它由微处理器、半导体存储器和输入/输出接口等组成。它的体积较小、质量轻、价格便宜、使用方便、灵活性好、可靠性强。常见的微型机还可以分为台式机、笔记本电脑、平板电脑等多种类型。它多用于社会生活各领域的信息处理。

嵌入式计算机是一种体积更小，专门为某种设备配套的计算机，它往往嵌在某种设备中，因此被称为嵌入式计算机，比如安装于手机、汽车、自动车床、自动武器及自动流水线中。

2.3 微型计算机系统

大规模集成电路的发展导致微型电子计算机的产生。由于这种计算机具有体积小、重量轻、价格低和使用简便等特点，因此得到了惊人的发展，也得以在科学计算、数据采集、数据处理、办公自动化、财务管理及自动控制系统等许多重要领域迅速地推广使用。图 2-13 是微型计算机系统的结构图。

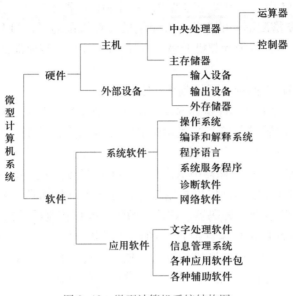

图 2-13　微型计算机系统结构图

2.3.1　微型计算机的硬件系统

1. 主机

主机是计算机的核心部件，主要包括主机板、微处理器、内存条、I/O 扩展槽和各种接口等。下面分别介绍主机的各个部件及其功能。

（1）主板。主板是位于主机箱内一块大型多层印刷电路板，常用的主板外观如图 2-14 所示。如果把 CPU 比作计算机的心脏，那么主板就是血管神经等循环系统。在计算机的主板上有中央处理器 CPU、随机存储器 RAM、只读存储器 ROM、6~8 个长形扩展槽（用于插接显示卡、声卡等），还有内存扩充插槽，用来插扩充内存的内存条，它们之间通过系统总线交换数据。

图 2-14　主板

计算机采用了总线结构，其主要特点是工艺简单、扩展性好，提高了微处理器与内存和外设之间信息传输的速度、准确性和可靠性。

（2）中央处理器（CPU）。中央处理器由运算器和控制器组成，它是计算机系统重要的元件，但不同的 CPU 需要搭配不同的主板。在早期的计算机系统里，CPU 都是直接焊接在主板上的。到了 486 时代，为了便于计算机升级，将焊接的 CPU 改装成能插拔的 CPU。如图 2-15 为 CORE i9 处理器。

CPU 的主要性能指标有两项：时钟频率和字长。

① 运算器。运算器的主要部件是算术逻辑单元，是计算机对数据加工处理的部件。运算器的主要功能是对二进制数进行算术、逻辑运算。算术运算包括加、减、乘、除等，逻辑运算主要是逻辑与、逻辑或、逻辑非、逻辑异或、逻辑比较等。

② 控制器。控制器负责从存储器中取出指令，确定指令类型，并对指令进行译码；按时间的先后顺序，负责向其他各部件发出控制信号，保证各部件协调一致地工作，完成各种操作。控制器主要由指令寄存器、译码器、程序计数器、操作控制器等组成。

（3）内存储器。存储器是用来存放数据和程序信息的部件，计算机运行中的全部信息，包括指挥计算机运行的各种程序、原始的输入数据、经过初步加工的中间数据以及最后的结果都存放在存储器中。它是计算机的主要工作存储区，待执行的程序和数据必须先从外存储器装入内存储器后才能执行，因此内存的大小、质量的好坏直接影响计算机的运行。如图 2-16 为常见内存条。

图 2-15　中央处理器

图 2-16　常见内存条

内存包括随机存取存储器（RAM）、只读存储器（ROM）两类。

衡量内存储器的指标包括存储容量、存储速度和价格。

① 随机存储器 RAM（random access memory）。随机存取存储器 RAM 又称为读/写存储器或内存，它用于存储待执行的程序或待处理的数据。通常所说的计算机内存容量就是指内存 RAM 的容量，当前常用容量为 4 GB 或 8 GB。

② 只读存储器 ROM（read only memory）。ROM 所存储的信息在制造时就固化在 ROM 中，使用时只能读不能写，断电后程序和数据不会丢失。

（4）总线。微型计算机硬件结构的最重要特点是总线（Bus）结构。总线是计算机各设备间进行信息传输的通道，它将信号线分成三大类，并归结为数据总线（date bus）、地址总线（address bus）和控制总线（control bus）。这样就很适合计算机部件的模块化生产，促进了微计算机的普及。微型计算机的总线化硬件结构图如图 2-17 所示。

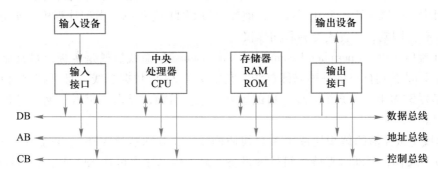

图 2-17 总线化硬件结构图

① 数据总线：用来传输数据信息，它是 CPU 同各部件交换信息的通道。数据总线都是双向的，而具体输送信息的方向，则由 CPU 来控制。

② 地址总线：用来传送地址信息，CPU 通过地址总线把需要访问的内存单元地址或外部设备的地址传送出去。通常地址总线是单方向的，地址总线的宽度与寻址的范围有关，如寻址 1 MB 的地址空间，就需要有 20 条地址线。

③ 控制总线：用来传输控制信号，包括 CPU 对内存储器和接口电路的读写信息、中断响应信号等，以协调各部件的操作。

IBM 推出世界上第一台 286 机时，建立了 ISA（工业标准结构）总线标准。此后随着 CPU 的速度不断提高，对总线的速度要求也越来越高，于是逐步推出了 EISA（增强型工业标准结构的总线）、VESA（视频电子工业协会提出的局部总线，简称 VL 总线）、PCI（外围部件互连总线）和 AGP（加速图形接口）总线标准。

（5）输入/输出（I/O）接口。在计算机内部，各个部件是通过总线连接的。对于外部设备，则是通过总线连接相应输入/输出设备的接口电路，然后再与输入/输出设备连接。一般接口电路又叫适配器或接口卡。接口卡是一块印刷电路板，它是系统 I/O 设备控制器功能的扩展和延伸，因此，也称为功能卡。常见的接口卡有显示卡、声卡、网卡。

CPU 与外部设备的工作方式、工作速度、信号类型都不相同，通过接口电路的变换作用，把两者匹配起来。接口电路中包含一些专业芯片、辅助芯片以及各种外部设备适配器和通信接口电路等。不同的外部设备与主机相连都要配备不同的接口，现在常用的几种接口卡都做成标准件，以便于选用。

计算机与外部设备之间有两种信息传输方式：一种是串行方式，另一种是并行方式。串行方式是按二进制位逐位传输，传输速度较慢，但省器材。并行方式一次可以传输若干个二进制位的信息，传输速度比串行方式快，但器材投入较多。在计算机内部都是采用并行方式传送信息；计算机与外设之间的信息传送，两种方式均有采用。

① 串行接口（Serial Interface）。微型计算机中采用串行通信协议的接口称为串行接口，也称为串口、串行通信接口或串行通信接口。一般微型计算机有两个串行接口，被标记为 COM1 和 COM2。微型计算机中使用串行接口的设备主要有鼠标、扫描仪、数码照相机和调制解调器等。

② 并行接口（parallel port）。并行接口简称为"并口"，用一组线同时传送一组数据。在微型计算机中，一般配置一个并行接口，被标记为 LPT1 或 PRN。微型计算机中使用并行接口的设备主要有打印机、外置式光驱和扫描仪。

③ PCI 接口。PCI（peripheral component interconnect）总线插槽是主板上最常见的接口插槽，它是由 Intel 公司推出的一种局部总线。它定义了 32 位数据总线，且可扩展为 64 位。它的工作频率为 33 MHz，是系统总线接口的国际标准。目前，显卡、声卡、网卡等接口大部分为 PCI 接口。

PCI 总线主板插槽的体积比原 ISA 总线插槽还小，其功能比 VESA、ISA 有极大的改善，支持突发读写操作，可同时支持多组外围设备。最大传输速率可达 132 MBps，可同时支持多组外围设备。

④ AGP 图形加速接口（accelerated graphics port）。AGP 接口是近几年主板上发展起来的最重要的接口之一。它直接与主板的北桥芯片相连，且该接口使视频处理器与系统主内存直接相连，避免经过窄带宽的 PCI 总线而形成系统瓶颈，增加 3D 图形数据传输速度，而且在显存不足的情况下还可以调用系统主内存，所以它拥有很高的传输速率。

AGP 接口的发展经历了 AGP1X/2X/Pro/4X/8X 等阶段，其传输速度也从最早的 AGP1X 的 266 Mbps 的带宽发展到了 AGP 8X 的 2.1 Gbps。

⑤ USB 接口。USB 是英文 universal serial bus 的缩写，中文含义是"通用串行总线"。USB 是在 1994 年底由英特尔、康柏、IBM、Microsoft 等多家公司联合提出的。USB 接口即符合通用串行总线硬件标准的接口，用于外部设备。USB 能使相关外设在机箱外连接，允许"热插拔"（连接外设时不必关闭电源），实现安装自动化。可以连接鼠标、键盘、打印机、扫描仪、摄像头、闪存盘、MP3 机、手机、数码相机、移动硬盘、USB 网卡、ADSL Modem、Cable Modem 等几乎所有的外部设备。目前常用的 USB 3.2 支持的最大传输带宽高达 20 Gbps，预计不久将要发布的 USB 4 最大传输带宽可达 40 Gbps，并使用唯一的 USB Type-C 类型接口。

2. 外部设备

（1）外存储器。计算机的存储器由两部分组成——内存储器和外存储器。内存储器最突出的特点是存取速度快，但是容量小、价格贵；外存储器的特点是容量大、价格低，但是存取速度慢。内存储器用于存放那些立即要用的程序和数据；外存储器用于存放暂时不用的程序和数据。内存储器和外存储器之间常常频繁地交换信息。外存储器主要有磁盘存储器、磁带存储器和光盘存储器。

① 硬盘。硬盘（hard disk，HD），是一种全封闭式的固定安装在主机箱内的磁盘。由于它是全封闭式的，所以存储容量可以做得非常大，存取速度也很快。硬盘按其工作形式的不同分为两种：机械硬盘 HDD（hard disk drive）（图 2-18）和固态硬盘 SSD（solid state drive）（图 2-19）。

机械硬盘主要由盘片、盘片转轴、磁头组件、磁头驱动机构、控制电路组成。固态硬盘类似于 U 盘技术，全电子结构，没有机械运动部件，采用集成电路存储技术，由控制单元和存储单元组成。

图 2-18　机械硬盘　　　　　　　　　　　图 2-19　固态硬盘

② 光盘。光盘（compact disc，CD），是一种密集存储、用光读取、单面、直径 12 cm 的圆盘。它有极大的存储容量，存取速度比硬盘稍慢。由于它的这些特性，目前主要用来存储大容量、固定不变、长期保存并使用，无须高速检索的信息资料，如电子读物、百科全书、VCD 和音乐 CD 等。按光盘的使用性能可分为只读光盘、一次性写入光盘、可擦写光盘。

③ 可移动存储设备。随着计算机应用的普及，便携式的数据存储装置使用率越来越高，现代的可移动存储设备主要有移动硬盘、U 盘和各种闪存卡。

移动硬盘，顾名思义是以硬盘为存储介质，计算机之间交换大容量数据，强调便携性的存储产品。移动硬盘的盘片结构与硬盘类似，因此也可以通过配备外置硬盘盒，使普通硬盘成为外置硬盘。

U 盘是朗科公司发明的新型存储设备，使用 USB 接口进行连接，如图 2-20 所示。U 盘小巧便于携带、存储容量大、价格便宜、性能可靠。U 盘体积很小，仅大拇指般大小，重量极轻，一般在 15 g 左右，特别适合随身携带。当前一般的 U 盘容量有 8 GB、16 GB、32 GB、64 GB，除此之外还有 128 GB、256 GB、512 GB、1 TB 等。U 盘中无任何机械式装置，抗震性能极强。U 盘主要目的是用来存储数据资料的，经过爱好者及商家们的努力，开发出更多的功能，如加密 U 盘、启动 U 盘、杀毒 U 盘、测温 U 盘以及音乐 U 盘等。

图 2-20　U 盘

闪存卡是利用闪存（flash memory）技术达到存储电子信息的存储器，一般应用在数码相机、掌上电脑、MP3、MP4 等小型数码产品中作为存储介质，样子小巧，犹如一张卡片，所以称之为闪存卡。根据不同的生产厂商和不同的应用，闪存卡有 smart media（SM 卡）、compact flash（CF 卡）、multi media card（MMC 卡）、secure digital（SD 卡）、memory stick（记忆棒）、TF 卡等多种类型。

（2）基本输入设备。输入设备是向计算机输入程序、数据和命令的部件，常见的输入设备有键盘、鼠标、扫描仪、光笔、数字化仪、麦克风等。

① 键盘。键盘是计算机必备的输入设备。用来向计算机输入命令、程序和数据。

键盘由一组按阵列方式装配在一起的按键开关组成，不同开关键上标有不同的字符，每按下一个键就相当于接通了相应的开关电路，随即把该键对应字符代码通过接口电路送入计算机。键盘通过一根电缆线与主机相连接。

键盘上键位的排列有一定的规律，键位的排列与其用途有关，分为字符键区、功能键区、编辑键区、光标键区和数字小键盘区，如图 2-21 所示。

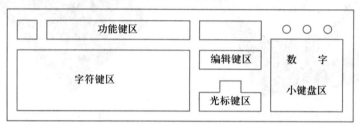

图 2-21 键盘分区图

字符键区：字符键区又称为主键盘区，它的英文字母排列与英文打字机一致，各种字母、数字、运算符号、标点符号以及汉字等信息都是通过在这一区域的操作输入计算机的。

功能键区：功能键区包括 12 个功能键 F1 键至 F12 键，功能键在不同的软件系统下，其功能是不同的，具体功能由操作系统或应用软件来定义。

编辑键区和光标键区：在主键盘和数字小键盘的中间，包括 4 个光标移动键和编辑键。

数字小键盘区：数字小键盘位于键盘的右部。该区的键起着数字键和光标键的双重功能，小键盘上标有"Num Lock"字样的键是一个数字/编辑转换键。当按该键时，该键上方标有"Num Lock"字样的指示灯发亮，表明小键盘处于数字输入状态，此时使用小键盘就可以输入数字；若再按 Num Lock 键，该指示灯熄灭，表明小键盘又回到编辑状态，小键盘上的键变成了光标控制/编辑键。

常用键的功能及使用如下。

Esc 键：为强行退出键。在菜单命令中，该键用于退出当前操作状态，返回到原来操作。

Tab：制表定位键，每按一次光标跳过 8 个字符位置。

Backspace：光标左移一个字符位置，同时抹去原光标左边的字符。

Enter：称为回车键，表示当前行输入结束。

Space：称为空格键，每按一次该键光标右移一个位置，表示输入一个空格。

Capslock：称为字母大小写锁定键，实现字母的大小写转换。

Pause：称为暂停键。按此键可暂停命令的执行，按任意键命令将继续执行。

Shift：上档键。在输入上档字符时，先按住此键，再按字符键，即可输入上档字符。

Ctrl、Alt：控制键。这两个键往往分别与其他键组合使用，用来表示某个控制和操作。其组合功能由不同的软件系统来决定。

Print screen：屏幕打印键。同时按住 Shift 键和 Print screen 键，将会把屏幕上显示的内容打印出来。

PgUp 和 PgDn 键：屏幕翻页键，常用来实现光标的快速移动。

Ins 或 Insert 键：插入键。用来在一行中插入字符，一个字符被插入后，光标右侧的所有字符将右移一个位置，再次按 Ins 键则返回替换状态。

Del 或 Delete 键：删除键。用来删除当前光标位置的字符，当一个字符被删除后，光标右侧的所有字符将左移一个位置。

② 鼠标。鼠标器现在已成为计算机上必不可少的配件，它的发明人斯坦福研究所的恩格尔巴特在申请专利时将它正式命名为"显示系统纵横位置指示器"，这充分说明了它的作用，当鼠标器在一个面上滑动时，就会有一个光标在屏幕上移动，指示出屏幕上的位置。后来有人给它起了个形象的名字叫"鼠标"（Mouse），是因为它的外形酷似一只老鼠拖着长尾巴。通俗地说鼠标器是一个可以在显示屏幕上点点画画的点输入设备，鼠标用来确定并读取屏幕上的位置，由系统判别该位置所对应的操作，然后再执行该操作。

鼠标按其工作原理及其内部结构的不同可以分为机械式、光机式和光电式。现在使用最广泛的是光电式鼠标，这种鼠标是通过检测鼠标器的位移，将位移信号转换为电脉冲信号，再通过程序的处理和转换来控制屏幕上的光标箭头的移动。

（3）基本输出设备。

① 显示器。显示器（display）是微型机不可缺少的输出设备，用户通过它可以很方便地查看送入计算机的程序、数据、图形等信息及经过计算机处理后的中间结果、最后结果，显示器是人机对话的主要工具。

根据制造材料的不同，显示器可分为阴极射线管显示器（CRT）、等离子显示器（PDP）、液晶显示器（LCD）等，在微型计算机中，多使用机身薄、占地小的液晶显示器。

显示器的尺寸指的是显示器的对角线的尺寸。显示器上的字符和图形是由一个个像素（pixel）组成的。显示器的分辨率一般用整个屏幕上光栅的列数与行数的乘积来表示，这个乘积越大，分辨率就越高，现在常用的分辨率是 640×480、800×600、1 024×768、1 280×1 024 等。

显示器必须配置正确的适配器（俗称显示卡）才能构成完整的显示系统。

② 打印机。打印机是计算机重要的输出设备，由一根打印电缆与计算机上的并行口相连接。在计算机系统中，可用打印机输出文字、表格、图形和图像等数据。

按打印方式可将打印机分为击打式和非击打式两类。击打式打印机利用机械冲击力，通过打击色带在纸上印上字符或图形。非击打式打印机则用电、磁、光、喷墨等物理、化学方法来印刷字符和图形。非击打式打印机的打印质量通常比击打式的高。

按工作原理可将打印机分为针式打印机、喷墨打印机和激光打印机三类，常见样式如图 2-22 所示。

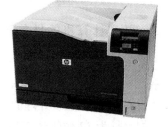

(a) 针式打印机　　　　(b) 喷墨打印机　　　　(c) 激光打印机

图 2-22　常见打印机

2.3.2 微型计算机的软件系统

计算机软件是指保存在计算机系统中的全部程序（program）和数据（data）的总和。计算机软件按其用途可分为系统软件和应用软件。

1. 系统软件

系统软件是管理、监控和维护计算机资源的软件，其主要的功能是进行调度、监控和维护系统等。系统软件是用户和裸机的接口，主要包括以下几种。

（1）操作系统。操作系统（operating system）是系统软件中的核心软件，对计算机进行存储管理、设备管理、文件管理、处理器管理等，以提高系统使用效能、方便用户使用计算机。

计算机中必须装入操作系统才能工作。用户打开计算机电源，计算机就能启动，就是因为计算机中已经安装了操作系统。有关操作系统的详细介绍，请参考本书第3章。

（2）语言处理程序。语言处理程序包括编译程序和解释程序等。计算机只能接受机器语言程序，而无法直接执行用汇编语言和高级语言编写的程序，因此必须经过"翻译程序"将它们翻译成机器语言程序，计算机才能执行。语言处理程序就是完成这种"翻译程序"的软件。

（3）数据库系统。数据库技术是针对大量数据的处理而产生的，至今仍在不断地发展。数据库系统由计算机硬件、数据库、数据库管理系统、操作系统和数据库应用程序组成，主要是解决数据处理的非数值计算问题，其特点是数据量大。数据处理的主要内容是数据的存储、查询、修改、排序、统计等。

目前数据库主要用于图书馆管理、财务管理、人事管理、材料管理等方面。常用的数据库管理系统有 Access、SQL Server、Oracle、Sybase 和 MySQL 等。

（4）各种服务性程序，如机器的调试、故障检查和诊断程序、杀毒程序等。

2. 应用软件

应用软件是用户为解决各种实际问题而编制的计算机应用程序及其有关资料，应用软件主要有以下几种。

（1）用于科学计算方面的数学计算软件包、统计软件包。

（2）文字处理软件包（如 WPS、Word 等）。

（3）图像处理软件包（如 Photoshop、动画处理软件 3ds Max）。

（4）各种财务管理软件、税务管理软件、工业控制软件、辅助教育软件等。

2.3.3 微型计算机的性能指标

计算机的主要性能指标如下。

1. 字长

字长是指 CPU 能够直接处理的二进制数据的位数，它直接关系到计算机的计算精度、功能和速度。如字长为 32 位的计算机，运算一次便可处理 32 位的信息，传输过程中，可并行传送 32 位二进制数据。一般情况下，字长越长，计算精度越高，处理能力越强。

2. 运算速度

通常所说的计算机运算速度（平均运算速度），是指计算机每秒钟所能执行的指令条数，一般用百万次/秒（million of instructions per second，MIPS）为单位。

3. 主频

主频是指计算机的时钟频率，是指 CPU 在单位时间（秒）内发出的脉冲数。通常，主频的单位是 MHz 或 GHz。它在很大程度上决定了计算机的运算速度，时钟频率越高，其运算速度就越快。

4. 内存容量

内存容量是指内存储器中能够存储信息的总字节数，一般以 KB、MB、GB 为单位。内存容量反映了内存储器存储数据的能力，存储容量越大其数据处理的范围就越广，并且运算速度也越快。

5. 外设配置

外设配置是指键盘、显示器、显示适配卡、打印机、磁盘驱动器、光驱、鼠标等的配置。

6. 软件配置

软件配置包括操作系统、计算机语言、数据库管理系统、网络通信软件及其他各种应用软件等。

以上是一些主要的性能指标，不能根据一两项指标来评定计算机的优劣，而是需要综合考虑。

2.4　计算机中的数据与编码

数据是指计算机能够接受和处理的数字、字母和符号的集合，人们所能感受到的各种信息（景象、消息、事实、知识等）都可以用数据来表示。计算机中对所有信息的运算、加工、处理、存储等都要以二进制数形式来进行。

计算机中的数制采用二进制，这是因为只需表示 0 和 1，这在物理上很容易实现，例如电路的导通或截止，磁性材料的正向磁化或反向磁化等；0 和 1 两个数，传输和处理抗干扰性强，不易出错，可靠性好。另外，0 和 1 正好与逻辑代数"假"和"真"相对应，易于进行逻辑运算。

在计算机领域中经常使用的还有十六进制、十进制和八进制。按进位的原则进行计数的方法，称为进位计数制。

2.4.1　进位计数制

1. 十进制数

十进制数（decimal）有两个主要特点。

（1）它有 10 个不同的数码（即基数是 10）：0、1、2、3、4、5、6、7、8、9。

（2）它是逢十进一，借一当十。同一数码处在不同的数位（称为"权"），代表的意义是不同的。例如，十进制数 282.4，读作二百八十二点四，第一个 2 代表 200，第二个 2 代表 2。
把上数写成如下的形式：

$$282.4 = 2 \times 10^2 + 8 \times 10^1 + 2 \times 10^0 + 4 \times 10^{-1}$$

由此可见，任何一个十进制数 $N = K^{n-1} K^{n-2} \cdots K^1 K^0 K^{-1} K^{-2} \cdots K^{-m}$ 都可以写成这种形式：

$$N = K_{n-1}(10)^{n-1} + K_{n-2}(10)^{n-2} + \cdots + K_1(10)^1 + K_0(10)^0 + \cdots + K_{-m}(10)^{-m}$$

上式称为十进制的按"权"展开式。其中 i 表示数的某一位，K_i 为第 i 位的数码，可以是 0~9 的任意一个数码。10^i 称为十进制的权。m 为小数部分的位数，n 为整数部分的位数。

2. 二进制数

二进制数（binary）的特点如下。

（1）它有两个数码，即 0 和 1，其基数为 2。

（2）二进制数是逢二进一，借一当二。

在计算机内部，一切信息，包括数值、指令等的存放、处理和传递均采用二进制数形式。实际上是以电子器件的物理状态来表示的。通常电子器件的状态只有两种，即开和关、导通和截止、电平的高与低，等等，因此用二进制来表示。它具有可行性，易于实现，传输和处理不易出错，可靠性好，运算法则简单等优点。另外 0 和 1 正好与逻辑代数的真和假相对应，逻辑性好。例如：

$$(1011.01)_2 = 1 \times 2^3 + 0 \times 2^2 + 1 \times 2^1 + 1 \times 2^0 + 0 \times 2^{-1} + 1 \times 2^{-2} = 8 + 2 + 1 + 0.25 = 11.25$$

即二进制数 1011.01 等于十进制数 11.25。为了使不同进制的数不致混淆，在数的右下角应加一个下标，注明进位的基数，但十进制数的下标可以省略。

3. 八进制数

八进制数（octal）的特点如下。

（1）它有 8 个数码，即 0、1、2、3、4、5、6、7，其基数为 8。

（2）它是逢八进一，借一当八。

例如：

$$(324)_8 = 3 \times 8^2 + 2 \times 8^1 + 4 \times 8^0 = 212$$

即八进制数 324 等于十进制数 212。

4. 十六进制数

十六进制数（hexadecinal）的特点如下。

（1）它共有 16 个数码，即 0、1、2、3、4、5、6、7、8、9、A、B、C、D、E、F，其基数为 16。

（2）它是逢十六进一，借一当十六。

例如：

$$(6A)_{16} = 6 \times 16^1 + 10 \times 16^0 = 106$$

即十六进制数 6A 等于十进制数 106。

既然有不同的进制，那么在给出一个数时，需指明是什么数制里的数。例如：$(1010)_2$、$(1010)_8$、$(1010)_{10}$、$(1010)_{16}$ 所代表的数值就不同。除了用下标表示外，还可用后缀字母来表示数制。例如 1010B、1010O、1010D、1010H（最后的字母表示的是不同进制数），与 $(1010)_2$、$(1010)_8$、$(1010)_{10}$、$(1010)_{16}$ 所代表的意义相同。

2.4.2　不同数制之间的转换

1. 十进制数转换为二进制数

（1）整数的转换。十进制整数转换成二进制整数，通常采用除 2 取余法。除 2 取余法是将已知十进制数反复除以 2，若每次相除之后余数为 1，则对应于二进制数的相应位为 1；余数为 0，则相应位为 0。第一次除法得到的余数是二进制数的最低位，最后一次除法所得的余数是二进制数的最高位。从低位到高位逐次进行，直到商是 0 为止。例如，将十进制数 66 转换为二进制数。

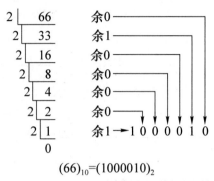

$$(66)_{10}=(1000010)_2$$

（2）小数部分的转换。十进制纯小数转换为二进制纯小数，通常采用乘 2 取整法。所谓乘 2 取整法，就是将十进制小数反复乘以 2，每次乘以 2 之后，所得新的整数部分为 1，则二进制数的相应位为 1，若整数部分为 0，则二进制数的相应位为 0。第一次乘法所得的为高位，最后一次乘法所得的为低位，从高位到低位逐次进行，直到满足精度要求或乘 2 后的十进制小数是 0 为止。例如，将十进制小数 0.8125 转换成二进制小数的方法如下。

$$
\begin{array}{r}
0.8125 \\
\times 2 \\
\hline
1.6250 \\
\end{array}
\quad \text{整数部分为 1}
$$

$$
\begin{array}{r}
0.6250 \\
\times 2 \\
\hline
1.250 \\
\end{array}
\quad \text{整数部分为 1}
$$

$$
\begin{array}{r}
0.25 \\
\times 2 \\
\hline
0.50 \\
\end{array}
\quad \text{整数部分为 0}
$$

$$
\begin{array}{r}
0.5 \\
\times 2 \\
\hline
1.0 \\
0 \\
\end{array}
\quad \text{整数部分为 1}
$$

$$(0.8125)_{10}=(0.1101)_2$$

2. 二进制数与八进制数之间的转换

八进制数是由 0、1、2、3、4、5、6、7 这 8 个数字组成，且逢八进位。三位二进制数恰好是一位八进制数。因此，将二进制数转换为八进制数的方法是以小数点为界限，分别向左、向右将每三位二进制数与一位八进制数相对应，若不足三位用 0 补齐；八进制数转换为二进制数时，只需将每一位八进制数写成对应的二进制数即可。

表 2-1 列出了二进制数与八进制数的对应关系。

表 2-1 二进制数与八进制数的关系

八 进 制 数	二 进 制 数
0	000
1	001
2	010
3	011
4	100
5	101
6	110
7	111

例如，将二进制数 1101001 转换为八进制数。

（001101001）

　↓　↓　↓

　（1　5　1）

即（1101001）$_2$＝（151）$_8$

例：将八进制数 643.503 转换为二进制数。

（6　4　3.　5　0　3）

　↓　↓　↓　↓　↓　↓

（110100011. 101000011）

即 （643.503）$_8$＝（110100011. 101000011）$_2$

3. 二进制数与十六进制数之间的转换

依照二进制数与八进制数的转换方法，很容易得到二进制数与十六进制数之间的转换。一位十六进制数对应于四位二进制数。因此，在二进制数转换为十六进制数时，要以小数点为界限，分别向左、向右每四位二进制数转换为一位十六进制数，不足四位用 0 补齐；十六进制数转换为二进制数时，只要将十六进制数写出对应的二进制数即可。表 2-2 列出了二进制数与十六进制数之间的关系。

例如，将 （D57.7A5）$_{16}$转换为二进制数。

（D　5　7.　7　A　5）

　↓　↓　↓　↓　↓　↓

（110101010111.　011110100101）

即（D57.7A5）$_{16}$＝（110101010111. 011110100101）$_2$

例如，将二进制数 1010110010. 0101 转换为十六进制数。

（ 001010110010 . 0101 ）

　　↓　　↓　　↓　↓　　↓

（ 2　　B　　2 .　5 ）

即（1010110010. 0101）$_2$ =（2B2. 5）$_{16}$

表 2-2　二进制数与十六进制数之间的关系

十六进制数	二 进 制 数	十六进制数	二 进 制 数
0	0000	8	1000
1	0001	9	1001
2	0010	A	1010
3	0011	B	1011
4	0100	C	1100
5	0101	D	1101
6	0110	E	1110
7	0111	F	1111

2.4.3　计算机中数据的单位

用计算机处理数据，数据可以存储在计算机的内存储器和外存储器中，其存储单位包括以下三种形式。

1. 位

一个二进制代码位称为一个 bit，即一个 0 或 1，为计算机中数据的最小单位。

2. 字节

字节（Byte）是计算机中用于计量存储容量的一种计量单位，通常一个字节包含 8 位二进制数，即 1 Byte = 8 bit，无论是内部存储器还是外部存储器都以字节作为存储的基本单元，并以 2 的 10 次方作为进位，单位有 KB、MB、GB、TB、PB 等。其中：

1 KB = 2^{10} Byte = 1 024 Byte

1 MB = 2^{10} KB = 2^{20} Byte = 1 048 576 Byte

1 GB = 2^{10} MB = 2^{20} KB = 2^{30} Byte = 1 073 741 824 Byte

1 PB = 2^{10} GB = 2^{20} MB = 2^{30} KB

通常一个英文字母或符号占用一个字节，一条计算机指令占用一到三个字节，而一个汉字的编码则要占用两个字节。

目前常用的内存储器，存储容量多为 8 GB、16 GB；硬盘的存储容量常为 512 GB、1 TB 等。

3. 字

由若干个字节组成字（Word）。字的长度用字长来表示，字长用来说明 CPU 可同时处理数据的位数，如 16 位机、32 位机、64 位机。字长越长，在相同的时间内能传达的信息越多，计算机的速度越快。

2.4.4 字符编码

非数值数据就是符号，即通常所说的字符、字符串、图形符号，它们是符号而不是数值。在计算机内都被变换成计算机能识别的二进制编码形式。它们按什么规则组成编码是人为规定的，现有多种编码方式。

1. ASCII 码

现在国际上普遍采用的是 ASCII 码（American Standard Code for Information Interchange，美国国家信息交换标准代码），在计算机上都采用此表示法。ASCII 码简表如表 2-3 所示。

ASCII 码的每个字符占 7 位二进制数位，一个字节是 8 位二进制数，余 1 位，用做检测编码出错的奇偶校验位。现在已将 ASCII 由原来 7 位扩展到 8 位二进制数。

表 2-3   ASCII 码简表

高三位 低四位	000	001	010	011	100	101	110	111
0000	NUL	DLE	SP	0	@	P	、	p
0001	SOH	DC1	!	1	A	Q	a	q
0010	STX	DC2	"	2	B	R	b	r
0011	ETX	DC3	#	3	C	S	c	s
0100	EOT	DC4	$	4	D	T	d	t
0101	ENQ	NAK	%	5	E	U	e	u
0110	ACK	SYN	&	6	F	V	f	v
0111	BEL	ETB	'	7	G	W	g	w
1000	BS	CAN	(	8	H	X	h	x
1001	HT	EM	)	9	I	Y	I	y
1010	LF	SUB	*	:	J	Z	j	z
1011	VF	ESC	+	;	K	[	k	{
1100	FF	FS	,	<	L	\	l	|
1101	CT	GS	−	=	M	]	m	}
1110	SO	RS	.	>	N	↑	n	~
1111	SI	US	/	?	O	↓	o	DEL

2. 汉字编码

（1）输入码。输入码是用各种汉字输入法输入汉字的编码。常用的输入法有全拼、智能拼音、五笔字型输入法等。

（2）国标码。国标码是"中华人民共和国国家标准信息交换汉字编码"，代号为

"GB2312-80"。在国标码的字符集中，收集了一级汉字 3 755 个，二级汉字 3 008 个，图形符号 682 个，共计 7 445 个。国标码规定每个汉字用两个字节进行编码，每个字节的最高位为 0，其余 7 位为符号信息。例如：汉字"啊"的国标码为 00110000B、00100001B（即 30H、21H）。

（3）机内码。机内码是指汉字在计算机中的编码。由于国标码与基本字符中的 ASCII 码有冲突，例如：汉字"啊"的国标码为 30H、21H，而它们又分别是 ASCII 码的"0"（30H）和"!"（21H）。为了与 ASCII 码相区别，将汉字国标码的最高位都置成"1"，从而得到汉字的"机内码"。

（4）汉字字形码。汉字字形码是以点阵方式表示汉字字形的编码，由所有汉字的字模信息构成，一个汉字的字模信息占多少字节由汉字的字形决定。例如用 16×16 点阵表示一个汉字，则每个汉字占 16 行，每一行有 16 个点，一个点用一个字位来表示，一行 16 个点需用两个字节，一个 16×16 点阵汉字占 32 个字节，如图 2-23 所示。

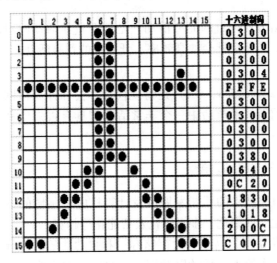

图 2-23　汉字字形码

2.5　电子计算机应用及发展趋势

2.5.1　电子计算机应用

1. 科学计算
最初主要用于科学研究和工程设计等方面的数学计算问题，也是最重要的应用领域。

2. 数据处理
数据处理又称信息处理，是非数值计算，与科学计算不同，数据处理的信息量较大，但计算方法简单，是目前计算机应用最广泛的领域。

3. 实时控制

又称过程控制或自动控制，这是实现自动化、过程化的标志。导弹自动目标追踪即是典型的实时控制实例。

4. 辅助系统

计算机辅助系统（computer aided system）是辅助人们学习和提高工作效率的系统，主要包括计算机辅助设计（CAD）、计算机辅助工程（CAE）、计算机辅助制造（CAM）、计算机辅助教学（CAI）、计算机辅助测试（CAT）、计算机管理教学（CMI）。

CAD已得到世界各国的普遍重视。一些国家已经把CAD、CAM、CAT等组成一个集成系统，形成计算机集成制造系统（CIMS）技术，实现设计、制造、测试、管理完全自动化。

5. 多媒体与网络应用

用计算机处理多媒体信息，使其与计算机网络互联，实现数据传输和资源共享。

6. 电子商务

电子商务是通过网络方式进行的商务活动，是整个贸易活动的自动化和电子化。电子商务的目的就是要实现企业乃至全社会的高效率、低成本的贸易活动。

7. 办公自动化

办公自动化（office automation，OA）是将现代化办公和计算机网络功能结合起来的一种新型的办公方式，是当前新技术革命中一个非常活跃和具有很强生命力的技术应用领域，是信息化社会的产物。

2.5.2 电子计算机的发展趋势

随着超大规模集成电路技术的不断发展以及计算机应用领域的不断扩展，计算机的发展表现出了巨型化、微型化、网络化、多媒体化及智能化等趋势。

（1）巨型化。巨型化是指超高速、大存储容量和强功能的巨型计算机，这主要是为了满足诸如原子、天文、核技术等尖端科学以及探索新兴领域的需要。巨型计算机的研制水平反映了一个国家科学技术的发展水平。

（2）微型化。微型化就是进一步提高集成度，利用高性能的超大规模集成电路研制体积越来越小、功耗越来越低、性能越来越强的微型计算机，微型计算机已广泛应用到社会的各个领域。

（3）网络化。现代信息社会发展趋势就是实现资源共享，网络化就是按照约定的协议把各自独立的计算机用通信线路连接起来，形成各计算机用户之间可以相互通信并能使用公共资源的网络系统。网络化能够充分利用计算机的宝贵资源并扩大计算机的使用范围，为用户提供方便、及时、可靠、广泛、灵活的信息服务。

（4）多媒体化。多媒体是指以数字技术为核心的图形、声音与计算机、通信等融为一体的信息环境。实质上是使人们利用计算机以更接近自然的方式交换信息。

（5）智能化。到目前为止，计算机处理过程化的计算工作和事务处理工作的能力已经达到了相当高的水平，但在智能化工作方面，比较人脑而言还有很大的发展空间。如何让计算机具有人脑的功能，模拟人的推理、联想、思维等功能是计算机技术今后一个重要的发展方向。计算机在人们的生产、生活中的地位将越来越重要，它将帮助人们完成一些人们不熟悉或不愿意做的事情。

智能计算也称为计算智能，是以生物进化的观点认识和模拟智能，按照这一观点，智能是在生物的遗传、变异、生长以及外部环境的自然选择中产生的。在用进废退、优胜劣汰的过程中，适应度高的（头脑）结构被保存下来，智能水平也随之提高，因此计算智能就是基于结构演化的智能。

2.5.3 未来的计算机

目前，计算机的发展异常迅速，但工作原理几乎都是基于冯·诺依曼体系结构，以大规模或超大规模集成电路作为元器件，未来的计算机将打破传统的冯·诺依曼体系结构，采用新型元器件，设计和制造出性能远优于传统计算机的新型的计算机。

1. 生物计算机

20 世纪 80 年代以来，生物工程学家倾注了很大精力研究人脑、神经元和感受器，发现组织体是由无数细胞组成，细胞又是由水、盐、蛋白质和核酸等物质组成。有些有机物中的蛋白质分子像开关一样，具有"开"与"关"的功能，科学家们可以利用遗传工程技术仿制出这种蛋白质分子，用这种蛋白质分子作为元件制成的计算机称为生物计算机。生物计算机的主要原材料是生物工程技术产生的蛋白质分子，以这种分子作为生物芯片，利用有机化合物存储数据，通过控制 DNA 分子间的生物化学反应来完成运算。

用蛋白质制造的生物芯片，存储量可以达到普通计算机的 10 亿倍。生物计算机元件的密度比大脑神经元的密度高 100 万倍，传递信息的速度也比人脑思维的速度快 100 万倍。其特点是可以实现分布式联想记忆，并能在一定程度上模拟人和动物的学习功能。

目前，生物芯片仍处于研制阶段，但在生物元件，特别是在生物传感器的研制方面已取得很多的实际成果，计算机、电子工程和生物工程这 3 个学科的专家的通力合作，加快了研究开发生物芯片的速度。

2. 量子计算机

量子计算机与传统计算机的原理不同，它建立在量子力学的基础上，用量子位存储数据。量子计算机能够进行量子并行计算，如果把一群原子聚在一起，它们不会像电子计算机那样进行线性运算，而是同时进行所有可能的运算，量子计算机处理数据时不是分步进行而是同时完成，40 个原子一起计算，相当于今天一台超级计算机的性能。量子计算机具有与大脑类似的容错性，当系统的某部分发生故障时，输入的原始数据会自动绕过损坏或出错的部分进行正常运算，并不影响最终的计算结果。

3. 激光计算机

激光计算机是利用激光作为载体进行信息处理的计算机，又叫光脑，其运算速度将比普通的电子计算机至少快 1000 倍。它依靠激光束进入由反射镜和透镜组成的阵列中来对信息进行处理。

与电子计算机相似之处是，激光计算机也靠一系列逻辑操作来处理和解决问题。光束在一般条件下的互不干扰的特性，使得激光计算机能够在极小的空间内开辟很多平行的信息通道，密度大得惊人。一块截面等于 5 分硬币大小的棱镜，其通过能力超过全球现有全部电缆的许多倍。

但有一点可以肯定，在未来社会中，计算机、网络、通信技术将会三位一体化。新世纪的计算机将把人从重复、枯燥的信息处理中解脱出来，从而改变人们的工作、生活和学习方式，给人类和社会拓展了更大的生存和发展空间。

本章小结

在进入信息时代的今天，学习计算机知识，掌握、使用计算机已成为每一个人的迫切需求。本章主要介绍计算机的发展、微型计算机系统的组成、计算机中的数据与编码等基础知识，并展望了计算机的发展趋势。

思考与练习

1. 填空题

（1）第四代计算机开始使用大规模乃至超大规模的_____作为逻辑元件。

（2）冯·诺依曼计算机结构规定计算机的硬件系统由运算器、存储器、_____、输入/输出设备等部分组成。

（3）运算器主要完成对数据的运算，包括算术运算和_____。

（4）计算机系统在工作中用来传输各类控制信号的总线名称为_____。

（5）计算机系统在工作中用来传输指令及操作数地址的总线名称为_____。

（6）鼠标器的操作主要有单击、双击、右键单击和_____。

（7）微处理器能直接识别并执行的命令称为_____。

（8）计算机的一个字长，是计算机并行处理数据的_____。

（9）微型计算机中，ROM 是_____。

（10）在计算机领域中，通常用英文单词"Byte"来表示_____。

（11）在计算机应用中，"计算机辅助设计"的英文缩写是_____。

（12）"计算机辅助制造"的常用英文缩写是_____。

（13）十六进制数 3AB.7 转换为二进制数是_____。

（14）已知字符"C"的 ASCII 码值为十进制数 67，则字符"L"的 ASCII 码值的十六进制数为_____。

（15）二进制数（1101）与（1010）相加的结果是_____。

（16）将十进制数 218 转换成十六进制数是_____。

2. 选择题

（1）第三代计算机的逻辑器件采用的是（   ）。

    A）晶体管   B）中小规模集成电路

    C）大规模集成电路   D）微处理器集成电路

（2）微型计算机能处理的最小数据单位是（   ）。

    A）ASCII 码字符   B）字节

    C）字符串   D）二进制位

（3）与外存相比，内存（RAM）的特点是（   ）。

    A）速度快、容量相对较大，断电后信息不丢失

    B）速度慢、容量相对较小，断电后信息不丢失

    C）速度快、容量相对较小，断电后信息丢失

    D）速度慢、容量相对较大，断电后信息丢失

（4）下列计算机设备中，属于输出设备的是（   ）。

    A）显示器   B）扫描仪

    C）键盘   D）话筒

（5）计算机的存储器容量以字节（B）为单位，1 MB 表示（   ）。

    A）1 024×1 024 字节   B）1 024 个二进制位

    C）1 000×1 000 字节   D）1 000×1 024 个二进制位

（6）计算机能直接识别的程序语言是（   ）。

    A）源程序   B）机器语言

    C）BASIC 语言   D）汇编语言

（7）通常人们所说的一个完整的计算机系统应包括（   ）。

    A）运算器、存储器和控制器   B）计算机和它的外围设备

    C）系统软件和应用软件   D）计算机的硬件系统和软件系统

（8）在微机的性能指标中，用户可用的内存容量通常是指（   ）。

    A）RAM 的容量   B）ROM 的容量

    C）RAM 和 ROM 的容量之和   D）CD-ROM 的容量

（9）解释程序的功能是（   ）。

    A）解释执行高级语言程序

    B）将高级语言程序翻译成目标程序

    C）解释执行汇编语言程序

    D）将汇编语言程序翻译成目标程序

（10）微型计算机系统中的中央处理器通常是指（   ）。

    A）内存储器和控制器   B）内存储器和运算器

    C）控制器和运算器   D）内存储器、控制器和运算器

（11）第四代电子计算机使用的逻辑器件是（   ）。

    A）晶体管   B）电子管

    C）中小规模集成电路   D）大规模和超大规模集成电路

（12）按冯·诺依曼的观点，计算机由五大部件组成，它们是（   ）。

    A）CPU、控制器、存储器、输入/输出设备

B）控制器、运算器、存储器、输入/输出设备

C）CPU、运算器、主存储器、输入/输出设备

D）CPU、控制器、运算器、主存储器、输入/输出设备

（13）在计算机中，负责指挥和控制计算机各部分自动地、协调一致地进行工作的部件是（　　）。

　　A）控制器　　　　　　　　B）运算器

　　C）存储器　　　　　　　　D）总线

（14）计算机中的图像，归根结底是用（　　）方式存储的。

　　A）位图　　　　　　　　　B）高数据压缩

　　C）二进制数　　　　　　　D）数据流

（15）所谓软件的完整概念描述应是（　　）。

　　A）程序代码　　　　　　　B）程序代码和文档

　　C）数据　　　　　　　　　D）算法及数据结构

（16）已知小写的英文字母"m"的十六进制 ASCII 码值是 6D，则小写英文字母"c"的十六进制 ASCII 码值是（　　）。

　　A）98　　　　B）62　　　　C）99　　　　D）63

（17）计算机的"存储程序和程序控制"的工作原理是由数学家（　　）提出的。

　　A）图灵　　　　　　　　　B）帕斯卡

　　C）冯·诺依曼　　　　　　D）莱布尼兹

（18）计算机处理信息的全过程是（　　）。

　　A）输出、处理、存储　　　B）输入、存储与处理、输出

　　C）输入、存储、输出　　　D）输入、存储、处理

（19）一个 16×16 点阵的汉字的字形码，占用的字节数为（　　）。

　　A）16　　　　B）32　　　　C）256　　　　D）2

（20）十进制数 11.75 转换为二进制数是（　　）。

　　A）1010.11　　　　　　　B）1101.01

　　C）1001.11　　　　　　　D）1011.11

（21）计算机的软件系统通常分为（　　）。

　　A）系统软件和应用软件　　B）高级软件和一般软件

　　C）军用软件和民用软件　　D）管理软件和控制软件

（22）在下面的描述中，正确的是（　　）。

　　A）外存中的信息可直接被 CPU 处理

　　B）键盘是输入设备，显示器是输出设备

　　C）操作系统是一种很重要的应用软件

　　D）计算机中使用的汉字编码和 ASCII 码是相同的

第 3 章
操作系统及 Android 应用

 本章导读

电子课件

　　计算机系统由计算机硬件系统和计算机软件系统组成，计算机软件系统由系统软件和应用软件组成，而操作系统是系统软件中最重要的软件，是配置在计算机硬件上的第一层软件，是对硬件系统的首次扩充，它的主要作用就是管理好这些硬件设备，提高它们的利用率和系统的吞吐率，并为用户和应用程序提供一个简单的接口，便于用户使用。也可以将操作系统理解为一个应用软件运行的平台，或用户使用应用软件的一个工具。

　　2017 年，谷歌的 Android 系统份额超越微软的 Windows 市场份额，在整个台式机、笔记本电脑、平板电脑和移动互联网使用方面，成为世界上最流行的操作系统。本章将详细介绍计算机操作系统尤其是智能操作系统的基本应用和发展。

3.1 操作系统

操作系统是用户与计算机之间的接口软件，是计算机系统中所有硬件、软件资源的组织者和管理者。要想让计算机能够接收用户输入的信息、完成用户指定的任务，就需要有操作系统来控制和协调计算机的工作。

3.1.1 操作系统概述

操作系统（operating system，OS）是管理和控制计算机硬件与软件资源的计算机程序，是直接运行在"裸机"（指没有配置操作系统和其他软件的电子计算机）上的最基本的系统软件，任何其他软件都必须在操作系统的支持下才能运行。

操作系统管理着计算机系统的硬件、软件及数据资源，控制程序运行，改善人机界面，为其他应用软件提供支持，让计算机系统所有资源最大限度地发挥作用，提供各种形式的用户界面，使用户有一个良好的工作环境，并为其他软件的开发提供必要的服务和相应的接口等，如图 3-1 所示。

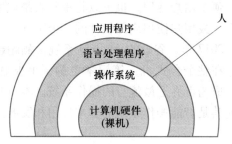

图 3-1　操作系统与计算机硬件、软件的关系

1. 操作系统发展简介

从 1946 年世界上第一台计算机诞生到 20 世纪 50 年代中期，还未出现操作系统，计算机工作采用手工操作方式。程序员将对应于程序和数据的已穿孔的纸带（或卡片）装入输入机，然后启动输入机把程序和数据输入计算机内存，接着通过控制台开关启动程序针对数据运行，计算完毕，打印机输出计算结果，用户取走结果并卸下纸带（或卡片）后，才让下一个用户上机。

手工操作的慢速度和计算机的高速度之间形成了尖锐矛盾，后来出现了汇编语言，操作人员通过有孔的纸带将程序输入计算机进行编译。随着计算技术和大规模集成电路技术的发展，微型计算机迅速发展起来，1976 年，美国 Digital Research 软件公司研制出 8 位的 CP/M 操作系统，这个系统允许用户通过控制台的键盘对系统进行控制和管理，其主要功能是对文件信息进行管理，以实现硬盘文件或其他设备文件的自动存取。

1981 年，微软的 MS-DOS 1.0 版面世，这是世界上第一款实际应用的 16 位操作系统。从 1981 年问世，DOS 经历了 7 次大的版本升级，从 1.0 版到 7.0 版，不断地改进和完善。但是，

DOS 系统采用的单用户、单任务、字符界面和 16 位的大格局没有变化，因此它对于内存的管理也只局限在 640 KB 的范围内。

计算机操作系统发展的下一阶段是多用户多道作业和分时系统，其典型代表有 UNIX、XENIX、IBM 的 OS/2 以及微软的 Windows 操作系统。随着智能手机的发展，Android 和 iOS 已经成为目前最流行的智能手机操作系统。

经过多年的发展，操作系统多种多样，功能相差很大，可以适应各种不同的应用和硬件配置。

2. 操作系统的功能

（1）进程管理。主要是对处理器（CPU）进行处理。随着系统对处理器管理方法不同，其提供的作业处理方式也不同，有批处理方式、分时方式和实时方式等。

（2）存储管理。主要是管理内存资源。当内存不够时，解决内存扩充问题，就是内存和外存结合起来的管理，为用户提供一个容量比实际内存大得多的虚拟存储器，这是操作系统存储功能的重要任务。

（3）文件管理。系统中的信息资源是以文件的形式存放在外存储器上的。

（4）设备管理。设备管理是对计算机系统中除了 CPU 和内存外的所有输入、输出设备的管理。

（5）用户接口。操作系统作为用户与计算机的接口，承担着在用户和计算机之间进行信息交换的作用，它实现信息的内部形式与人类可以接受的形式之间的转换。

3. 操作系统的分类

操作系统有很多的分类标准，常见的分类标准有以下几种。

（1）按与用户对话的界面分类。可以分为命令行界面操作系统和图形用户界面操作系统。在命令行操作系统中，用户在命令提示符（如 C:\>）后输入命令才能操作计算机，典型的命令行操作系统有 MS-DOS、Novell。在图形用户界面操作系统中，每一个文件、文件夹和应用程序都可以用图标来表示，命令组织成菜单或按钮的形式，用鼠标进行操作。常见的图形用户界面操作系统有 Windows 2003、Windows 7、Windows 10 等。

（2）按支持的用户数分类。可以分为单用户操作系统和多用户操作系统。在单用户操作系统中，系统所有的硬件、软件资源只能为一个用户提供服务，如 MS-DOS、Windows XP、Windows 7 等。多用户操作系统能够同时为多个用户服务，如 UNIX、XENIX、Linux 等。

（3）按是否能够运行多个任务分类。可以分为单任务操作系统和多任务操作系统。在单任务操作系统中，用户一次只能提交一个任务，如 MS-DOS。多任务操作系统可以同时接受并处理用户提交的多个任务，如 Windows 7、Windows 2003、Windows 10、UNIX、Novell Netware、Linux 等。

（4）按系统的功能分类。可以分为以下几种类型。

① 批处理系统。在批处理系统中，用户可以把作业成批地输入系统。它的主要特点是用户将程序、数据及作业的操作说明书一批批地提交系统后，不再与作业交互。

② 分时操作系统。分时操作系统的主要特点是将 CPU 的时间划分成时间片，轮流接收和处理各个用户从终端输入的命令。由于计算机的高速运算和并行工作的特点，使得每个用户感觉不到其他用户也在使用计算机。典型的分时操作系统有 UNIX、Linux 等。

③ 实时操作系统。实时操作系统的主要特点是对信号的输入、计算和输出都能在一定的

时间范围内完成。也就是说，计算机对输入信息要以足够快的速度进行处理，并在确定的时间内做出反应或进行控制。根据具体应用领域的不同，又可以将实时操作系统分成实时控制系统和实时信息处理系统。

④ 网络操作系统。网络操作系统是在单机操作系统的基础上发展起来的，能够管理网络通信和网络上的共享资源，协调各个主机任务的运行，并向用户提供统一、高效、方便易用的网络接口的一种操作系统。目前常见的有 Linux、Novell Netware、Windows 2003、Windows 2012 等。

实际上，许多操作系统同时兼有多种系统的特点，因此不能简单地用一个标准划分。例如 MS-DOS 是单用户单任务操作系统，Window XP 是单用户多任务操作系统。

3.1.2 常用操作系统

1. Windows 操作系统

提到 Windows，必然要先了解一下微软（Microsoft）。微软公司是全球最大的计算机软件提供商，总部设在华盛顿州的雷德蒙市（Redmond，西雅图的市郊），微软公司于 1975 年由比尔·盖茨和保罗·艾伦创立，公司最初以 "Microsoft" 的名称（意思为 "微型软件"）发展和销售 BASIC 解释器，1981 年 6 月 25 日正式命名为 Microsoft 公司。

Microsoft Windows，是微软公司研发的一套操作系统，它问世于 1985 年，起初仅仅是 Microsoft DOS 模拟环境，后续的系统版本由于微软不断地更新升级，不但易用，也慢慢地成为普通用户最喜爱的操作系统。

Windows 是为个人计算机和服务器用户设计的操作系统，是 Microsoft 公司在 1985 年 11 月发布的第一代窗口式多任务系统，Windows 有时也被称为 "视窗操作系统"，它使 PC 开始进入图形用户界面时代，并最终获得了全世界个人计算机操作系统软件的垄断地位。1990 年，Microsoft 公司推出了 Windows 3.0，它的功能进一步加强，具有强大的内存管理，且提供了数量相当多的 Windows 应用软件，因此成为 386、486 微机新的操作系统标准，随后，Windows 发布 3.1 版，如图 3-2 所示，推出了相应的中文版，3.1 版较之 3.0 版增加了一些新的功能，

图 3-2　Windows 3.1 操作系统

受到了用户欢迎，是当时最流行的 Windows 版本。1995 年，Microsoft 公司推出了 Windows 95，在此之前的 Windows 都是由 DOS 引导的，也就是说它们还不是一个完全独立的系统，而 Windows 95 是一个完全独立的系统，并在很多方面做了进一步的改进，还集成了网络功能和即插即用功能，是一个全新的 32 位操作系统。1998 年，Microsoft 公司推出了 Windows 95 的改进版 Windows 98，如图 3-3 所示，Windows 98 的一个最大特点就是把微软的 IE 浏览器技术整合到了 Windows 里面，使得访问 Internet 资源就像访问本地硬盘一样方便，从而更好地满足了人们越来越多的访问 Internet 资源的需要。

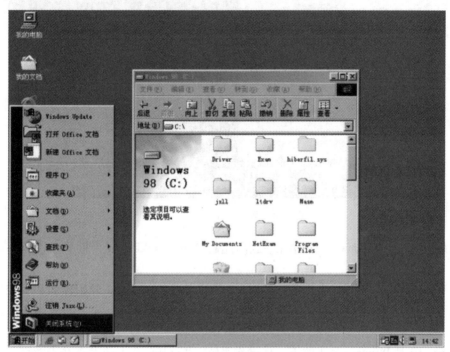

图 3-3　Windows 98 操作系统

Windows XP 于 2001 年 10 月 25 日发布，界面如图 3-4 所示，2004 年 8 月 24 日发布服务包 SP2，2008 年 4 月 21 日发布最新的服务包 SP3。Windows Vista 于 2007 年 1 月 30 日发售，Windows Vista 增加了许多功能，尤其是系统的安全性和网络管理功能，并且拥有界面华丽的 Aero Glass，但是整体而言，其在全球市场上的口碑并不是很好。注：Windows Aero 是从 Windows Vista 开始使用的新型用户界面，所具有的透明玻璃感让用户一眼贯穿。"Aero" 为四个英文单词的首字母缩略字：authentic（真实）、energetic（动感）、reflective（反射）及 open（开阔）。

Windows 7 是微软于 2009 年发布的，界面如图 3-5 所示，是开始支持触控技术的 Windows 桌面操作系统。在 Windows 7 中，集成了 DirectX 11 和 Internet Explorer 8，DirectX 11 作为 3D 图形接口，不仅支持未来的 DirectX 11 硬件，还向下兼容当前的 DirectX 10 和 10.1 硬件。DirectX 11 增加了新的计算 Shader 技术，可以允许 GPU 从事更多的通用计算工作，而不仅仅是 3D 运算，这可以鼓励开发人员更好地将 GPU 作为并行处理器使用。Windows 7 还具有超级任务栏，提升了界面的美观性和多任务切换的使用体验。通过缩短开机时间、提高硬盘传输

图 3-4　Windows XP 操作系统

速度等一系列改进，Windows 7 的占有率逐渐超越 Windows XP，成为世界上占有率最高的操作系统。

微软在 2012 年 10 月正式推出 Windows 8，其有着独特的 Metro 开始界面和触控式交互系统。2013 年 10 月 17 日，Windows 8.1 在全球范围内，通过 Windows 上的应用商店进行更新推送。

Windows 10 是 Windows 8.1 的下一代操作系统，Windows 8.1 的发布并未能满足用户对于新一代主流 Windows 系统的期待，2015 年 7 月 29 日，传闻已久的 Windows 10 终于登场，新的操作系统统一所有 Windows 版本，通过一个操作系统来接管包括计算机、手机和平板电脑等多种设备，Windows 10 操作系统主界面如图 3-6 所示，Windows 10 操作系统的开始界面如图 3-7 所示。

Microsoft 为 Windows 10 加入了大量的新特性。

（1）可以在所有平台上安装运行。从 4 英寸屏幕的"迷你"手机到 80 英寸的巨屏计算机，都将统一采用 Windows 10 这个名称，这些设备将会拥有类似的功能，微软正在从小功能到云端整体构建这个统一平台，跨平台共享的通用技术也在开发中。与此同时，Windows 10 手机版的名称敲定为 Windows 10 Mobile，从此再无 Windows Phone。

（2）开始屏幕与"开始"菜单。Windows 10 同时结合触控与键鼠两种操控模式，传统桌面"开始"菜单照顾了 Windows 7 等老用户的使用习惯，Windows 10 还同时照顾到了 Windows 8/Windows 8.1 用户的使用习惯，依然提供触摸操作的开始屏幕，"开始"菜单的左侧，依然是一些令人熟悉的传统元素，比如文档、照片、计算器等内容，右侧则是专为 Metro 应用设计的区域，右侧集成了大量 Metro UI 快捷方式。

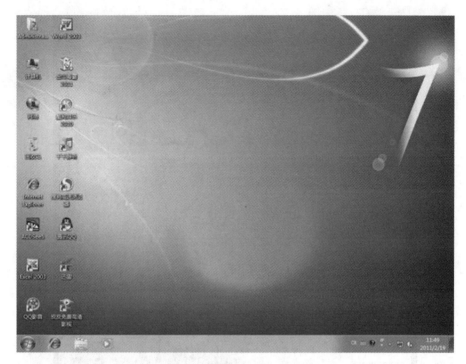

图 3-5　Windows 7 操作系统

图 3-6　Windows 10 操作系统主界面

（3）高效的多桌面、多任务、多窗口。Windows 10 分屏多窗口功能增强，可以在屏幕中同时摆放 4 个窗口。从 Windows 7 时代开始，微软便引入了屏幕热区概念，即当用户需要将一

图 3-7　Windows 10 操作系统开始界面

个窗口快速缩放至屏幕 1/2 大小时，只需将它直接拖曳到屏幕两边即可，在 Windows 10 中用户会发现这项功能又大大加强，除了左、右、上这三个热区外，还能拖曳至左上、左下、右上、右下 4 个边角，来实现更加强大的 1/4 分屏。Windows 10 还会在单独窗口内显示正在运行的其他应用程序。同时，Windows 10 还会智能给出分屏建议。

多桌面。可以根据不同的目的和需要来创建多个虚拟桌面，切换也十分方便，单击加号即可添加一个新的虚拟桌面。

（4）程序一键卸载。除了带给键鼠用户最原始的操作体验外，新"开始"菜单的另一项进步就是可以直接卸载程序了。这个功能貌似不太显眼，但对于需要经常添加、删除软件的用户来说，绝对是个值得点赞的进步。具体说就是当用户不再用"开始"菜单里某个软件时，不必费心地再去找控制面板了，直接右击，选择"卸载"命令即可。

（5）Cortana 整合至"开始"菜单，Aero Glass 回归。Windows 10 中，中文 Cortana 已整合至"开始"菜单，同时在 Windows 8 中被取消的 Aero Glass 效果正式回归，同时还有很多细节改变。

Cortana 是世界上第一个真正的个人数字助理，可以帮助用户把事情做好。Cortana 可以学习用户的喜好并提供相关建议，快速获取信息和重要的提醒，通过打字和交谈的交互自然而轻松。

（6）Microsoft Edge 浏览器取代 IE。传说中的 IE 12 并没有随着 Windows 10 发布，微软放弃了饱受诟病的 IE，推出了代号为斯巴达（Project Spartan）的浏览器作为 IE 的替代品，新浏览器的正式名称为 Microsoft Edge。Microsoft Edge 的新功能除了创建、修改并分享页面、集成

Cortana 之外，还增加了对 Firefox 浏览器以及 Chrome 浏览器插件的支持，这对于在浏览器方面非常保守的微软可以说是一大突破。

Windows 服务器操作系统有 Windows NT Server、Windows Server 2003、Windows Server 2008、Windows Server 2012、Windows Server Technical 等。

2. Linux 操作系统

说到 Linux，不得不提 UNIX。UNIX 是世界范围内最有影响和使用最广泛的操作系统之一。最初 UNIX 是作为小型机和大型机上的多任务系统而开发的，尽管它有一些含糊不清的接口并缺少标准化，但是它仍然很快地发展成为广泛使用的操作系统。

虽然许多计算机爱好者感到 UNIX 正是他们需要的操作系统，但是由于商业版本的 UNIX 非常昂贵，而且源代码是有专利的，所以很难在计算机爱好者中广泛使用。于是，出现了由编程高手、业余计算机玩家、黑客组成的一群人，完全独立地开发出一个在功能上毫不逊色于商业 UNIX 操作系统的全新操作系统——Linux。

Linux 操作系统诞生于 1991 年 10 月 5 日（这是 Linux 第一次正式对外公布的时间），是一个多用户、多任务的操作系统，它与 UNIX 完全兼容。Linux 最初是由芬兰赫尔辛基大学计算机系学生 Linus Torvalds 在 UNIX 的基础上开发的一个操作系统的内核程序，其后在理查德·斯托曼（IT 界传奇人物、自由软件之父，他是自由软件运动的精神领袖、GNU 计划以及自由软件基金会的创立者）的建议下以 GNU 通用公共许可证发布，成为自由软件 UNIX 的变种。Linux 的最大特点在于它是一个源代码公开的自由及开放的操作系统，其内核源代码可以自由传播，某款国产 Linux 操作系统主界面如图 3-8 所示。

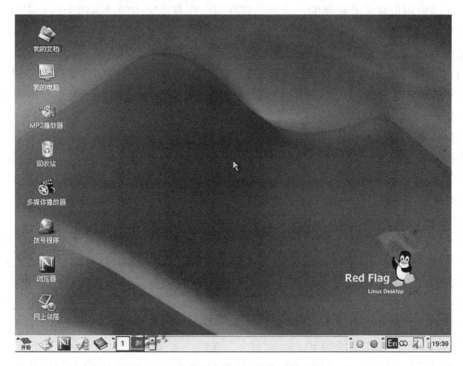

图 3-8　某款国产 Linux 操作系统主界面

Linux 是一个遵循 POSIX（portable operating system interface）标准的操作系统，具有 BSD 和 SYSV 的扩展特性（表明其在外表和性能上同常见的 UNIX 非常相像，但是所有系统核心代码已经全部重写）。Linux 的版权所有者是 Linus Torvalds 和其他开发人员，并且遵循 GPL 声明（GNU general public license——GNU 通用公共版权协议）。Linux 的许多其他应用程序是由自由软件基金会（FSF）开发的。全世界许多热心的使用者为 Linux 开发或者移植了许多应用程序，包括 X-Windows、Emacs、TCP/IP 网络（包括 SLIP/PPP/ISDN）等。

正是由于 Linux 的开源性，目前 Linux 存在着许多不同的版本，但它们都使用了 Linux 内核。Linux 的发行版通常为 GNU/Linux，如 Debian（及其衍生系统Ubuntu、Linux Mint）、Fedora、Open SUSE 等。Linux 发行版作为个人计算机操作系统或服务器操作系统，在服务器上已成为主流的操作系统，Linux 可安装在各种计算机硬件设备中，比如手机、平板电脑、路由器、视频游戏控制台、台式计算机、大型机和超级计算机等。

严格来讲，Linux 这个词本身只表示 Linux 内核，但实际上人们已经习惯了用 Linux 来形容整个基于 Linux 内核并且使用 GNU 工程的各种工具和数据库的操作系统。

在 Linux 上可以运行大多数 UNIX 程序，如 TeX、X-Window 系统、GNU C/C++编译器等。如今有越来越多的商业公司采用 Linux 作为操作系统，例如，科学工作者使用 Linux 来进行分布式计算；ISP 使用 Linux 配置 Internet 服务器、电话拨号服务器来提供网络服务；CERN（欧洲核子中心）采用 Linux 做物理数据处理；美国 1998 年 1 月发行的影片《泰坦尼克号》中计算机动画的设计工作就是在 Linux 平台上进行的。越来越多的商业软件公司宣布支持 Linux，如 Corel 和 Borland 公司。在国外的大学中很多教授用 Linux 来讲授操作系统原理和设计。当然，对于大多数用户来说最重要的一点是，现在可以在自己家中的计算机上进行 UNIX 系统的编程，享受阅读操作系统的全部源代码的乐趣！

正是由于 Linux 是一个功能强大、性能出众、稳定可靠的操作系统，其吸引着越来越多的人来使用它，测试修改软件中的错误。在短短的几年时间里 Linux 以超常的速度发展，已经从一个丑小鸭变成一个拥有广大用户群的真正优秀的、值得信赖的操作系统。根据不精确的统计，全世界使用 Linux 操作系统的人已经有数百万之多（这一数字还在以惊人的速度增加着），而且绝大多数是在网络上使用的。

在中国，随着 Internet 大潮的到来，一批主要以高校学生和 ISP 的技术人员组成的 Linux 爱好者队伍也已经蓬勃地成长起来。在中国，随着网络的不断普及，开放源代码而性能优异的 Linux 操作系统必将发挥出越来越大的作用。

3. 智能手机操作系统

智能手机操作系统是一种运算能力及功能优于传统功能手机的操作系统。目前使用最多的操作系统有 Android、iOS、Symbian、Windows Mobile 和 BlackBerry OS 等，它们之间的应用软件互不兼容。因为可以像个人计算机一样安装第三方软件，所以智能手机有丰富的功能。智能手机能够显示与个人计算机所显示出来一致的正常网页，它具有独立的操作系统以及良好的用户界面，它拥有很强的应用扩展性，能方便随意地安装和删除应用程序。

常用的智能手机操作系统如下。

（1）Android：基于 Linux 以 Google 为主导的 OHA（open handset alliance）开放手机联盟开发的开放系统。

（2）iOS：美国 Apple（苹果）公司开发。

（3）Windows Mobile：美国 Microsoft（微软）公司研发。

（4）Symbian：Nokia 主导的 S60v3、S60v5 和新发布的 Symbian v3 操作系统。

（5）MeeGo：Nokia 与 Intel 联合开发。

（6）Bada：Samsung 研发。

（7）BrewMP：高通公司开发。

其实很多大的手机运营商都在开发自己的智能手机操作系统，但和 Android 相比依然相形见绌，毕竟它没有 Android 那么多的第三方应用，如微软、三星都曾研发自己的智能手机操作系统，但最终结果也都不那么乐观，微软几乎放弃了他们的 Windows Phone 和 Windows 10 Mobile，而三星的 Tizen 也只应用在智能家居等领域。

2019 年春季，华为宣布最快在秋季就要正式发布自主研发的操作系统，这是继华为自研麒麟芯片之后又一重磅炸弹。华为的操作系统命名为鸿蒙，目前鸿蒙已经获得了注册商标，距离发布已经越来越近了。

华为鸿蒙操作系统具备以下几个特点：首先它是基于 Linux 系统定制研发的，并且开源；其次它能够兼容现在所有的安卓应用和 Web 应用，这意味着它在发布初期就有大量的第三方资源可用。

3.2　Android 操作系统

2017 年 4 月 3 日，据独立的研究机构、网络分析公司 StatCounter 统计，在操作系统方面，3 月份 Android 占全球互联网市场份额的 37.93%，Windows 占全球互联网市场份额的 37.91%。StatCounter 首席执行官 Aodhan 评论道："这是技术史上的一个里程碑，一个时代的结束。"谷歌的 Android 系统的市场份额已经超越微软的 Windows 的市场份额，在整个台式机、笔记本电脑、平板电脑和移动互联网使用方面，第一次成为世界上最流行的操作系统。

3.2.1　Android 系统简介

2017 年 3 月，根据凯度移动通信消费者指数（Kantar Worldpanel ComTech）的智能手机操作系统数据显示，我国 Android 系统用户的占比竟然达到了 87.2%，也就是说，100 个人里有超过 87 人使用的是 Android 系统手机。而且近几年，我国第二大智能手机操作系统 iOS 用户的市场份额逐年

在减少，Android 系统用户持续增长，因此本书中智能手机操作系统重点介绍 Android 系统。

Android 一词的本义指"机器人"，如图 3-9 所示。Android 操作系统是一种基于 Linux 的自由及开放源代码的操作系统，主要用于移动设备，如智能手机和平板电脑，由 Google 公司和开放手机联盟领导及开发，我国较多人习惯称其为"安卓"。

图 3-9　Android 图标

Android 操作系统最初由 Andy Rubin 开发，主要支持手机。2005 年 8 月由 Google 收购注资，2007 年 11 月，Google 与 84 家硬件制造商、软件开发商及电信营运商组建开放手机联盟共同研发、改良 Android 系统。Android 是基于 Linux 平台的开源手机操作系统的名称，该平台由操作系统、中间件、用户界面和应用软件组成。随后 Google 以 Apache 开源许可证的授权方式，发布了 Android 的源代码。第一部 Android 智能手机发布于 2008 年 10 月，从此 Android 逐渐从智能手机扩展到平板电脑及其他领域上，如电视、数码相机、游戏机等。

Android 系统发布至今，不断推出新版本。

最早曾有两个预发布的内部版本，它们的代号分别是铁臂阿童木（Astro，Android Beta）和发条机器人（Bender，Android 1.0）。但后来由于涉及版权问题，从 2009 年 5 月开始，谷歌将 Android 操作系统改用甜点作为版本代号，这些版本按照大写字母的顺序来进行命名。

甜点命名法开始于 Android 1.5 发布时。作为每个版本代表的甜点的尺寸越变越大，然后按照 26 个字母排序：纸杯蛋糕（Cupcake，Android 1.5），甜甜圈（Donut，Android 1.6），松饼（Éclair，Android 2.0/2.1），冻酸奶（Froyo，Android 2.2），姜饼（Gingerbread，Android 2.3），蜂巢（Honeycomb，Android 3.0），冰激凌三明治（Ice Cream Sandwich，Android 4.0），果冻豆（Jelly Bean，Android 4.1 和 Android 4.2），奇巧（KitKat，Android 4.4），棒棒糖（Lollipop，Android 5.0），棉花糖（Marshmallow，Android 6.0），牛轧糖（Nougat，Android 7.0），奥利奥（Oreo，Android 8.0），派（Pie，Android 9.0）。

Android 平台的优势如下。

（1）比 Windows 更方便、简捷。

（2）界面简洁，操作方便。

（3）强大 Linux 内核，内存管理更优秀，不容易死机。

（4）软件数量和增长速度远远超过其他平台。

APK 是安卓应用程序文件名的后缀，是 Android Package 的缩写，即 Android 安装包，通过将 APK 文件直接传到 Android 模拟器或 Android 手机中执行即可安装。把 Android SDK 编译的工程打包成一个安装程序文件，格式为 apk。APK 文件其实是 zip 格式，但后缀名被修改为 apk，通过 UnZip 解压后，可以看到 Dex 文件，Dex 是 Dalvik VM Executes 的全称，即 Android Dalvik 执行程序。

Android 智能操作系统最震撼人心之处在于它的开放性和服务免费。Android 是一个对第三方软件完全开放的平台，开发者在为其开发程序时拥有更大的自由度，突破了 iPhone 等只能添加为数不多的固定软件的枷锁；同时与 iOS、Windows Mobile、Symbian 等厂商不同，Android 操作系统免费向开发人员提供。

Android 系统主要应用在手机和平板电脑、电视、数码相机、游戏机上，而且在手机应用中占据着绝对的主导地位。下面详细介绍 Android 系统在智能手机上的应用，由于手机厂商的差别，系统由厂商二次开发完成，因此不同手机上的操作会有所不同。

3.2.2　Android 文件管理

文件管理可以说是手机上的必备软件。随着智能手机功能的日渐强大，手机里越来越多的各种文件和文件夹很容易产生混乱，对手机内文件的管理也就显得更加重要。

顾名思义，文件管理就是可以管理文件的软件。所有的文件管理都提供了基本的操作，如创建、打开、查看、编辑、移动和删除文件，有的还提供了更多的功能，如网络连接、应用程序管理、存档和压缩处理、搜索等。

Android 系统本身自带的文件管理功能相对较弱，只能进行基本的复制和删除操作，因此熟练掌握一两种专用的 Android 文件管理程序显得尤为重要。

1. Android 系统常用文件夹详解

实际上，Android 系统的各个文件都有着固定的名称，只有了解了这些文件，才能对文件进行操作，如图 3-10 所示。Android 系统中一些常用的文件夹如下。

图 3-10　ES 文件浏览器本地文件夹

（1）Android：比较重要的文件夹，里面是一些程序数据，比如 Google Map 的地图缓存。

（2）Baidu：顾名思义，掌上百度、百度输入法之类程序的缓存文件夹。

（3）BaiduMap：百度地图文件夹。

（4）DCIM：相机的缓存文件夹（digital camera in memory 首字母）。

（5）documents：Documents To Go 的相关文件夹。

（6）Download：下载文件夹。

（7）Moji：顾名思义，墨迹天气的缓存目录。

（8）Pictures：截屏图片存放处。

（9）Sogou：顾名思义，搜狗拼音输入法等的随机缓存文件夹。

（10）Tencent：腾讯软件的缓存目录。

2. 文件管理的功能

Android 系统中的文件管理软件具有以下常用的功能。

（1）实现 Android 各个版本都可以任意访问内置存储卡，自定义文件样式并且在列表里面展示。

（2）实现对文件的剪切、复制、删除、移动操作。

（3）实现对文件目录的排序（日期、大小、名称）。

（4）实现创建不同类型的文件，例如 Word、Excel、XML 等文件。

3. ES 文件浏览器简介

Android 应用市场里的文件浏览器非常多，ES 文件浏览器（ES file explorer）是 Android 平台上最负盛名、功能最强大、应用范围最广的一款文件管理器软件，是 Android 常备工具之一，如图 3-11 所示。

ES 文件浏览器是一款功能强大的本地和网络文件管理器、应用程序管理器，可以在本地、局域网共享、FTP 和蓝牙设备中浏览、传输、复制、剪切、删除、重命名文件和文件夹。软件还内置播放器，能独立打开媒体文件、浏览图片、编辑文本，甚至可以远程播放媒体文件。

ES 文件浏览器的具体特点如下。

（1）主界面：与一般系统自带的文件管理器相似，如图 3-12 所示。

图 3-11　ES 文件浏览器

图 3-12　ES 文件浏览器主页

（2）菜单栏：这里才是真正的各种功能的集合，包括设置、主题、高级功能解锁、收藏、本地、库、网络、下载管理器和任务管理器等。

（3）收藏栏目：可以通过添加实现对下载、新闻、天气、文档、视频、应用、音乐、图片等的收藏。

（4）本地：即本机，也就是手机上的目录文件。

（5）库：图片、音乐、视频、文档、应用、压缩管理等。

（6）网络：这是功能最强大的部分。

① 我的网络：可以查看、连接局域网和广域网中连接的服务。

② 局域网：内网连接的设备。

③ 网盘：可以连接各种公有云。

④ FTP：建立连接自己常用的 FTP 服务器。

⑤ 远程管理器：打开后可以在计算机上管理手机上的文件。

⑥ 网络管理器：管理无线网。

⑦ 快传：可以免流量传输文件，前提是对方也要安装了 ES 文件浏览器。

（7）各种工具：包括下载管理器、任务管理器、应用锁、文件分析器、音乐播放器、隐藏列表、清理、文件编辑等。

（8）其他：包括回收站、文件夹关联应用、Root 工具箱、手势、显示隐藏文件、显示缩略图、智能充电系统隐藏文件、局域网升级等。

3.2.3　Android 系统应用

Android 系统的应用非常广泛，下面分几部分介绍。

1. Android 基本应用

（1）智能手机的组成。智能手机和台式计算机类似，由以下部分组成。

① CPU：与计算机的功能一样，主要生产厂家有 Intel、高通、三星、德州仪器等，国产 CPU 有华为麒麟等。

② 存储器：分为内存储器和外存储器。内存储器是指手机的运行内存，外存储器是指用户可以存储数据的空间。

③ 触摸屏：是智能手机主要的输入和输出设备，一般用手指或可导电物体触摸，实现多点控制。

④ WiFi 与蓝牙：是无线连接技术。

⑤ 智能操作系统：操作系统的种类繁多，不同厂家采用不同的操作系统。

⑥ 应用软件：也称为手机 App，是推进手机智能化的手段。

（2）智能手机按键设计。首先了解一下 Android 手机的典型按键设计。各种 Android 手机类似，都配备了电源待机按键，位于机身侧面或顶部，电源待机按键一方面可以锁定屏幕，使手机快速进入待机状态，一方面长按可以进行开关机操作。

屏幕下方配备了三个触控按键，如图 3-13 所示。左侧第一个按键是菜单键，按此键可以查看当前运行的程序的附加菜单项目，执行附加操作；左侧第二个按键是主页键，在任何界面按此键可以直接回到屏幕主界面，将当前执行的程序进行最小化操作，同时长按此键，可以快速查看最近打开的 8 个程序，并进行新的命令操作；左侧第三个按键是返回键，在任意界面按此键都可以后退至上一步操作。原来的很多 Android 手机还有左侧第四个按键是搜索键，在主界面或者应用程序界面按此键可以快速进入网络搜索功能，这个按键的使用率通常不高，因此很多 Android 手机取消了这一按键设计，保持了三键设计。

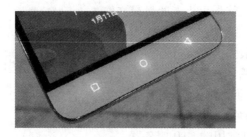

图 3-13　Android 手机的典型按键设计

需要说明的是，按菜单键可以查看当前运行的程序的附加菜单项目，如果已经打开的程序过多占用内存很大，可以在这里通过滑动关掉不必要的程序，减少内存的占用。

（3）主屏幕。在待机状态下按机身侧面的电源待机键就会点亮屏幕，画面上会有解锁提示，点按屏幕滑动或其他方式就会完成解锁操作。

解锁完成后就会出现如图 3-14 所示的主界面，主界面简单的理解就是类似于计算机的桌面。主界面一般设有多个分页，这些界面显示的内容都可以自行设置。某些界面上还会有一些应用程序的快捷方式，性质和计算机桌面上的快捷方式类似。

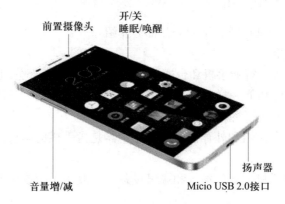

图 3-14　Android 手机的主界面

（4）拨打电话和发送短信。拨打电话是手机最基本的功能，Android 手机拨打电话界面如图 3-15 所示，大家都会使用，在通话过程中需要注意的是，手机的拨号键盘是自动隐藏的，如需唤醒，点击"拨号键盘"即可进行新的拨号操作，同时在通话界面左上方有一个"保持"按键，按此键可以保留当前通话，同时接听或者拨打新的电话。

发送短信功能也很简单，Android 手机发送短信界面如图 3-16 所示，相信大家都很熟悉，但可能会有很多人不知道如何对文本信息进行复制、剪切和粘贴操作。其实同样简单，只需选中要复制的文本，点击并长按，就会弹出一个操作提示，选择"剪切"或"复制"命令，然后在其他文档处同样点击屏幕并长按，会弹出一个新的操作提示，选择"粘贴"命令即可。

（5）使用 Android 手机连接计算机。Android 系统手机的一大优势就是手机和计算机可以完美交互。将手机与计算机用连接线成功连接以后，可以在计算机与手机之间互相传文件，可以在计算机上对手机进行安装、卸载应用程序、截屏，甚至可以通过计算机发送短信。下面介绍如何把手机与计算机相连。

图 3-15　Android 手机拨打电话界面　　　　图 3-16　Android 手机发送短信界面

首先用连接线将手机与计算机相连，当手机成功连接计算机后，手机屏幕默认会弹出如图 3-17 所示的界面。

图 3-17　Android 手机连接计算机

默认情况下，手机处于"只充电"状态，若需要手机充当 U 盘使用，点击图 3-17 中的"媒体设备（MTP）"选项。此时，打开计算机的"计算机"窗口，如图 3-18 所示，手机作为一个存储设备出现在其中，可以和其他存储设备一样进行文件操作。

再来看看如何手动打开"USB 调试"界面并连接计算机。首先，在手机上打开"系统设置"界面，向下拉动，找到"开发人员选项"，如图 3-19 所示。

先设置右上角的滑块为"开启"（如果有）状态，然后勾选"USB 调试"选项，如图 3-20 所示；当打开 USB 调试后，手机作为一个存储设备出现在"计算机"窗口中，可以和其他存储设备一样进行文件操作。

图 3-18　计算机显示界面

图 3-19　Android 手机的"开发人员选项"　　　图 3-20　勾选"USB 调试"选项

　　如果要直接在计算机上对手机进行安装、卸载应用程序，截屏，甚至通过计算机发送短信等，可以考虑在计算机和手机上都下载安装"豌豆荚"之类的应用程序，如图 3-21 所示，可以方便快捷地完成。

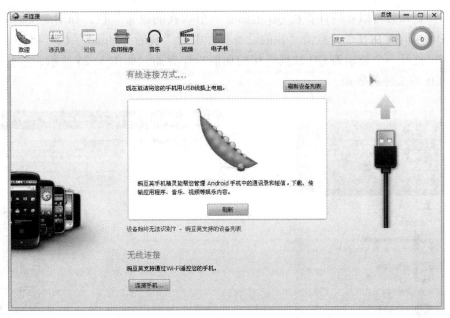

图 3-21　豌豆荚操作界面

由于 Android 版本的不同，看到的界面也会有所不同，此项操作需根据实际情况进行设置。

（6）使用 QQ 在计算机与手机间快速传输文件。怎样将计算机中的文件快速传输到自己的手机上，或者把手机文件快速传输到计算机中，一直都是个让人头痛的问题，尤其是身边没有数据线，又急需在计算机与手机之间快速传输文件的情况。

腾讯的 QQ 提供了一个文件传输功能，摆脱了只有用数据线才能完成文件传输的限制，下面来介绍一下这一功能。

步骤 1：手机与计算机之间快速传输文件的功能是 QQ 在 2013 及以后的版本才有的功能，如果计算机或手机的 QQ 版本还不是最新的，首先需升级 QQ 版本。

步骤 2：同时登录计算机 QQ 与手机 QQ，如图 3-22 和图 3-23 所示，注意两个 QQ 用的是同一个 QQ 号，在此之前，两者必须设置同步登录。

图 3-22　登录计算机 QQ

图 3-23　登录手机 QQ

步骤 3：登录后可以看到计算机 QQ 上面有一个"我的设备"栏，如图 3-24 所示，这就表示手机 QQ 也同时在登录，点击"我的设备"栏中的"我的 Android 手机"项。

步骤 4：打开一个显示为 QQ 数据连接的功能操作界面，如图 3-25 所示，这就是计算机与手机之间传输文件的界面。

图 3-24　计算机 QQ "我的设备"栏　　　　　图 3-25　计算机 QQ 数据界面

步骤 5：当准备从计算机向手机传输一个文件时，在界面上单击下方图标，即可打开一个选择文件窗口，选择相应的文件后，回到界面，在下方单击"发送"按钮，即完成向手机发送文件的任务。

步骤 6：此时回到手机 QQ 上，可以看到手机 QQ 有一个新消息为"我的电脑"，如图 3-26 所示。

步骤 7：点击"我的电脑"项，如图 3-27 所示，会看到由计算机发送过来的图片，这时就完成计算机向手机传输文件操作了。

步骤 8：如果传入的是图片文件，要查看自己传输到手机上的文件存放地址，选择图片库，然后打开图片库可以看到有一个 QQfile_recv 文件夹，点击打开即可。如果是其他类型的文件，则可到手机 Tencent 文件夹中查找，通常手机都会有文件管理功能，进入之后，找到 Tencent 文件夹，找到 QQfile_recv 文件夹即可看到自己传输文档类型的文件。

步骤 9：如果是手机向计算机发送文件，进入手机 QQ 的"我的电脑"界面，如图 3-27 所示，选择下面的相应按钮，就可以实现向计算机传输图片、照片、文件等。打开计算机 QQ 查看文件，即实现手机向计算机传输文件。

实际上，用 QQ 在计算机和手机上互传文件，就像微信的两个用户在聊天一样，只不过计算机和手机是使用同一个 QQ 号登录而已。

图 3-26　手机 QQ "我的电脑"项　　　　图 3-27　手机 QQ 数据界面

（7）手机下载、安装软件和卸载已经安装的软件。Android 上的应用程序很多，这也是 Android 手机市场占有率越来越高的一个原因，要使用应用程序，直接通过手机上网下载到手机中安装或者在计算机上直接下载然后复制到手机中安装均可。

下面介绍如何卸载软件。很多购买 Android 手机的用户过一阶段会发现，自己手机中的应用程序越来越多，有些程序几乎从不使用，因此有必要把这些程序卸载删除。方法就是直接通过手机设置删除：找到手机设置项目中的"应用程序"项目，点击"管理应用程序"项，根据"已下载""正在运行"和"全部"三种类别查看程序，选择自己要卸载的程序以后，点击即可查看程序详细信息，并进行卸载操作。如果程序正在运行，可以执行强制停止操作，但是有些程序是出厂时厂商内置的，这类程序无法卸载。

当然，也可以采用第三方应用商店里的管理程序来安装和卸载应用程序。

（8）Android 手机使用蓝牙连接传输文件。下面介绍手机用户使用蓝牙传输文件的操作步骤。

步骤 1：打开蓝牙。首先要打开手机的蓝牙功能，平常不用蓝牙功能时，蓝牙一般处于关闭状态，需要时才开启。打开蓝牙有两种方法，一种是通过快捷方式，比如桌面的蓝牙开关或以及状态栏的下拉菜单，如图 3-28 所示；还有一种就是"设置"界面里的蓝牙选项，如图 3-29 所示。

步骤 2：设置蓝牙，配对蓝牙。在"蓝牙"界面里点击手机名称让用户的手机处于可检测状态，如图 3-30 所示。此时需要配对的另一台手机也设置好并处于可检测状态就能在可用设备里检测到蓝牙，如图 3-31 所示。

检测到需要配对的手机后，点击设备名称，选择配对，此时会在两台设备显示蓝牙配对请求界面，如图 3-32 所示，核对好密钥之后选择"配对"项就配对好了手机，配对过的手机间再次使用蓝牙传输文件就不需要再次匹配了。

图 3-28　打开蓝牙快捷方式

图 3-29　通过"设置"界面打开蓝牙

图 3-30　进入蓝牙设置

图 3-31　进行蓝牙配对

步骤 3：使用蓝牙传输文件。配对好之后即可在两台手机间传输文件，如照片、音频、视频、APK 包等。打开文件管理器，选择需要传输的文件，按菜单键，选择"分享"项就能看到如图 3-33 所示的菜单。

点击蓝牙后就进入到"蓝牙"界面，选择要发送的手机，文件即处于传输状态。此时在接收方手机要选择"接受"操作才能完成传输操作，如图 3-34 所示，这样 Android 手机使用蓝牙连接传输文件就完成了。

需要说明的是，现在的平板电脑和大部分笔记本电脑也都有蓝牙功能，都可以直接和智能手机通过蓝牙方式进行文件传输。

图 3-32　蓝牙配对请求　　　　　　　　　图 3-33　选择分享

（9）使用 WiFi 热点。随着智能手机功能的不断增强，用户手机的流量足够多，因此可以将手机设置为 WiFi 热点，从而可让其他设备借助 WLAN 实现利用手机流量上网，下面介绍手机开启 WiFi 热点的方法。

步骤 1：在手机程序列表中找到并点击"设置"图标，如图 3-35 所示。

图 3-34　蓝牙接受文件　　　　　　　　　图 3-35　"设置"图标

步骤 2：在打开的"设置"界面中点击"无线和网络"选项，如图 3-36 所示，然后点击"无线和网络设置"界面中的"绑定与便携式热点"选项，如图 3-37 所示。

图 3-36　"无线和网络"选项　　　　　　　图 3-37　"绑定与便携式热点"选项

步骤 3：在弹出的界面中点击"便携式 WLAN 热点设置"选项，如图 3-38 所示，在打开的"便携式 WLAN 热点设置"界面中点击"配置 WLAN 热点"选项，如图 3-39 所示。

图 3-38 "便携式 WLAN 热点设置"选项　　　图 3-39 "配置 WLAN 热点"选项

步骤 4：在弹出的界面中输入"网络 SSID"名称和密码，如图 3-40 所示，最后点击"保存"按钮，接着勾选"便携式 WLAN 热点"选项，如图 3-41 所示，即可开启手机 WiFi 热点。

图 3-40 输入 ID 和密码　　　　　　图 3-41 勾选开启热点

设置完成后，其他用户的设备搜索到本机的网络 SSID 名称，然后输入密码，就可以和使用 WiFi 一样上网了。

（10）Android 手机恢复出厂设置。手机使用一段时间后难免会出现一些难以处理的问题，如手机内无法清理的软件残留导致的手机严重卡顿现象，影响使用体验，有一些问题手机中的安全卫士和其他管理程序也无法解决，这时可能就需要通过一些强硬的手段来解决了，恢复出厂设置就是一个有效的解决办法。

什么叫恢复出厂设置？简单理解就是，手机所有设定都恢复到手机制造好出厂时的样子，就好比台式计算机一样，时间久了系统会严重卡顿，解决的办法就是重装系统，系统会变得很干净，使用起来就流畅了。

　　手机恢复出厂设置的一般方法是，进入手机"设置"界面，选择"备份和重置"选项，选择"恢复出厂设置"选项，如图 3-42 和图 3-43 所示。

图 3-42　"备份和重置"选项　　　　　　　图 3-43　"恢复出厂设置"选项

　　需要特别注意的是，手机恢复出厂设置之前，一定要备份好一些必要的资料，比如图片、通信录等重要信息，否则恢复出厂设置后，原信息就都不存在了。

　　（11）Android 应用商店。Android 系统的普及，与 Android 应用商店的快速发展是密不可分的。Android 应用商店全面适配所有 Android 手机和平板电脑，所有 Android 应用都可上架，无吸费，无木马病毒，保护用户隐私，从源头上保障使用安全。

　　Android 应用商店提供海量软件资源，用户可以根据需要自行安装应用程序。

　　如果用户开发了一款 Android 应用 App，要怎样上传到应用商店中去供其他用户使用？具体步骤如下。

　　步骤 1：准备。

　　① 注册各个应用市场的开发者账号，一般分为企业账号和个人账号，个人账号权限有限，有些 App 不能上传。

　　② 准备 App 的 APK 文件，包括名称、版本号、200 字左右的 App 简介、20 字以内的一句话简介、软件截图 4~5 张（240×320、480×800、320×800、460×960 等像素）、适用平台、软件语言（英文、简体中文、繁体中文等）、软件授权（免费、收费、部分收费等）、软件类型、软件官网、软件在其他渠道的下载链接、开发者信息（姓名、QQ、电话、网址等）等，还要准备和各个市场友链。

　　步骤 2：上传。根据各个应用市场的规则不同，一般有三种提交方式。

　　① 后台直接提交软件。

　　② 以邮件形式发给应用商店后台工作人员。

　　③ 与网站编辑沟通上传。

　　各应用市场的规则不同，要求也不一样，比如：不友链、不收录，收费软件不收录，简单模板插入软件不收录，没有软件授权书不收录，市场存在类似软件不收录，提交不是最新版本不收录等，快速响应并满足对方要求，可以有效节省上传时间。

步骤 3：审核关注。产品在上传之后要保持密切关注，因为有的市场上传成功会发邮件通知，上传不成功却不发邮件；有的成功不发邮件，不成功发邮件通知；还有的不管成功还是不成功都不发邮件，这就需要开发人员保持密切关注，及时发现问题及时处理，避免浪费时间。

经过以上步骤，你所开发的 App 就会出现在应用商店的列表中，供使用者浏览、下载和更新。

2. Android 校园应用

随着 Android 应用商店的发展，Android App 的应用越来越广泛，下面详细介绍一些常用 App 的用法，尤其是在校园中的应用。

（1）有道词典。各种语言之间的翻译软件很多，这里介绍的是有道词典。

有道词典是网易有道出品的互联网时代词典软件，是一款免费全能翻译软件，也是很受欢迎的词典软件，目前已经有超过 5 亿用户。有道词典是可随身携带的多语种互译词典，离线时也可轻松查询，内置超过 65 万条英汉词汇以及超过 59 万条的汉英词汇，目前已支持 108 种语言的翻译。

有道词典通过独创的网络释义功能，轻松囊括互联网上的流行词汇与海量例句，支持英语、日语、韩语、法语等多语种翻译，并完整收录《柯林斯 COBUILD 高级英汉双解词典》《21 世纪大英汉词典》等多部权威词典数据，结合丰富的网络释义及原声视频例句内容，共覆盖 3 000 万词条（已确认）和 2 300 万海量例句。便捷的摄像头取词功能，无须手动输入就能快速获得单词的准确释义；网络单词本还可以与词典桌面版实时同步，可随时随地轻松背单词。新增的图解词典，实现了系统而直观的单词记忆。有道学堂功能涵盖口语、四六级、考研、托福、雅思、GRE 等各类备考课程以及丰富的学习内容。有道词典界面如图 3-44 所示。

图 3-44　有道词典界面

（2）汉语词典。说到汉语词典，最经典的肯定是新华字典了。由商务印书馆出版，中国社科院语言所修订的《新华字典》App 已上线。据介绍，该 App 提供数字版纸版对照、原《新闻联播》播音员李瑞英播读、汉字规范笔顺动画等增值服务。但《新华字典》App 的免费版每天只能查 2 个字，App 的开发方表示，因涉及版权及软件开发等问题，所以需要付费使用。汉语词典界面如图 3-45 所示。

图 3-45　汉语词典界面

（3）超星学习通。超星学习通是面向智能手机、平板电脑等移动终端的移动学习专业平台，为广大师生用户提供多元化知识服务体验，可以和计算机端同时使用。

用户可以在超星学习通上自助完成图书馆藏书借阅查询、电子资源搜索下载、图书馆资讯浏览，学习学校课程，进行小组讨论，查看本校通信录，同时拥有电子图书、报纸文章以及中外文献元数据，为用户提供方便快捷的移动学习服务。

超星学习通多终端的学术交流，可以小组讨论、发通知、发消息等方式及时沟通思想，此外，学习通里的专题支持转发，轻松实现知识的流转，将优质专题不断推荐给更多好友，使知识得到有效的传播，如图 3-46 所示。

图 3-46　超星学习通界面

（4）易班。易班是提供教育教学、生活服务、文化娱乐的综合性互动社区。网站融合了论坛、社交、博客、微博等主流的 Web 2.0 应用，加入了为在校师生定制的教育信息化一站式服务功能，并支持 Web、手机客户端等多种访问形式，图标如图 3-47 所示。

图 3-47　易班图标

易班在各高校中设立了学生工作站，开展了丰富多彩的校园文化活动，目前已经成为全国教育系统的知名文化品牌。

（5）知到。知到 App 是一款学习应用软件，它主要帮助用户自我学习，图标如图 3-48 所示。"知到"是智慧树网的子品牌，智慧树是中国知名的在线互动学堂，提供海量高品质课程，完美支持跨校授课、学分认证、VIP 级课程学习等。

（6）微助教。微助教 App 是一款深受广大教师和学生喜爱的教学平台。微助教 App 既能为教师管理学生学习情况，还能协助教师备课，而且学生可以在微助教 App 上畅所欲言，有问题随时向教师提问，其界面如图 3-49 所示。

图 3-48　知到图标　　　　　　　　　图 3-49　微助教

"微助教"由华中师范大学田媛团队和华中科技大学技术团队合作开发，是一款基于微信的课堂互动工具，提供课堂签到、课堂测试、课堂讨论等多种互动功能，以游戏化思维鼓励学生积极参与课堂互动，以便捷操作鼓励教师积极开展教学实践与创新，化繁为简，对症下药，提高教学效率。

微助教手机版支持学生签到功能，是一款教学辅助软件，帮助教师以及学生进行网络在线互动学习，实现课堂签到功能、在线问答功能，拥有趣味性的教学模式，操作方便，让用户能够很好地提升授课效率以及学习效率。

（7）对分易。对分易 App 是一款为教师打造的在线教学平台客户端，课程资源丰富，作业批阅简便，支持课堂实时反馈，支持微信推送成绩，操作简单。

（8）蓝墨云班课。蓝墨云班课是移动教学助手，在任何移动设备或 PC 上，教师都可以轻松管理自己的班级，管理学生、发送通知、分享资源、布置批改作业、组织讨论答疑、开展教学互动等。学生利用移动设备可以随时随地了解课程信息、学习要求，浏览课件、微视频等学习资源。蓝墨云班课还提供学习进度跟踪与评价，配套蓝墨移动交互式数字教材，可以实现对每位学生学习进度的跟踪和学习成效评价。

3. Android 其他应用

Android 的应用非常广泛，已经深入到人们生活和工作的方方面面。

（1）微信。微信（WeChat）是腾讯公司于 2011 年 1 月 21 日推出的一款为智能终端提供即时通信服务的免费应用程序，由腾讯广州研发中心产品团队打造。微信支持跨通信运营商、跨操作系统平台通过网络快速发送免费语音短信、视频、图片和文字，同时，也可以使用共享流媒体内容的资料和基于位置的社交插件"摇一摇"和"朋友圈"等。

微信已成为全民级移动通信工具。根据腾讯 2018 年一季报数据，微信 MAU（MAU 即 monthly active users，是一个用户数量统计名词，指网站、App 等去除重复用户数的月活跃用户数量）达到 10.4 亿，超过 2017 年年底我国 7.53 亿的手机网民规模，微信已实现对国内移动互联网用户的大面积覆盖。微信已成为国内最大的移动流量平台之一。

微信已经完全融入国内网民生活，甚至成为一种生活方式。使用微信占据了国内网民 23.8% 的时间，排在第二位的腾讯视频仅占据 4.9% 的时间，微信已经培养出用户高度的依赖性。《2017 年微信经济社会影响力报告》显示，2017 年由微信驱动的信息消费达到人民币 2 097 亿元，拉动流量消费达 1 191 亿元，拉动行业流量收入达 34%，微信已深入渗透至人们的日常生活和商业活动之中。如图 3-50 所示，微信占据 2017 年网民上网时长 TOP10 移动应用第一名，微信图标如图 3-51 所示。

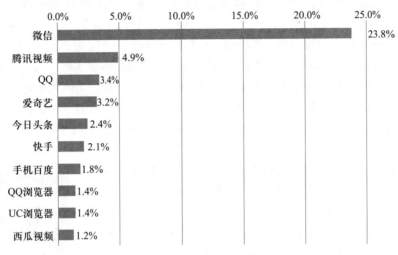

图 3-50　2017 年网民上网时长 TOP10

（2）QQ。QQ 是腾讯 QQ 的简称，是腾讯公司开发的一款基于 Internet 的即时通信（IM）软件。目前 QQ 已经覆盖 Microsoft Windows、Android、iOS、Windows Phone 等多种主流平台，其标志是一只戴着红色围巾的小企鹅，如图 3-52 所示。

图 3-51　微信图标

图 3-52　QQ 图标

腾讯 QQ 支持在线聊天、视频通话、点对点断点续传文件、共享文件、网络硬盘、自定义面板、QQ 邮箱等多种功能，并可与多种通信终端相连。

（3）Facebook。Facebook（脸书网）是美国的一个社交网络服务网站，于 2004 年 2 月 4 日上线，主要创始人为美国人马克·扎克伯格（Mark Zuckerberg）。

2008 年年初，Facebook 成为全球第一大社区网站。截至 2012 年 5 月，Facebook 拥有约 9

亿用户。2015 年 8 月 28 日，Facebook CEO 马克·扎克伯格在个人 Facebook 账号上发布消息称，Facebook 本周一的单日用户数突破 10 亿。

（4）Twitter。Twitter（也称推特）是一家美国社交网络及微博客服务网站，是全球互联网上访问量最大的十个网站之一，是微博客的典型应用。它可以让用户更新不超过 140 个字符的消息，这些消息也被称作"推文"（Tweet）。这个服务是由杰克·多西在 2006 年 3 月创办并在当年 7 月启动的。Twitter 在全世界都非常流行，被形容为"互联网的短信服务"。

（5）WPS Office（Android 版）。在这个信息高速发展的时代，如果手机或者平板电脑中能有一款称心的办公软件，工作效率就能高很多。WPS Office 是由金山软件股份有限公司自主研发的一款办公软件套装，支持桌面和移动办公，且移动版通过 Google Play 平台，已覆盖 50 多个国家和地区，WPS for Android 在应用排行榜上领先于微软及其他竞争对手，居同类应用之首。WPS Office 的移动版本是一款免费而功能齐全的办公应用，它同时具有文字处理、表格编辑、幻灯片制作和 PDF 文件的编辑功能，支持常见的 doc、docx、wps、xls、xlsx、ppt、pptx、txt、pdf 等 20 多种文件格式，具有内存占用低、运行速度快、体积小巧、拥有强大插件平台支持的优点。应用的操作界面和习惯与桌面版的 WPS 基本类似，习惯使用微软 Office 的用户也能很快上手。WPS Office 支持 126 种语言应用，包罗众多生僻小语种，保证文件跨国、跨地区自主交流。

图 3-53 为最新版 WPS Office 的图标，在手机上安装后，单击图标即可进入应用的主界面，如图 3-54 所示，清爽的界面功能非常简单。

打开简洁的 WPS Office 主界面，上面是"打开"选项。点击"打开"选项，如图 3-55 所示，即可以看到 WPS Office 拥有全面兼容微软 Office（doc、ppt、xls、pdf、txt 等）的独特优势，用户可以随时随地选择编辑文件，没有编辑完成的文件也可以存储到手机或添加到云存储内。

图 3-53　WPS Office 图标

图 3-54　WPS Office 主界面

图 3-55　WPS Office "打开" 界面

主要功能如下。

① 新建文件。点击下方的"新建文件"按钮，将会进入新建文件界面，WPS 应用提供拍照扫描、新建表格、新建演示、新建便笺、新建文档 5 种新建格式。

② 编辑文档。文档的编辑界面与常见的 Office 大同小异，操作很简单，以文档为例，新建或打开一个文档，点击上面的"编辑"项，就可以插入图片、表格、超链接等，字形的部分也可任意调整为粗体、斜体，改变文字颜色及大小等，有多项编辑工具供选择，如图 3-56所示。

文档编辑中文本框与文字绕排、稿纸格式、斜线表格、文字工具、中文项目符号、支持中文纸张规格等中文特色一一体现，足够尊重中文使用者习惯。

③ 保存文件。编辑完毕，点击上面的"保存"按钮存储文档时，可选择存在手机内存或SD 卡中，也可以直接存到云端存储空间，如图 3-57 所示。

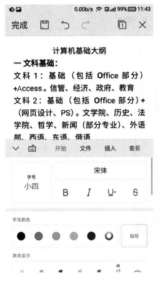

图 3-56　WPS Office 文档编辑　　　　　图 3-57　WPS Office 文档保存

④ 另存文件。保存文件时，还可以通过文件中的"另存为"选项存储为可选择的文件格式，或者将 doc 格式的文件直接输出为 PDF 文件，或使用加密文档功能来加密文件，如图 3-58所示。

⑤ 编辑表格。WPS Office 表格文件编辑的功能也非常齐全，不仅能处理常规的表格，还能运用公式、函数或数据透视表等功能进行运算，还可插入图表，如图 3-59 所示。

电子表格里面智能收缩、表格操作的即时效果预览和智能提示、全新的度量单位控件、批注框里面可以显示作者等人性化的易用设计，以用户为本，使用户舒适享受办公乐趣。

⑥ 编辑演示。WPS Office 可以方便地实现修改幻灯片的内容或新增一个 PPT 页面，如图 3-60 所示。

WPS Office 演示添加 34 种动画方案选择、30 种自定义动画效果，使演示制作播放成为一种游戏。

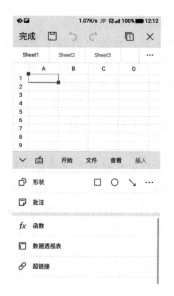

图 3-58　WPS Office 文档另存为　　　　　图 3-59　WPS Office 编辑表格

图 3-60　WPS Office 编辑演示

⑦ 云端编辑。WPS Office 不仅可以选择打开移动设备上的本地文件来查看和编辑，还很人性化地具有"云端文件"编辑功能，支持现在主流的云端服务，例如金山云盘、Dropbox、Google Drive、SkyDrive 等，用户只要有相应账号，就可以在云端无缝编辑和保存各种文件。

总之，WPS Office 实现了办公软件最常用的文字、表格、演示等多种功能，以前一些需要在计算机上才能完成的工作，现在在手机上就可轻松完成。

（6）美图秀秀（Android 版）。美图秀秀是 2008 年 10 月 8 日由厦门美图科技有限公司研发、推出的一款免费图片处理软件，有 iPhone 版、Android 版、PC 版、Windows Phone 版、iPad 版及网页版等，致力于为全球用户提供专业智能的拍照、修图服务。

美图秀秀的图片特效、美容、拼图、场景、边框、饰品等功能，可在 1 分钟内做出影楼级照片，还能一键分享到新浪微博、QQ 空间等。

美图秀秀 2018 年 4 月推出美图社交圈，鼓励年轻人秀真我，让社交更好看，美图秀秀也从影像工具升级为社区平台。图 3-61 所示为美图秀秀的图标。

图 3-61　美图秀秀图标

本章小结

从 1985 年微软 Windows 操作系统诞生，占据台式机市场几十年，到 2007 年谷歌的 Android 系统问世，至 2017 年仅仅十年的时间，Android 系统市场份额就超越微软的 Windows 市场份额，占据全世界操作系统的第一名，操作系统不断给人们带来不一样的体验。本章在详细介绍操作系统的同时，重点介绍 Android 系统的应用，目的是让读者对操作系统有一个全面的掌握，为后期移动互联网、云计算、大数据和人工智能的学习奠定基础。

思考与练习

1. 简答题

为什么用手机对计算机屏幕拍照会有条纹？

2. 填空题

（1）目前，常用的智能手机操作系统有＿＿＿＿、iOS 和 Windows Phone 等。

（2）WPS Office 是由中国的＿＿＿＿软件股份有限公司自主研发的一款办公软件套装。

（3）iOS 是由美国＿＿＿＿（中文名字）公司开发的移动操作系统。

（4）操作系统包含的功能有＿＿＿＿、存储管理、文件管理、设备管理、用户和操作系统的接口。

（5）在智能手机上对文本信息进行复制操作，需选中要复制的文本，点击并＿＿＿＿即可弹出一个操作提示。

3. 选择题

（1）以下（　　）不是智能手机操作系统。

　　A）Android　　　　B）Windows Phone　　　C）iOS　　　　　D）Windows 7

（2）Android 应用程序需打包成（　　）文件格式在手机上安装运行。

　　A）class　　　　　B）xml　　　　　　　　C）apk　　　　　D）dex

（3）下面的（　　）是控制和管理计算机硬件和软件资源、合理地组织计算机工作流程、方便用户使用的程序集合。

  A）编译系统   B）数据库管理信息系统

  C）操作系统   D）文件系统

（4）在下列软件中，属于计算机操作系统的是（   ）。

  A）Windows 10   B）Word 2010

  C）Photoshop CS6   D）WPS Office 2016

（5）在 Windows 操作系统中，配合使用（   ）可以选择多个连续的文件。

  A）Alt 键   B）Tab 键   C）Ctrl 键   D）Shift 键

4. 课堂练习

（1）找出 Android 系统中手机相机拍摄照片存放的文件夹，并将全部照片复制到计算机中。

（2）找出 Android 系统中微信照片存放的文件夹，并将全部照片复制到计算机中。

第4章
算法及 Raptor 程序设计

 本章导读

电子课件

　　计算机诞生之后，机器自动解题的梦想成为现实，人们可以将算法编写成程序后交给计算机执行，许多原来认为靠个人不可能完成的算法变得可行。人们把计算机求解问题的步骤称为计算机算法，如迭代法、穷举法、冒泡法等都是算法，编写程序要先设计算法，算法是程序的灵魂。因此，算法不仅是程序设计的基础，也是计算机科学的核心内容。本章主要介绍算法和算法的实现工具 Raptor 的相关知识以及程序设计的基本控制结构等内容。通过本章的学习，使读者了解算法的概念及特征，描述算法的常用方法以及利用 Raptor 调试程序实现算法的方法和步骤，进一步明确程序设计在解决实际问题过程中的地位和作用，培养计算思维。

4.1 算法

人们做事情之前往往会先想好步骤，然后按照事先制定好的计划步骤依次进行，这样才能避免产生混乱。有些问题，比如吃饭、上学、写作业等，由于已经养成习惯，所以人们并没有意识到需要先设计出"步骤"，事实上这些事情都是按照一定的规律进行的，只是人们不必每次都重复考虑而已。

算法最早出现在数学中，进入 20 世纪中期，由于计算机的诞生，算法被广泛应用于计算机求解问题中。如果让计算机求解问题，需要设计程序，而程序则是根据算法编写的，算法是程序的灵魂。算法是计算机求解问题的方法及过程的形式化描述。著名计算机科学家沃思（Nikiklaus Wirth）提出一个公式：

$$算法+数据结构=程序$$

直到今天这个公式依然适用于过程化程序。算法主要是解决"做什么"和"怎么做"的问题，程序中的操作语句就是算法的体现，显然不了解算法就谈不上程序设计。

4.1.1 算法的概念

算法是解决实际问题的一种思维方法。一个好的算法通常可以清晰地反映出以下两点：第一，利用什么手段解决；第二，解决问题的步骤是什么。

1. 算法的基本要素

算法是研究计算过程的学科，因此算法的基本要素是计算与过程。

（1）计算。计算是构成算法的第一个要素，又被称为操作或运算，一般来说常用的计算有以下几种。

算术运算：加、减、乘、除等运算。

逻辑运算：与、或、非等运算。

关系运算：大于、小于、等于、不等于等运算。

传输运算：输入、输出、赋值等运算。

（2）过程。过程是构成算法的第二个要素，它主要用于控制操作（或运算）执行的次序，一般包括以下几种控制方法。

顺序控制：按照排列顺序执行。

选择控制：根据判断条件两者选一或多者选一，还可以进行强制性控制。

循环控制：主要用于操作的多次重复执行。

这四种计算及三种过程基本控制手段，构造了算法的基础构件，也为以后的算法讨论提供了基础。

2. 算法的定义

算法（algorithm）是指为解决某个特定问题而采取的确定且有限的步骤。

算法是解题方案的准确而完整的描述，是一系列解决问题的清晰指令，算法代表着用系统的方法描述解决问题的策略机制。也就是说，能够对一定规范的输入，在有限时间内获得所要求的输出。不同的算法可能用不同的时间、空间或效率来完成同样的任务。

通过计算机程序利用有限的存储空间，在有限的时间内得到正确的结果，则称这个问题是算法可解的。算法与程序不完全相同，程序通常还需要考虑很多与方法和分析无关的细节问题，程序的编制不可能优于算法的设计。

4.1.2　算法的特性

一般意义而言，一个算法必须满足以下 5 个重要特性。

1. 有穷性

算法是一组有穷步骤序列，即一个算法必须在执行有穷步后结束。换言之，任何算法必须在有限的时间（合理的时间）内完成。显然，一个算法如果永远不能结束或需要运行相当长的时间才能结束，这样的算法是没有使用价值的。

2. 确定性

算法中的每一步骤必须有明确的定义，不能有二义性和不确定性。每个步骤确定，步骤的结果就确定。算法中的每一个步骤的目的应该是明确的，对问题的解决是有贡献的。如果采取了一系列步骤而问题没有得到彻底的解决，也就达不到目的，则该步骤是没有意义的。

3. 可行性

算法中每一步骤是可实现的，即在现有计算机上是可执行的。例如：当 b 是一个很小的实数时，a/b 在数学代数中是正确的，但在计算机算法中是不正确的，因为它在计算机上是无法执行的。若使 a/b 能正确执行，必须在算法中控制 b 满足条件：|b|>r，r 是一个计算机允许的合理实数，才能有效执行每个步骤，得到确定的结果。每一个具体步骤在通过计算机实现时应能够使计算机完成，如果这一步骤在计算机上无法实现，也就达不到预期的目的，那么这一步骤是不完善或者不正确的，也就是不可行的。

4. 零个或多个输入

算法执行过程中可以有 0 个或多个输入数据，即算法处理的数据可以不输入（内部生成），也可从外部输入，所以多数算法中要有输入数据的步骤，需根据具体的问题加以分析。

5. 一个或多个输出

算法在执行过程中必须有 1 个以上输出操作，即算法中必须有输出数据的步骤，一个没有输出步骤的算法是毫无意义的。算法得到的结果就是算法的输出（不一定就是打印输出）。算法的目的是解决一个具体问题，一旦问题得以解决，就说明采取的算法是正确的，而结果的输出正是验证这一目的的最好方式。

综上所述，算法是一组严谨的定义运算顺序的规则，并且每一个规则都是有效的、确定的，此顺序将在有限的次数下终止。

由于数据的逻辑结构和物理结构并不唯一，所以同一个问题的算法也不尽相同。即使数据的逻辑结构和物理结构相同，由于设计者的思想与技巧不同，编写出的算法也不相同。

4.1.3 算法评价的基本标准

设计好算法后，通常可以从以下几个方面衡量评价算法。

1. 正确性

算法应该满足具体问题的需求，正确反映求解问题在输入、输出和加工处理等几个主要方面的需求。程序的正确性分为以下几个等级。

（1）程序中不含语法错误，但计算结果不能满足要求。

（2）程序对特定的输入数据可以给出正确的结果，但对于其他的输入数据则不能得出正确的计算结果。

（3）程序对一些精心选择的、典型的、苛刻且带有刁难性的输入数据可以得出正确的满足要求的计算结果。

（4）程序对于一切合法的输入数据都能得出满足要求的结果。

由以上几个等级可以看，算法达到（1）中的正确性最容易，达到（4）的标准最难，因为在实际应用中，很难构造出一切合法的输入数据。因此，算法达到（3）中的正确性标准，本书中就认为"算法是正确的"。

2. 可读性

算法应该具有可读性以满足阅读和交流的需求，良好的可读性可以帮助人们正确地理解算法，使算法的交流和推广更加便利。要适当地添加注释也就是文字说明，用以介绍设计思路、每个模块的功能等，适当的注释可以增加算法的可读性。在算法中的变量和类型，最好可以做到"见名知义"，良好的可读性也会给设计者在维护上提供极大的便利。

3. 健壮性

要充分考虑各种可能的输入数据，当输入数据非法时，算法应该可以做出反应或进行处理，提供表示错误性质的信息提示并及时终止执行，而不是产生莫名其妙的输出结果。

4. 时间效率和空间占用量

一般来说，对同一个问题的求解，可以给出多种算法，评价这些算法的优劣可以从时间效率和空间占用量两个方面来衡量，也就是执行时间短的算法效率高，占用存储空间少的算法更好。但实际应用中两者确很难都做到，时间效率和空间占用量往往互相抵触。执行时间短通常以牺牲更多的空间为代价，节省存储空间又可能需要牺牲更多的执行时间，所以一般情况下，对高时间效率和低存储空间占用的需求，只能根据实际情况折中处理。

4.1.4 简单算法举例

1. 中间变量法

【例4-1】 在计算机中实现 A 和 B 两个数的交换。

为了实现两个数的互换，在计算机算法中，可以采用多种方法来实现，比如借助"中间变量"实现交换。

思路如下：要实现两个数的互换，必须借助于第三个变量 C 来实现，即先将 A 数的原始值存储在第三变量 C 中，再将第二个数 B 的值放在 A 中，最后将 C 的值赋给 B，这样就可以实现 A 和 B 两个数的互换。

步骤如下。

step1：输入 A、B 的值。

step2：将变量 A 的值赋给变量 C，C←A。

step3：将变量 B 的值赋给变量 A，A←B。

step4：将变量 C 的值赋给变量 B，B←C。

step5：输出 A、B 的值。

2. 加减交换法

【**例 4-2**】 例 4-1 中的两个数的交换，还可以采用"加减交换"法实现。

思路如下：将两个数之和赋值给第一个数，然后用新第一个数减去第二个数得到旧第一个数，并赋值给第二个数；再用新第一个数减去新第二个数（旧第一个数）得到旧第二个数，并赋值给第一个数，实现两个数的交换。

步骤如下。

step1：输入 A、B 的值。

step2：将 A+B 的值赋给变量 A，A←A+B。

step3：将 A-B 的值赋给变量 B，B←A-B。

step4：将 A-B 的值赋给变量 A，A←A-B。

step5：输出 A、B 的值。

3. 迭代法

迭代法也称辗转法，是一种不断用变量的旧值递推新值的过程，与迭代法相对应的是直接法（或者称为一次解法），即一次性解决问题。迭代算法是用计算机解决问题的一种基本方法，它利用计算机运算速度快、适合做重复性操作的特点，让计算机对一组指令（或一定步骤）进行重复执行，在每次执行这组指令（或这些步骤）时，都从变量的原值推出它的一个新值，迭代法又分为精确迭代和近似迭代。比较典型的迭代法如"二分法"和"牛顿迭代法"属于近似迭代法。

【**例 4-3**】 计算 $n! = 1 \times 2 \times 3 \times \cdots \times n$。

思路如下：这是一个循环次数已知的累乘求积问题，即求 $n!$ 时，先求 $1!$，用 $1! \times 2$ 得到 $2!$，用 $2! \times 3$ 得到 $3!$ 依次类推，直到利用 $(n-1)! \times n$ 得到 $n!$ 为止。于是可得到求 $n!$ 的递推公式为 $n! = (n-1)! \times n$。

算法如下。

step1：输入 n 值。

step2：累乘求积变量赋初值，p←1。

step3：累乘次数计数器 i 置初值，i←1。

step4：若循环次数 i 未超过 n，则反复执行 step5~step6，否则转去执行 step7。

step5：进行累乘运算，p←p＊i。

step6：累乘次数计数器加 1，i←i+1，且转 step4。

step7：打印累乘结果，即 n 的阶乘值 p。

4.1.5 怎样表示一个算法

算法设计好了以后，需要通过一定的方式来表达，即算法描述，算法描述通常使用自然语言、传统流程图、N-S 图等。

1. 用自然语言描述算法

就是利用人们常规的想法、语言来建构程序设计的思维。用自然语言描述的算法通俗易懂，而且容易掌握，但算法的表达与计算机的具体高级语言形式差距较大，通常是用于介绍求解问题的一般算法。

【例 4-4】 用自然语言描述从 1 开始的连续 n 个自然数的累加和的算法。

step1：确定 n 的值，作为循环次数的上限。

step2：设定当前次的循环次数 i 的值为 1。

step3：设定存放累加和的变量为 sum，且初始为 0。

step4：如果 i<=n 时，顺序执行 step5，否则跳转到 step7。

step5：计算 sum（当前次的累加和）加上 i（当前次的累加值）的值后再重新赋给 sum，即 sum←sum+i。

step6：进入下一次执行过程，使当前循环次数 i 加 1，然后将值重新赋给 i，即 i←i+1，跳转至 step4。

step7：输出 sum 的值，算法结束。

2. 用传统流程图描述算法

在正式介绍流程图前，首先介绍什么是结构化程序设计，结构化程序设计是进行以模块功能和处理过程设计为主的详细设计基本原则，它主要采用自顶向下、逐步求精及模块化的程序设计方法。既然涉及结构化，则必然要在设计过程中采用一定的结构，结构化程序设计中有 3 种基本结构。

（1）顺序结构。程序中的各条语句是按照出现的先后顺序执行，顺序结构是最简单的一种基本结构。

（2）选择结构。又称分支结构，程序的处理步骤出现了分支，它需要先设定一个条件，根据程序的执行结果判断条件是否满足，如果满足，执行其中一个分支，否则，执行另一个分支。选择结构有单选择、双选择及多选择 3 种形式。

（3）循环结构。又称重复结构，即反复执行某一部分的操作。有两种循环结构：当型循环结构和直到型循环结构。

当型循环结构，先判断循环条件，如果条件成立执行循环体，然后再判断条件是否成立，如果条件成立再次执行循环体，直到条件不成立退出循环。

直到型循环结构，则先执行循环体，然后再判断循环条件是否成立，当条件成立，再次执行循环体，直到条件不成立时退出循环。

结构化程序设计中的这三种基本结构都具有唯一入口及出口，并且不会出现死循环。在实际程序设计中，这三种基本结构混合使用。流程图是实现结构化程序设计的图形表示方式。

所谓流程图是用图形来表示程序设计的方法，它采用一些几何图形来代表各种性质的操作，写程序实现算法前要先画出整个程序包括的各模块流程即流程图，它是程序设计中广泛使用的一种辅助设计手段。它的优点是直观、清晰、易于掌握，便于转化成任何计算机程序设计语言，因此，它是软件开发者常用的算法表示方式。流程图中的一些常用符号如表 4-1 所示。结构化程序的三种结构用传统流程图描述如图 4-1 所示。

表 4-1　程序流程图的常用符号

符　　号	名　　称	作　　用
□	开始框或结束框	表示算法的开始或结束
▱	输入框或输出框	表示算法过程中从外部获取信息（输入），然后将处理过的信息输出
□	处理框	表示算法过程中需要处理的内容，只有一个入口和一个出口
◇	判断框	表示算法过程中分支结构的条件，通常用菱形框中上面的顶点表示入口，其余顶点表示出口
↓　→	流程线	算法过程中流程指向方向
○	连接点	将画在不同地方的流程线连接起来

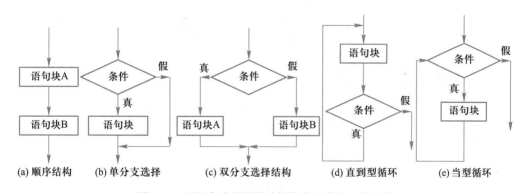

(a) 顺序结构　　(b) 单分支选择　　(c) 双分支选择结构　　(d) 直到型循环　　(e) 当型循环

图 4-1　用程序流程图描述结构化程序的三种结构

【例 4-5】　用程序流程图描述从 1 开始的连续 n 个自然数的累加和的算法，如图 4-2 所示。

3. 用 N-S 流程图描述算法

N-S 流程图是 1973 年由美国学者 I. Nassi 和 B. Shneiderman 提出的一种新的流程图形式，N 和 S 是两学者姓氏的首字母。N-S 流程图的主要特点是取消了流程线，全部算法由一些基本的矩形框图顺序排列组成一个大矩形表示。

N-S 流程图规定的程序的三种基本结构描述符号如图 4-3 所示。

顺序结构：如图 4-3（a）所示，先执行 A 再执行 B。

选择结构：如图 4-3（b）所示，判断条件 P 是否成立。如果成立，执行 A，否则执行 B。

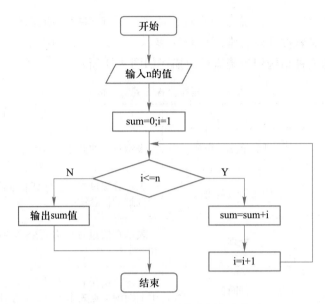

图 4-2　用程序流程图描述累加和算法

循环结构：当型循环如图 4-3（c）所示，当循环条件 P 成立时，执行 A；否则终止。直到型循环如图 4-3（d）所示，先执行 A，再判断条件 P，P 成立执行 A，直到 P 不成立时终止。

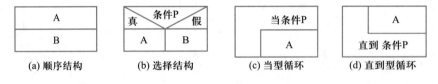

图 4-3　程序的三种基本结构 N-S 图

【例 4-6】　用 N-S 流程图描述从 1 开始的连续 n 个自然数的累加和的算法，如图 4-4 所示。

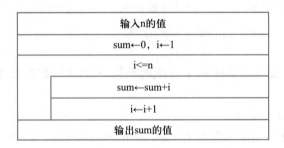

图 4-4　用 N-S 流程图描述累加和算法

4. 用计算机语言描述算法

采用计算机语言书写算法，因为选用的程序设计语言不同，算法的描述形式也不尽相同，直接使用计算机语言描述算法必须严格遵守所使用语言的语法规则。

一般而言，计算机程序设计语言描述的算法（程序）是清晰简明的，最终也能由计算机处理，但它还存在以下几个不足之处。

（1）算法的基本逻辑流程难于遵循。

（2）用特定程序设计语言编写的算法限制了与他人的交流。

（3）要花费大量的时间去熟悉和掌握某种特定的程序设计语言。

（4）要求描述计算步骤的细节，忽视了算法的本质。

【例 4-7】 用 C 语言描述从 1 开始的连续 n 个自然数的累加和的算法。

```c
#include <stdio.h>
int main()
{
    int i=1,n,sum=0;
    scanf("%d",&n);
    while(i<=n)
    {
        sum=sum+i;
        i=i+1;
    }
    printf("sum=%d",sum);
    return 0;
}
```

4.2 Raptor 程序设计

4.2.1 Raptor 简介

Raptor（the rapid algorithmic prototyping tool for ordered reasoning）被称为用于有序推理的快速算法原型工具，是一种基于流程图的可视化编程开发环境。简单地说，Raptor 使用户可以快速生成可执行程序流程图，流程图是一系列相互连接的图形符号的集合，其中每个符号代表要执行的特定类型的指令，符号之间的连接决定了指令的执行顺序。

1. Raptor 的特点

Raptor 具有以下几个特点。

（1）Raptor 语言简洁灵活，用流程图设计实现程序，可以使初学者快速掌握运用计算思维方法设计算法。

（2）Raptor 具有基本的数据结构、数据类型和运算功能。

（3）Raptor 具有结构化控制语句，支持面向过程及面向对象的程序设计。

（4）Raptor 语法限制较宽松，为程序设计带来巨大的灵活性。

（5）Raptor 可以实现计算过程的图形表达及图形输出。

（6）Raptor 对常量、变量及函数名中所涉及的英文字母不区分大小写，但只支持英文字符。

（7）Raptor 设计的程序可移植性较好，可以直接运行得出结果，也可将其转换为其他程序语言，如 C++、C#、Java 等。

2. 使用 Raptor 的理由

（1）Raptor 开发环境在最大限度地减少语法要求的情形下，帮助用户编写正确的程序指令。

（2）Raptor 开发环境是可视化的。Raptor 程序实际上是一种有向图，可以一次执行一个图形符号，以便帮助用户跟踪 Raptor 程序的指令流执行过程。

（3）Raptor 是为易用性而设计的（用户可用它与其他任何的编程开发环境进行复杂性比较）。

（4）Raptor 所设计的报错消息更容易为初学者理解。

（5）使用 Raptor 的目的是进行算法设计和运行验证，不需要重量级编程语言，如 C++或 Java。

3. Raptor 的界面

Raptor 的界面由用于绘图的主界面和主控台窗口组成，启动 Raptor 后的主界面如图 4-5 所示。在主界面中从上到下依次是菜单栏和工具栏，左侧"符号"区的下方是监视窗口，流程图执行时用户可在此区域查看相应的变量和数组当前值。右侧大面积白色区域是主工作区，可以在此建立自己的流程图，大多数流程图标签默认命名为"main"。

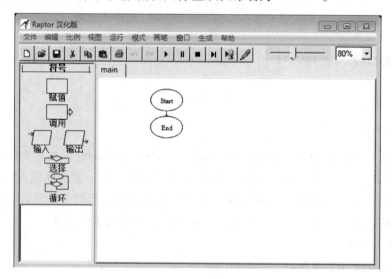

图 4-5 Raptor 主界面

程序的运行结果在主控台显示，如图 4-6 所示。

Raptor 程序是一组连接的符号，表示要执行的一系列动作，符号间的连接箭头确定所有操作的执行顺序。Raptor 程序执行时，从开始（Start）符号起步，并按照箭头所指方向执行

图 4-6　Raptor 主控台

程序。Raptor 程序执行到结束（End）符号时停止。最小的 Raptor 程序（什么也不做）如图 4-7 所示。在开始和结束的符号之间插入一系列 Raptor 语句/符号，就可以创建有意义的 Raptor 程序。

4. Raptor 基本符号

Raptor 有 6 种基本符号，每个符号代表一个独特的指令类型。基本符号如图 4-8 所示。一般情况下，计算机程序有三个基本组成部分。

图 4-7　开始和结束符号　　　　图 4-8　Raptor 的 6 种基本符号

（1）输入（input）：完成任务所需要的数据值。

（2）加工（process）：操作数据值来完成任务。

（3）输出（output）：显示（或保存）加工处理后的结果。

Raptor 的 6 种基本符号说明及它们与计算机程序的三个基本组成部分之间的关系如表 4-2 所示。

表 4-2　Raptor 的 6 种基本符号说明

目　的	符　号	名　称	说　明
输入	输入	输入语句	输入数据给一个变量

续表

目 的	符 号	名 称	说 明
处理	赋值	赋值语句	给变量输入数值或者字符串数据，即把数据存储在一个变量中
处理	调用	过程调用	调用过程、子程序、子图等
输出	输出	输出语句	显示变量的值（或保存到文件中）
处理	选择	选择语句	用于从两种选择路径的条件判断中选择路径走向
处理	循环	循环语句	允许重复执行一个或多个语句构成的语句体，直到给定的条件为真退出

5. Raptor 程序执行

Raptor 程序的执行可以通过以下几种方式。

（1）通过单击工具栏中的"运行"按钮执行程序。

（2）按 F5 键：运行流程图程序。

（3）按 F10 键：单步执行程序。

4.2.2 Raptor 的常量和变量

1. 常量

常量（constant）是在程序运行过程中其值保持不变的量。Raptor 中没有提供定义常量的功能，但用户可以使用系统内部自带的保留字来表示特定的数值型常量，需要时可以使用相应的保留字，如表 4-3 所示。

表 4-3 Raptor 常量保留字

保 留 字	含 义	常 量
Pi	圆周率	3.141 6
e	自然对数	2.718 3
True/Yes	（布尔值）真	1
False/No	（布尔值）假	0

2. 变量

变量（variable）代表计算机内存中的位置，用于保存数据值。在程序执行过程中，变量的值可以改变，一个变量名实际上代表了一个内存地址。在任何时候一个变量只能保存一个值。

变量名一般与该变量在程序中的作用有关，见其名而知其意。变量名必须以字母开头，可以包含字母、数字、下划线（但不可以有空格或其他特殊字符）。

为了增加变量名的可读性，如果一个变量名中包含多个单词，则单词间可用下划线将字符分隔，如 student_name。

如果给程序中的每个值一个有意义的、具有描述性的变量名，会帮助用户更清楚思考需要解决的问题，有助于寻找程序中的错误。

Raptor 程序开始执行时，没有变量存在。当 Raptor 遇到一个新的变量名，它会自动创建一个新的内存位置并将该变量的名称与该位置相关联。

把变量看作一个存储区域并在程序的计算过程中参与计算。在程序执行过程中，该变量将一直存在，直到程序终止。

（1）变量值的设置方式。

① 用一个输入语句赋值。

② 通过赋值语句中的公式计算赋值。

③ 通过从一个过程调用的返回值赋值。变量数据值的变化导致程序每次执行的结果可能不同。

（2）Raptor 变量值的设置原则。

① 任何变量在被引用前必须存在并赋初值。

② 变量的类型由赋值语句所给的数据决定。

（3）Raptor 的数据类型。

数值型（Number）：如 456、−9、3.141 59、0.000 156。

字符串型（String）：如 "I am a boy"、"Hello world"。

字符型（Character）：如 'B'、'#'。

（4）使用变量时常见的错误。

① 变量无值，也就是没有给变量赋值就直接使用，如图 4-9 所示。将 y 值赋给 x，但没有给变量 y 赋初值，所以程序会出现错误。

② 变量名拼写错误，如图 4-10 所示。给变量 Miles 赋值为 100，下次使用变量 Miles 时将变量名误拼写成 Mile，所以程序会出现错误。

图 4-9　变量无值

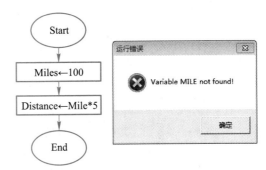

图 4-10　变量名拼写错误

【例 4-8】 定义一个变量 x，赋初值为 9。

step1：在 start 下添加一个"赋值"符号。

step2：双击该"赋值"符号，在弹出的对话框中给变量 x 赋初值 9，如图 4-11 所示。

step3：单击"完成"按钮。流程图如图 4-12 所示。

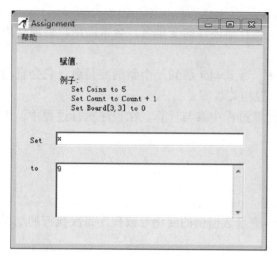

图 4-11 变量 x 赋值窗口

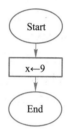

图 4-12 变量 x 赋值流程图

由本题可知，当程序开始执行时没有变量 x 存在，变量 x 在首次使用时自动创建，赋值语句 x←9，把数据 9 赋给变量 x。

4.2.3 Raptor 的运算符、表达式及函数

1. Raptor 的运算符

（1）算术运算符。Raptor 中提供了一些算术运算符，表 4-4 简要介绍了 Raptor 内置的算术运算符。

表 4-4 Raptor 内置算术运算符

运　算	说　明	范　例
+	加	3+4=7
−	减	4−3=1
−	负号	−3
*	乘	3 * 4 = 12
/	除	12/4 = 3
^ 或 * *	幂运算	3^2 = 9 3 * * 2 = 9
rem mod	求余数	10 rem 3 = 1 10 mod 4 = 2

（2）关系运算符。Raptor 中提供了一些关系运算符，表 4-5 简要介绍了 Raptor 的关系运算符。关系运算符必须针对两个相同的数据类型值比较。例如，3 = 4 或 "Wayne" = "Sam" 是

有效的比较，但 3 = "Mike" 则是无效的。

表 4-5 Raptor 内置关系运算符

运 算	说 明	范 例
=	等于	3=4 结果为 no(false)
!= /=	不等于	3!=4 结果为 yes(true) 3/=4 结果为 yes(true)
<	小于	3<4 结果为 yes(true)
<=	小于或等于	3<=4 结果为 yes(true)
>	大于	3>4 结果为 no(false)
>=	大于或等于	3>=4 结果为 no(false)

（3）逻辑运算符。Raptor 中提供了一些逻辑运算符，表 4-6 简要介绍了 Raptor 的逻辑运算符。逻辑运算符必须结合两个布尔值进行运算，并得到布尔值的结果。逻辑运算符中的 not（非运算），必须与单个布尔值结合，并形成与原值相反的布尔值。

表 4-6 Raptor 内置逻辑运算符

运 算	说 明	范 例
and	与	(3<4) and (11<20) 结果为 yes(true)
or	或	(3<4) or (41<20) 结果为 yes(true)
not	非	not(3<4) 结果为 no(false)
xor	异或	yes xor no 结果为 yes(true)

2. 表达式

表达式可以是任何计算单个值的简单或复杂的公式，表达式是值（无论是常量或变量）和运算符的组合。运算符需要放在两个操作数之间，如 x+3，就是一个表达式。当一个表达式进行计算时，并不是像用户输入时那样，按从左到右的优先顺序进行。实际的运算的执行顺序，是按照预先定义"优先顺序"进行的。一般情况下"优先顺序"如下。

（1）计算所有函数。
（2）计算括号中的所有表达式。
（3）计算乘幂（^、**）。
（4）从左到右，计算乘法和除法。
（5）从左到右，计算加法和减法。
（6）从左到右，进行关系运算。
（7）从左到右，进行 not 逻辑运算。
（8）从左到右，进行 and 逻辑运算。
（9）从左到右，进行 xor 逻辑运算。

（10）从左到右，进行 or 逻辑运算。

3. Raptor 常用函数

Raptor 中提供了一些常用函数，表 4-7 简要介绍了 Raptor 的常用函数及功能。

表 4-7　Raptor 内置常用函数

函　　数	说　　明	范　　例
sqrt	求平方根	$sqrt(4)=2$
log	自然对数（以 e 为底）	$log(e)=1$
abs	绝对值	$abs(-9)=9$
ceiling	向上取整	$ceiling(3.21)=4$
floor	向下取整	$floor(3.81)=3$
sin	正弦（以弧度表示）	$sin(pi/6)=0.5$
cos	余弦（以弧度表示）	$cos(pi/3)=0.5$
random	生成一个（0.0~1.0）范围的随机值	$random*100=0\sim99.9999$
length_of	返回一个字符串变量的字符个数	$e\leftarrow$"hello" length_of$(e)=5$

Raptor 定义了较多的内置函数，无法在此一一说明，在必要时，可以参考 Raptor 帮助中的所有内置函数的文档。

4.2.4　Raptor 语句简介

1. 输入语句

几乎所有程序语言都有输入语句，通过它可以获得用户输入的数据，增加程序的灵活性。用户可以在程序执行过程中利用键盘或鼠标输入信息，并且将信息同步显示在显示器上。输入语句主要是用来满足用户通过输入指令来控制程序执行的需要，或者程序执行时接收用户提供的数据。

在 Raptor 中添加输入语句的方法如下。

step1：将"输入"符号由符号区拖动到流程图编辑区中。

step2：双击编辑区中的"输入"符号，或右击，选择"编辑"命令，弹出"输入"窗口，如图 4-13 所示。

step3：在"输入提示"框中输入变量的相关提示信息，提示信息要用英文字符的双引号括起来，在"输入变量"框中输入变量名。

step4：单击"完成"按钮，完成操作。程序流程图如图 4-14 所示。

值得说明的是，"输入提示"文本框中虽然可以用中文，但程序运行时凡是中文字符都不能正确显示。因此，除了注释可以使用中文外，其他任何地方不建议使用中文字符。

在"输入提示"中，应该让用户明白这里程序需要什么类型的数据，所以最好在"输入提示"框中注明所需输入的数据类型。

图 4-13　Raptor"输入"窗口

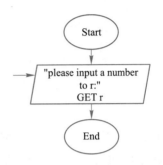

图 4-14　Raptor 输入语句流程图

2. 输出语句

在 Raptor 环境中，执行输出语句将在主控窗口显示输出结果，例如，可以输出某个变量的值。

在 Raptor 中添加输出语句的方法如下。

step1：将"输出"符号由符号区拖动到流程图编辑区中。

step2：双击编辑区中的"输出"符号，或右击，选择"编辑"命令，弹出"输出"窗口。

step3：在"输出"窗口中输入将要输出的文本字符串和计算值，其中文本字符串用双引号括起来，原样显示，文本与计算值之间用"+"号连接。此外，尽量以友好的方式显示结果，例如：输出的文本是"your age is:"+age，这样在程序执行时更为直观，如图 4-15 所示。

step4：单击"完成"按钮，完成操作。程序流程图如图 4-16 所示，程序运行结果如图 4-17 所示。

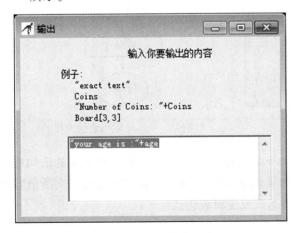

图 4-15　Raptor"输出"窗口

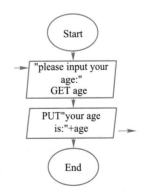

图 4-16　Raptor 输出语句流程图

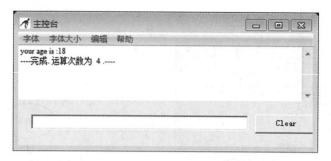

图 4-17　Raptor 输出语句运行结果

3. 赋值语句

Raptor 中赋值符号用于改变变量的值，或者用于执行计算，然后将结果存储在变量中。

在 Raptor 中添加赋值语句的方法如下。

step1：将"赋值"符号由符号区拖动到流程图编辑区中。

step2：双击编辑区中的"赋值"符号，或右击，选择"编辑"命令，弹出"赋值"窗口。

step3：在 Set 框中输入需要赋值的变量名，在 to 框中输入变量的值或者要执行的计算，如图 4-18 所示，将变量 x 的值赋为 56+1，即 57。

step4：单击"完成"按钮，完成操作。赋值窗口如图 4-18 所示，程序流程图如图 4-19 所示。

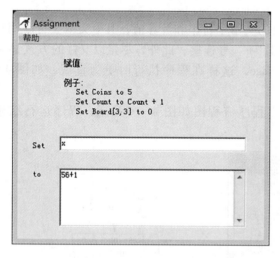

图 4-18　Raptor 赋值窗口

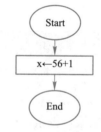

图 4-19　Raptor 赋值语句流程图

　　值得注意的是，一个赋值语句只能定义一个变量的值，如果该变量在之前的语句中没有出现过，Raptor 就会创建一个新的变量；如果该变量在前面的语句中出现过，则新值替换旧值。一个赋值语句中的表达式不能是关系表达式或逻辑表达式。

4. 调用语句

什么是"过程"？一个过程是一个编程语句的命名集合，用来完成某项任务。调用过程时，首先暂停当前程序的执行，然后执行过程中的程序指令，过程中的程序指令执行结束后回到暂停的程序的下一语句，恢复执行原来的程序。

正确使用"过程"，用户需要知道两件事情。

（1）过程的名称。

（2）完成任务所需要的数据值，也就是所谓的参数。

在 Raptor 中添加过程调用语句的方法如下。

step1：将"调用"符号由符号区拖动到流程图编辑区中。

step2：双击编辑区中的"调用"符号，或右击，选择"编辑"命令，弹出"调用"窗口。

step3：在"调用"窗口中输入需要调用的过程名，例如输入字母"d"后，窗口下部会列出所有以字母"d"开头的内置过程以及每个过程所需要的参数，如图 4-20 所示。这里可以调用两个过程，先调用一个 open_graph_window(300,300) 打开一个 300×300 的 graph window 窗口，然后调用 draw_line(0,0,300,300,red) 在 graph window 窗口画一条从点(0,0)到点(300,300)的红线。

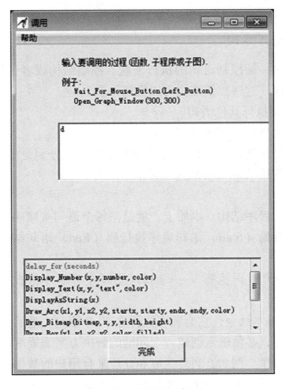

图 4-20　"调用"窗口

step4：单击"完成"按钮，完成操作，流程图如图 4-21 所示，运行结果如图 4-22 所示。

Raptor 定义了较多的内置过程，无法在此一一说明。在必要时，可以参考 Raptor 帮助文件中的所有内置过程的文档。

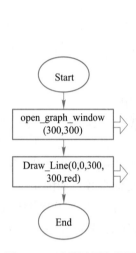

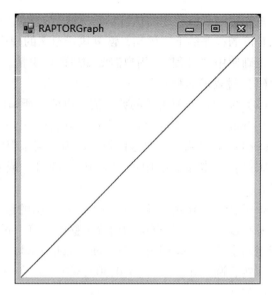

图 4-21 过程调用流程图　　　　　　　图 4-22 过程调用执行结果

4.2.5 Raptor 控制结构

编程的最重要工作之一是控制语句的执行流程。控制结构或者说控制语句使程序员可以确定程序语句的执行顺序。这些控制结构可以做两件事。

（1）跳过某些语句而执行其他语句。

（2）条件为真时重复执行一条或多条语句。

在前文已经介绍过结构化程序设计中有 3 种基本结构，分别是顺序结构、选择结构及循环结构，下面将介绍如何用 Raptor 实现这三种基本结构。

1. 顺序结构

顺序结构是最简单的程序结构。本质上，就是把每个语句按顺序排列，程序执行时，从开始（Start）语句顺序执行到（End）语句结束，如图 4-23 所示。

程序先执行 x←9 语句，再执行 y←x+32。按照先后顺序依次执行。

如果程序包括 20 个基本命令，它会顺序执行这 20 个语句，然后退出。程序员为解决问题，必须确定创建一个问题的解决方案需要哪些语句以及语句的执行顺序。例如，当要获取和处理来自用户的数据时，必须先取得数据，然后才可以使用。如果交换一下这些语句的顺序，则程序根本无法执行。

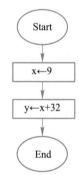

图 4-23 顺序控制结构

顺序控制是一种"默认"的控制，在这个意义上，流程图中的每个语句自动指向下一个。顺序控制是如此简单，除了按顺序排列语句，不需要做任何额外的工作。

2. 选择结构

选择控制语句可以使程序根据决策条件，选择两种之一的路径来执行下一条语句，选择控制语句使用"选择"符号实现。

一般情况下，程序需要根据数据的条件来决定是否执行某些语句。当程序执行时，如果决策的结果是 yes(true)，则执行左侧分支。如果结果是 no(false)，则执行右侧分支。在图 4-24 的示例中，先令 x=9，y=x+32，然后计算选择结构中条件判断表达式 x>y 的值，如果值为 yes(true)，则执行左侧分支输出"x>y"，如果值为 no(false)，则执行右侧分支输出"x<y"。本例中 x 的值小于 y 的值，所以执行 no 分支，最后输出"x<y"。

另外，还要注意选择控制语句的两个路径之一可能是空的，或包含多条语句。

3. 循环结构

循环结构在 Raptor 中通过"循环"符号实现。一个循环（迭代）控制语句可以执行一个或多个语句，直到循环条件变为 true 退出循环。循环执行的次数，由菱形符号中的表达式来控制，菱形符号中的表达式结果为"no"，则执行"no"的分支也就是循环体部分，如果表达式的计算结果为"yes"，则循环终止。要重复执行的语句可以放在菱形符号上方或下方。为了准确地了解一个循环语句，请参考图 4-25 的例子，并注意以下情况。

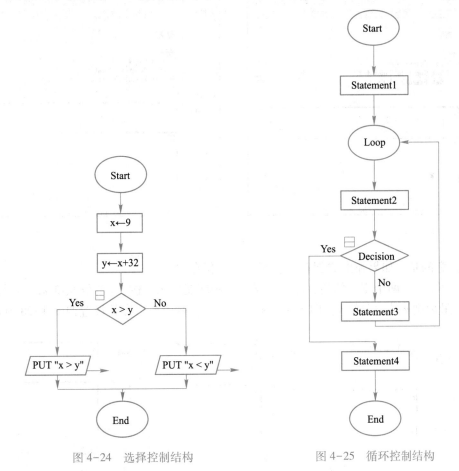

图 4-24　选择控制结构　　　　图 4-25　循环控制结构

Statement 1 在循环开始之前执行。

Statement 2 至少被执行一次，因为该语句处在决策语句之前。

如果决策表达式的计算结果为"yes",则循环终止,执行 Statement 4。

如果决策表达式计算结果为"no",先执行 Statement 3,执行后返回到 loop 语句,然后再次执行 Statement 2,并重新开始循环。

请注意,Statement 2 至少保证执行一次,而 Statement 3 可能永远都不会执行。

4.2.6　Raptor 程序设计综合举例

【例 4-9】　用 Raptor 编写程序,定义两个变量 x、y,赋初值 x = 9,y = 12,交换两个变量的值,然后分别输出 x、y 的值。

操作步骤如下。

(1) 拖曳两个"赋值"符号到流程图编辑区,双击"赋值"符号,在弹出的窗口中分别给变量 x、y 赋初值,如图 4-26、图 4-27 所示,然后单击"完成"按钮。赋值后 x = 9,y = 12。

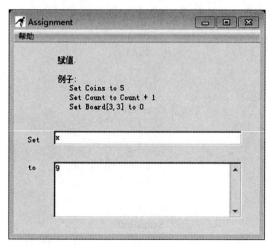
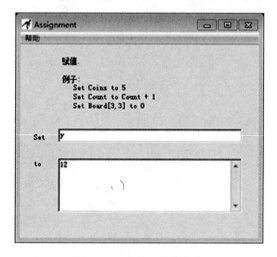

图 4-26　变量 x 赋值窗口　　　　　　　　图 4-27　变量 y 赋值窗口

需要注意的是,如果弹出"保存"提示,请先保存。

(2) 交换 x、y 两个变量的值,需要定义一个中间变量 z,先把 x 的值赋给 z,然后把 y 的值赋给 x,最后把 z 的值赋给 y,即 z←x,x←y,y←z,赋值窗口参数设置如图 4-28 所示。

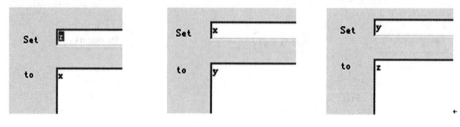

图 4-28　赋值窗口参数

(3) 输出变量 x 和 y 的值,拖曳一个"输出"符号到编辑区,双击"输出"符号,输入如图 4-29 所示的参数,然后单击"完成"按钮。

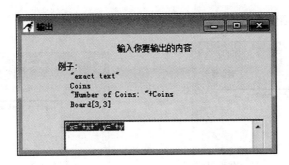

图 4-29 "输出"窗口

（4）单击"运行"按钮，运行程序。

程序的流程图如图 4-30 所示，程序执行结果如图 4-31 所示。在主控窗口中，可以看到程序最终的运行结果：x=12，y=9，两个变量已经换值成功。

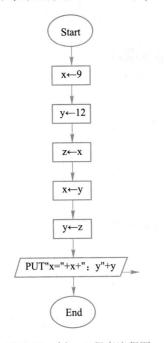

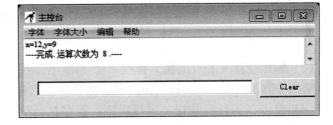

图 4-30 例 4-9 程序流程图　　　　　　图 4-31 例 4-9 程序执行结果

【例 4-10】　用 Raptor 编写程序，输入任意两个数存入变量 a、b 中，要求：变量 a 中存储较大的数，b 中存储较小的数，然后输出变量 a 和 b 的值。

操作步骤如下。

（1）拖曳两个"输入"符号到流程图编辑区，双击"输入"符号，在弹出的"输入"窗口中输入如图 4-32、图 4-33 所示的参数，然后单击"完成"按钮。程序执行时从键盘读入两个数值型数据分别赋给变量 a 和 b。

（2）拖曳一个"选择"符号到流程图编辑区，双击"选择"符号，在弹出的"选择"窗口中输入如图 4-34 所示的表达式，然后单击"完成"按钮。程序执行时判断表达式 a>b 的值，如果为"yes"则不用交换两变量值，如果为"no"则要交换 a 和 b 的值。交换两个变量的值的方法前面已经介绍，这里不再赘述。

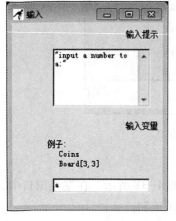

图4-32 变量a"输入"窗口

图4-33 变量b"输入"窗口

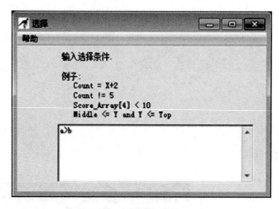

图4-34 "选择"窗口

（3）输出变量a和b的值，拖曳一个"输出"符号到流程图编辑区，双击"输出"符号，输入参数区输入"a="+a+",b="+b，然后单击"完成"按钮。

（4）单击"运行"按钮，运行程序。程序执行到"输入"窗口时会弹出如图4-35和图4-36所示的"输入"对话框，在对话框中输入a和b的值即可，这里分别输入5、12，即a=5，b=12。

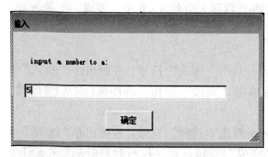

图4-35 变量a输入对话框

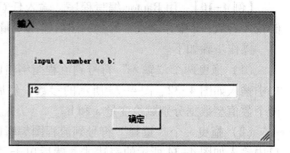

图4-36 变量b输入对话框

程序的流程图如图 4-37 所示，程序执行结果如图 4-38 所示。因为输入的值 a＝5，b＝12，所以 a＞b 表达式的返回值为"no"，执行"no"分支，交换 a 和 b 两个变量的值，在主控窗口中，可以看到程序最终的运行结果：a＝12，b＝5，程序结果正确。

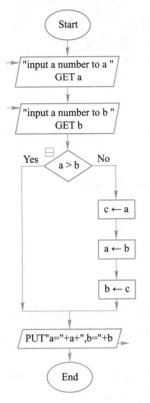

图 4-37　例 4-10 程序流程图

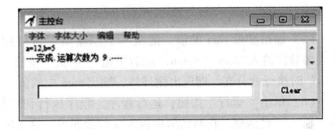

图 4-38　例 4-10 程序执行结果

【例 4-11】　用 Raptor 编写程序，计算并输出 sum ＝ 1 ＋ 2 ＋ 3 ＋ … ＋ 10 累加和的值。操作步骤如下。

（1）拖曳一个"输入"符号到流程图编辑区，双击"输入"符号，在弹出的"输入"窗口中输入如图 4-39 所示的参数，然后单击"完成"按钮。从键盘读入一个数值型数据赋值给变量 n。

（2）拖曳两个"赋值"符号到编辑区，双击"赋值"符号，在弹出的窗口中分别给变量 sum、i 赋初值，sum 是存放累加和的变量，初值为 0，变量 i 是循环次数变量，初值为 1。然后单击"完成"按钮。赋值后 sum＝0，i＝1。

（3）拖曳一个"循环"符号到编辑区，双击"循环"符号，在弹出的窗口中输入循环条件的判断表达式：i＞n，如图 4-40 所示。循环开始执行时首先判断表达式 i＞n 的值，当返回为"no"时，执行循环体语句。

（4）拖曳两个"赋值"符号到循环条件判断的"no"分支，双击"赋值"符号，在弹出的窗口中输入循环体要执行的两条赋值语句，如图 4-41 所示，即 sum←sum+i，i←i+1。

图 4-39 变量 n "输入" 窗口

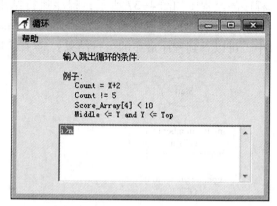

图 4-40 "循环" 窗口

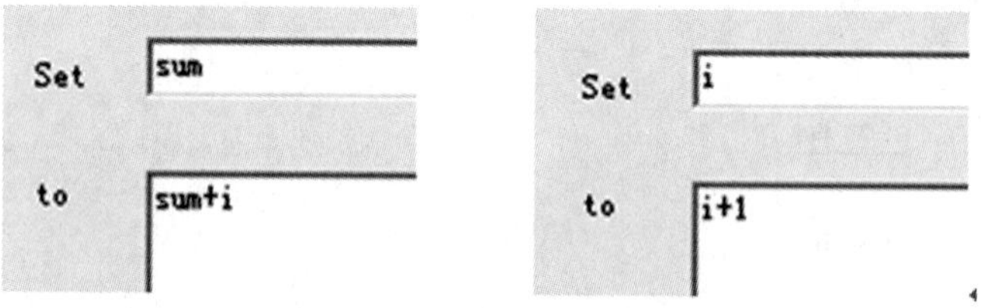

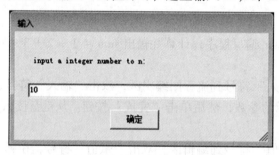

图 4-41 赋值语句

（5）输出变量 sum 的值，拖曳一个"输出"符号到"yes"分支，双击"输出"符号，输入参数区输入"sum ="+sum，然后单击"完成"按钮。当循环条件判断表达式 i>n 的值为"yes"时执行此分支，即退出循环体，输出 sum 中的值。

（6）单击"运行"按钮，运行程序。程序执行到"输入"窗口时会弹出如图 4-42 所示的"输入"对话框，在对话框中输入 n 的值即可，这里输入 10，即 n=10。

图 4-42 变量 n "输入" 对话框

程序流程图如图 4-43 所示，程序执行结果如图 4-44 所示。由主控台的输出结果，可以得到 1+…+10 的累加和 sum=55，结果正确。

这是一个累加的问题，需要先后将 10 个数相加，要重复 10 次加法运算，显然可以用循环结构来实现。循环变量 i 的初值为 1，终值为 10。进一步分析程序会发现，每次累加的数是有规律的，后一个数是前一个数加 1。不要忽略 i 和 sum 的初值，如果不给它们赋初值，程序会出现错误。循环体内要有使循环趋向结束的语句，在本例中有 i←i+1，使循环变量有增值，最终导致 i>n 条件成立，退出循环，如果没有此句，则 i 的值始终不改变，循环永远不结束。

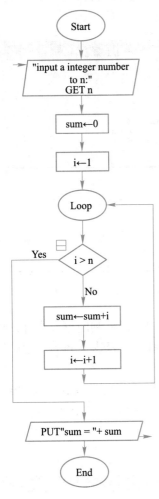

图 4-43　例 4-11 程序流程图

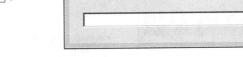

图 4-44　例 4-11 程序执行结果

【例 4-12】 "猴子吃桃"问题。猴子第一天摘下若干桃子，当即吃了一半，还不过瘾，又多吃了一个。第二天早上又将剩下的桃子吃掉一半，又多吃了一个。以后每天早上都吃了前一天剩下的一半零一个。到第十天早上想吃时，见只剩一个桃子了。用 Raptor 编写程序，求第一天猴子共摘了多少个桃子。

这类问题可以采用逆向思维方法，从后往前推导，由题意可知，猴子第 10 天剩下 1 个桃子，可以利用这个已知条件向前推，由于它每天吃的桃子为剩下桃子的一半多一个，因此，可以推得出第 9 天桃子的个数为 $(1+1) \times 2 = 4$ 个，第 8 天桃子的个数为 $(4+1) \times 2 = 10$ 个，所以总结出一个式子就是：$x_n = (x_{n+1}+1) \times 2$，其中，$x_n$ 为第 n 天所剩的桃子的个数，x_{n+1} 为第 $n+1$ 天所剩桃子的个数。这个式子可以作为循环结构的循环体被重复执行，由此可以推导出第 1 天桃子的总数。

根据以上解题思路设计程序步骤如下。

(1) 拖曳两个"赋值"符号到编辑区，双击"赋值"符号，在弹出的"赋值"窗口中输入如图 4-45 和图 4-46 所示的参数，然后单击"完成"按钮。变量 day 初值为 10，变量 x 初值为 1，也就是说第 10 天的桃子数为 1。

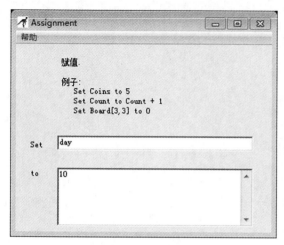

图 4-45　变量 day "赋值" 窗口

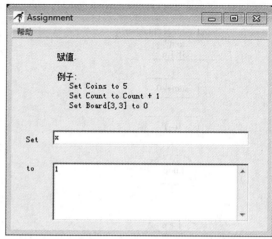

图 4-46　变量 x "赋值" 窗口

（2）拖曳一个"循环"符号到编辑区，双击"循环"符号中的条件判断框，在弹出的窗口中输入如图 4-47 所示的条件表达式，然后单击"完成"按钮。当表达式 day＝0 为"假"时执行下面的循环体语句，为"真"则退出循环。

（3）输入循环体语句。拖曳一个"输出"符号到循环的"no"分支，双击"输出"符号，在弹出的"输出"窗口中输入如图 4-48 所示的参数，即"day＝"＋day＋"，x＝"＋x，然后单击"完成"按钮。循环体中输出天数及桃子的个数。

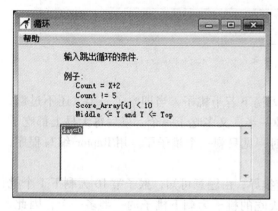

图 4-47　"循环" 窗口

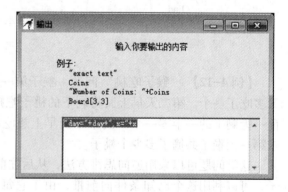

图 4-48　"输出" 窗口

（4）输入循环体语句。拖曳两个"赋值"符号到循环的"no"分支，双击"赋值"符号，在弹出的"赋值"窗口中输入如图 4-49、图 4-50 所示的参数，然后单击"完成"按钮。输出天数和桃子的个数后，需要计算下一次循环的天数和对应的桃子的个数，即 day←day-1，x←（x+1）＊2。

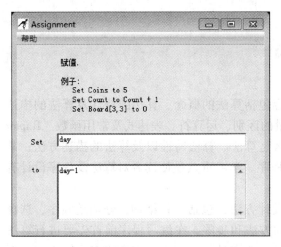

图 4-49　变量 day "赋值" 窗口　　　　　　　　图 4-50　变量 x "赋值" 窗口

（5）单击"运行"按钮，运行程序。流程图如图 4-51 所示，程序执行结果如图 4-52 所示。

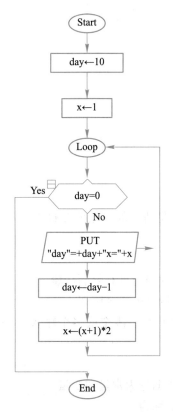

图 4-51　例 4-12 程序流程图　　　　　　　图 4-52　例 4-12 程序执行结果

本章小结

本章主要介绍算法及 Raptor 程序设计。内容包括算法的概念、算法的特性及算法的描述方法，简单介绍了 Raptor 程序设计中常量与变量的区别、运算符、表达式及常用函数、Raptor 语句等知识。通过本章的学习，使读者了解什么是算法、算法特性以及算法的描述方法；掌握 Raptor 的使用方法，可以调试简单的 Raptor 程序。学习重点是使读者对算法及程序设计有初步的了解和整体的认识，培养计算思维。

结构化程序设计是一种结构规范化的程序设计方法，包括三种结构，分别是顺序、选择和循环。算法是利用计算机求解问题时所确定的方法和步骤，在编写程序前首先要进行算法的设计，算法是程序的灵魂。算法应具有有穷性、确定性、可行性、零个或多个输入、一个或多个输出等特性。描述算法的方式有流程图、N-S 图等。

Raptor 作为一种可视化编程工具，很容易为大部分编程初学者所掌握，图形程序设计也更加直观，容易理解，有利于初学者进行程序设计和问题求解。

思考与练习

1. 简答题

什么是算法，算法的特性有哪些？

2. 填空题

（1）算法的要素由计算和_____两部分组成。

（2）程序是_____用某种程序设计语言的具体实现。

（3）算法的"确定性"指的是组成算法的每个_____都是清晰的，无歧义的。

（4）表达式 10 mod 3 的值为_____。

（5）著名计算机科学家沃思认为：程序＝算法＋_____。

（6）广义地说，_____是指为解决某个特定问题而采取的确定且有限的步骤。

（7）_____是计算机指令的序列，计算机一步一步地执行这个指令序列。

（8）算法的特征归纳为以下 5 点：有穷性、_____、可行性、零个或多个输入和一个或多个输出。

（9）表达式(3<=4) and (9>=10)的值是_____。

（10）通常按照程序运行时数据的_____能否改变，将数据分为常量和变量。

（11）用运算符号按一定的规则连接起来的、有意义的式子称为_____。

（12）程序语言中的三种基本结构包括顺序结构、_____和循环结构。

（13）在 Raptor 中变量名必须以_____开头，可以包含字母、数字、下划线（但不可以有空格或其他特殊字符)。

(14) Raptor 中的数据类型有数值型、字符串型及_____。

3. 选择题

(1) 以下不是衡量算法标准的是 (   )。

    A) 正确性   B) 时间效率和空间占用量

    C) 可读性   D) 代码短

(2) 下列运算符中优先级最高的是 (   )。

    A) <   B) +   C) **   D) *

(3) 下列数据类型中不属于 Raptor 数据类型的是 (   )。

    A) 数值型   B) 浮点型   C) 字符型   D) 字符串型

(4) 下列说法中不正确的是 (   )。

    A) 算法必须有输出

    B) 算法必须在计算机上用某种语言实现

    C) 算法不一定有输入

    D) 算法必须在执行有限步后能结束

(5) 结构化程序设计主要强调的是 (   )。

    A) 程序的易读性   B) 程序的规模

    C) 程序的执行效率   D) 程序的可移植性

(6) 下列关于算法的叙述不正确的是 (   )。

    A) 算法是解决问题的有序步骤

    B) 算法具有确定性、可行性、有穷性等基本特征

    C) 一个问题的算法只有一种

    D) 常见的算法描述方法有自然语言法、图示法、伪代码法等

(7) 下面符号中不属于 Raptor 的基本符号的是 (   )。

    A) "赋值" 符号   B) "输出" 符号

    C) "调用" 符号   D) "执行" 符号

(8) 判断变量 year 是否是闰年 (能被 4 整除并且不能被 100 整除是闰年,或者能被 400 整除是闰年) 的表达式是 (   )。

    A) ((year mod 4 = 0) and(year mod 100 != 0)) or (year mod 400 = 0)

    B) ((year mod 4 = 0) or (year mod 100 != 0)) or (year mod 400 = 0)

    C) ((year mod 4 = 0) and(year mod 100 != 0)) and (year mod 400 = 0)

    D) ((year mod 4 = 0) or(year mod 100 = 0)) and (year mod 400 = 0)

(9) 表达式 ceiling(3.1) * floor(2.6)的值是 (   )。

    A) 9.36   B) 6   C) 9   D) 8

(10) 下列变量名中不合法的是 (   )。

    A) stu_name   B) 5stu_name   C) stu_name5   D) stuname

(11) Raptor 中下列元素不能用于标识符名称的是 (   )。

    A) 空格   B) 数字   C) 字母   D) 下划线

（12）当型循环与直到型循环的区别是（　　　）。

A）当型循环效率更高

B）直到型循环效率更高

C）当型循环至少执行一次运算

D）直到型循环至少执行一次运算

4. 编程练习

（1）利用 Raptor 编程实现，判断输入的任意自然数 n 是否为素数（素数也叫质数，是指除 1 和它自身以外不能被任何数整除的数）。

（2）利用 Raptor 编程实现，输入任意两个数存入变量 a 和 b，然后求 a 和 b 最大公约数和最小公倍数（穷举法）。

第 5 章
互联网

电子课件

作为 20 世纪人类最伟大的发明之一，互联网正逐步成为信息时代人类社会发展的战略性基础设施，推动着生产和生活方式的深刻变革，进而不断重塑经济社会的发展模式，成为构建信息社会的重要基石。

本章简要介绍互联网的发展历史，总结互联网发展的技术要点和应用领域，展望互联网的发展前景。

5.1 互联网的起源和发展

本节主要介绍互联网的起源及其在中国的发展现状，其相关资料非常多，在此主要参考了维基网络百科中的互联网历史、互联网简史以及中国互联网信息中心所发布的《中国互联网发展状况统计报告》等资料。

5.1.1 互联网的起源

1957 年苏联发射第一颗人造卫星 Sputnik。先进的卫星技术具有潜在的军事用途，在冷战背景下所导致的国家安全危机的阴云笼罩了整个美国，为此美国组建了国防部高级研究计划局（advanced research projects agency，ARPA），以继续保持在科技前沿领域的领先地位。所以，从某种意义上说，互联网是美苏冷战的产物。

而关于"互联网络"这一划时代思想，在美国科学界酝酿已久，其奠基人和先驱是麻省理工学院（MIT）的心理学/计算机科学家 J. C. R. Licklider。他在 1960 年发表的题为《人机共生》(Man-Computer Symbiosis) 的论文中写道："通过宽带通信线路相互连接的计算机，将具有现在的图书馆这样的功能，即先进的信息存储、检索及其他人机共生的功能"，预言人们通过机器的交流，将变得比人与人、面对面的交流更为有效。

1969 年 11 月，美国国防部高级研究计划局开始建立一个命名为 ARPANet 的网络，它利用了分组交换技术，通过包交换网络的关键部件——专门的接口信号处理机（interface message processor，IMP）和专门的通信线路，把美国的几个军事及研究部门用计算机连接起来。最初该网络只有 4 个节点，是分布在洛杉矶的加州大学洛杉矶分校、加州大学圣巴巴拉分校、斯坦福大学、犹他大学 4 所大学的 4 台大型计算机。从 1970 年开始，加入 ARPANet 的节点数不断地增加。1977 年，ARPANet 上的交换节点已发展到 57 个，连接各种不同计算机100 多台，连网用户达 2 000 多人。此后，连到 ARPANet 网上的节点数量和计算机数量不断增长，而军方的通信也必须依赖于它，为此，1983 年 ARPANet 被分成两部分：一部分用于进一步的研究，仍称为 ARPANet；另一部分则用于军事和国防部门，称为 MILNet。

局域网和广域网的产生和蓬勃发展对互联网的进一步发展起了重要的作用。推动互联网第一次快速发展的是 NSFNet，它是由美国国家科学基金会 NSF（National Science Foundation）资助建设，目的是连接全美的 5 个超级计算机中心，供 100 多所美国大学共享它们的资源。随着 NSFNet 设备、运营和管理的不断升级，越来越多的大学、政府资助的研究机构甚至私营的研究机构纷纷把自己的局域网并入 NSFNet 中。由于 NSFNet 同样采用 TCP/IP 协议，并且面向全社会开放，很快 NFSNet 就取代了 ARPANet 而成为 Internet 的主干网。

ARPANet 和 NSFNet 最初都是为科研服务的，其主要目的是为用户提供共享大型主机的宝贵资源。随着接入主机数量的增加，越来越多的人把 Internet 作为通信和交流的工具。一些公司还陆续在 Internet 上开展了商业活动。随着 Internet 的商业化，其在通信、信息检索、客户服务等方面的巨大潜力被挖掘出来，Internet 有了质的飞跃，并最终走向全球。

5.1.2　互联网之父

互联网的出现是人类社会历史发展进程中的划时代事件，无论如何估计其影响力都不为过。它是继工具的使用、蒸汽机的出现之后的第三次技术和社会革命，也是继工具、机器之后第三种将使人类文明发生突变的因素。互联网的创始人和技术奠基者引领人类进入全新的世界，他们是罗伯特·泰勒（Robert W. Taylor）、拉里·罗伯茨（Larry Roberts）、罗伯特·卡恩（Robert Elliot Kahn）、温顿·瑟夫（Vinton Cerf）、蒂姆·伯纳斯·李（Tim Berners-Lee）等。这些为互联网做出伟大贡献的人都被统称为"互联网之父"。

1. 罗伯特·泰勒

1965 年，罗伯特·泰勒担任美国国防高级研究规划局信息处理技术处处长。任职期间，他萌发了新型计算机网络试验的设想，并筹集到资金启动试验。虽然他在大学和硕士时期学习的都是心理学，但是他一直认同 J. C. R. Licklider（ARPA 信息处理技术处的第一任处长）提出的计算机研究理论。因此他从心理学的研究转向了计算机的研究，并加入 ARPA 走上互联网研究的道路。

2. 拉里·罗伯茨

拉里·罗伯茨是 ARPANet 网络的创建者，Anagran 网络设备公司创始人。1967 年，罗伯茨来到高级研究计划署 ARPA，着手筹建"分布式网络"。不到一年，他便提出了"阿帕网"（ARPANet）的构想。随着计划的不断改进和完善，罗伯茨在描图纸上陆续绘制了数以百计的网络连接设计图，使之结构日益成熟。1968 年，罗伯茨提交研究报告《资源共享的计算机网络》，其中着力阐述的就是让"阿帕"的计算机达到互相连接，从而使大家分享彼此的研究成果。根据这份报告，1969 年美国国防部组建了著名的"阿帕网"，历史上将这一年看作是互联网的诞生年份。

3. 罗伯特·卡恩

罗伯特·卡恩发明了 TCP（transmission control protocol）协议，并与温顿·瑟夫一起发明了 IP（Internet protocol）协议；这两个协议成为互联网传输资料所用的最重要的技术。1969 年，卡恩参加 ARPANet"接口信息处理机"（IMP）项目，负责最重要的系统设计。IMP 就是今天网络最关键的设备——路由器的前身。1970 年，卡恩设计出第一个"网络控制协议"（network control protocol，NCP），即网络最初的通信标准；20 世纪 80 年代中期，他参与了美国国家信息基础设施（national information infrastructure，NII）的设计，NII 后来被称为"信息高速公路"。

4. 温顿·瑟夫

温顿·瑟夫是互联网基础协议 TCP/IP 协议的联合设计者之一，谷歌全球副总裁。1997 年 12 月，克林顿总统向温顿·瑟夫博士和他的同事罗伯特·卡恩颁发了美国国家技术奖章，表彰他们对于互联网做出的贡献。2004 年，Kahn 和 Cerf 博士因为他们在互联网协议方面所取得的杰出成就而荣获美国计算机学会（ACM）颁发的图灵奖。2005 年 11 月，乔治·布什总统向 Kahn 和 Cerf 博士颁发了总统自由勋章，这是美国政府授予其公民的最高民事荣誉。

5. 蒂姆·伯纳斯·李

蒂姆·伯纳斯·李是英王功绩勋章（OM）获得者、不列颠帝国勋章（OBE）获得者、英国皇家学会会员、英国皇家工程师学会会员、美国国家科学院院士。1989 年 3 月他正式提出万维网的设想，1990 年 12 月 25 日，他在日内瓦的欧洲粒子物理实验室里开发出了世界上第一个网页浏览器。他是关注万维网发展的万维网联盟的创始人，并获得世界多国授予的各个荣誉。他提出了万维网的设计构想，并将其免费推广到全世界，让万维网科技获得迅速的发展，深深改变了人类的生活面貌。因此蒂姆·伯纳斯·李也被称为"万维网之父"。

5.1.3 互联网在中国的发展

互联网在中国的发展始于 1987 年，中国科学院高能物理研究所建成了第一条与 Internet 连网的专线，实现了与欧洲及北美地区的电子邮件通信。1987 年 9 月 20 日，钱天白教授发出我国第一封电子邮件"越过长城，通向世界"，揭开了中国人使用 Internet 的序幕。

1994 年 4 月 20 日，中国实现与互联网的全功能连接，成为接入国际互联网的第 77 个国家。之后，ChinaNet、CERNet、CSTNet、ChinaGBNet 等多个互联网络项目在全国范围相继启动，互联网开始进入公众生活，并在中国得到了迅速的发展。1996 年年底，中国互联网用户数已达 20 万，利用互联网开展的业务与应用逐步增多。据中国互联网络信息中心（CNNIC）公布的《第 43 次中国互联网络发展状况统计报告》显示，截至 2018 年 12 月，我国网民规模达 8.29 亿，普及率为 59.6%；我国手机网民规模达 8.17 亿，网民通过手机接入互联网的比例高达 98.6%。全年新增手机网民 6 433 万。我国域名总数为 3 792.8 万个。其中".CN"下注册的域名 2 124.3 万个，在域名总数中占 56.0%。我国国际出口带宽为 8 946 570 Mbps，较 2017 年底增长 22.2%。截至 2018 年 12 月，我国市场上监测到的移动应用程序（App）在架数量为 449 万款。我国本土第三方应用商店移动应用数量超过 268 万款，占比为 59.7%；苹果商店（中国区）移动应用数量约 181 万款，占比为 40.3%。这些数据充分表明，我国互联网运行总体平稳、稳中有进的态势没有改变，我国互联网发展仍处于并将长期处于重要战略机遇期，实现"网络强国"的历史进程不会逆转，发展的潜力依然巨大。

5.2 互联网的技术要点

5.2.1 互联网的接入方式

目前常用的互联网接入方式可以分为有线接入和无线接入两大类。互联网有线接入方式中使用的传输介质包括双绞线、同轴电缆、光纤等；无线接入方式针对笔记本电脑、手机等便携设备，这些设备只需要使用无线网卡就可以实现无线移动上网。随着网络技术、无线技术的迅猛发展，无线接入将成为今后网络接入的重要方式。无线通信主要包括微波通信、卫星通信、红外线通信和激光通信等。

1. 双绞线

双绞线（twisted pairwire，TP）是布线工程中最常用的一种传输介质，是由两根具有绝缘保护层的铜导线组成的。把两根绝缘的铜导线按一定密度互相绞在一起，可降低信号干扰的程度，每一根导线在传输中辐射出来的电波会被另一根线上发出的电波抵消。根据有无屏蔽层，双绞线分为屏蔽双绞线（shielded twisted pair，STP）与非屏蔽双绞线（unshielded twisted pair，UTP）。

双绞线中的每根线加绝缘层并用不同颜色做标记，如图 5-1 所示。100BASE-T 对双绞线的通信标准进行了规定，为了保持最佳的兼容性，普遍采用 EIA/TIA 568B 标准来制作网线，线序是橙白、橙、绿白、蓝、蓝白、绿、棕白、棕。使用双绞线组网，双绞线和其他网络设备（如网卡）连接必须使用 RJ-45 接头，如图 5-2 所示。

 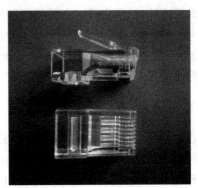

图 5-1　双绞线示意图　　　　　　图 5-2　RJ-45 接头示意图

2. 同轴电缆

同轴电缆有两种：一种是 50 Ω 阻抗的同轴电缆，用于数字信号传输，多用于基带传输，也被称为基带同轴电缆；另一种是 75 Ω 阻抗的同轴电缆，用于模拟信号传输，也被称为宽带同轴电缆；其中基带同轴电缆又分细同轴电缆和粗同轴电缆，数据传输速率可达 10 Mbps。

同轴电缆抗干扰能力强，频带宽，性价比高，在实际中应用很广，比如有线电视网就是使用同轴电缆。不论是粗缆还是细缆，其中央都是一根铜线，外面包有绝缘层。同轴电缆由内部导体、绝缘层以及金属屏蔽网和最外层的护套组成，如图 5-3 所示。金属屏蔽网可防止中心导体向外辐射电磁场，也可用来防止外界电磁场干扰中心导体的信号。

3. 光纤

光纤是光导纤维的简称，是一种由玻璃或塑料制成的纤维，如图 5-4 所示。前香港中文大学校长高锟和 George A. Hockham 首先提出光纤可以用于通信传输的设想，高锟因此获得 2009 年诺贝尔物理学奖。应用光的全反射原理，由光发送机产生光束，将电信号变为光信号，再把光信号导入光纤，在另一端由光接收机接收光纤上传来的光信号，并把它变为电信号，经解码后再处理。与其他传输介质比较，光纤的电磁绝缘性能好、信号衰减小、频带宽、传输速度快、传输距离远。

扩展阅读

5-1

什么是全反射

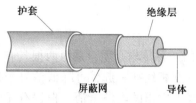

图 5-3　同轴电缆示意图

图 5-4　光纤示意图

4. 无线介质

上述 3 种是有线传输介质，它们有一个共同的缺点，即都是实际存在的实体，这在很多场合下是不方便的。从理论上讲，无线介质不需要架设电缆或光纤，而是通过大气传输，更适用于难以布线的场合或远程通信。无线传输的介质主要有无线电波、微波、红外线、卫星和激光等。无线传输介质是相对不稳定、低带宽、具有广播特性的非引导性连接。无线电波是频率介于 3 Hz 和 300 GHz 之间的电磁波，其波长在电磁波谱中比红外线长。红外线是频率在 10^{12} Hz~10^{14} Hz 之间的电磁波。无导向的红外线被广泛用于短距离通信，如电视的遥控装置。微波是指频率为 300 MHz~3000 GHz（3 THz）的电磁波，是无线电波中一个有限频带的简称，微波最重要应用的是雷达和通信。

5.2.2　TCP/IP 协议

早在 1965 年，Lawrence Roberts 和 Thomas Merrill 第一次将两种不同的计算机连接在一起之后，Merrill 就把这种传送文件的方式称为"协议"（protocol）。1970 年，由 S. Crocker 领导的网络工作小组（NWG）着手制定最初的主机对主机的通信协议。这个协议被称为"网络控制协议"（network control

protocol，NCP）。由于有了网络控制协议，ARPANet 的运行就有了标准，连入 ARPANet 的计算机也日益增多。但是 NCP 协议不过是一台主机直接对另一台主机的通信协议，实质上是一个设备驱动程序，要想真正做到将许多不同的计算机、不同的操作系统连接起来，还有许多事情要做。1972 年 Robert Kahn 在 ARPANet 中引入了开放架构网络的思想，并提出了网络互联的四项基本原则，在这四项原则的指导下，Robert Kahn 和 Vinton Cerf 共同开发了 TCP/IP 协议，正式发表在 1974 年 5 月 IEEE 的期刊上。同年 12 月，Vinton Cerf 和 Kahn 关于第一份 TCP 协议的详细说明作为"互联网实验报告"正式发表。1983 年 1 月 1 日，在因特网的前身（ARPANet）中，TCP/IP（transmission control protocol/Internet protocol，传输控制协议/网际协议）协议取代旧的网络控制协议（NCP），从而成为今天的互联网的基石。

TCP/IP 协议是一个协议组，主要由以下几个协议组成。

（1）传输控制协议（TCP）：是一个端到端的传输协议，可以提供一条从一台主机的一个应用程序到远程主机的另一个应用程序的直接连接，提供可靠的、面向连接的、全双工的数据流传输服务。

（2）网际协议（IP）：可以屏蔽各个物理网络的细节和差异，负责为计算机之间传输的数据报寻址，并管理这些数据报的分片过程。

（3）网际报文控制协议（Internet control message protocol，ICMP）：传输差错控制信息以

及计算机路由器之间的控制报文。

（4）用户数据报协议（user data protocol，UDP）：提供不可靠的无连接的传输服务。在传输过程中，UDP 报文有可能会出现丢失、重复及乱序等现象。

（5）地址解析协议（address resolution protocol，ARP）：把基于 TCP/IP 的软件使用的 IP 地址解析成局域网硬件使用的 MAC 地址。MAC 地址（媒体访问控制地址）是 NIC（网络接口卡）的硬件地址。ARP 协议的基本功能就是通过目标设备的 IP 地址，查询目标设备的 MAC 地址，以保证通信的顺利进行。有关 MAC 地址的知识请参考 5.2.3 节。

5.2.3　IP 地址与 MAC 地址

1. IP 地址

为了正确标识互联网中的计算机，TCP/IP 建立了一套编址方案，为每台入网的计算机分配一个全网唯一的标识符，即 IP 地址。目前使用的 IPv4 版本中 IP 地址由 32 位二进制位组成，即 4 个字节。通常采用“点分十进制”法，也就是将 IP 地址的 32 位分成 4 段，每段之间以小数点分隔，每段 8 位（1 个字节），用 0~255 范围内的十进制数表示。互联网中的每台主机都有一个唯一的 IP 地址。IP 协议就是使用这个地址在主机之间传递信息，这是互联网能够运行的基础。

IP 地址统一由国际组织 NIC 负责分配。为了便于对 IP 地址进行管理，同时考虑到网络上主机数量的差异性，还将 IP 地址分为 5 类：A 类到 E 类，如表 5-1 所示。目前大量使用的是 A、B、C 三类。有一些 IP 地址具有特殊的功能，用于特殊的场合。

表 5-1　IP 地址分类

类别	起始位	网络标识位数	主机标识位数	网络数	每个网络主机数	地址范围
A	0	7	24	2^7	2^{24}	0.0.0.0~127.255.255.255
B	10	14	16	2^{14}	2^{16}	128.0.0.0~191.255.255.255
C	110	21	8	2^{21}	2^8	192.0.0.0~223.255.255.255
D	1110	多播地址				224.0.0.0~239.255.255.255
E	11110	实验地址或保留				240.0.0.0~247.255.255.255

IP 地址与硬件没有任何关系，所以也称为逻辑地址。它由网络标识和主机标识两部分组成。网络标识指出该地址位于哪个网络中，主机标识指出该地址对应网络中的哪个主机。

以上介绍的是 IPv4 版本的 IP 地址，地址空间有 43 亿个。随着互联网用户的不断增长，32 位 IP 地址空间越来越紧张，网络号将很快用完，于是产生了 IPv6 协议。IPv6 是 Internet protocol version 6 的缩写，是由 IETF（Internet engineering task force，国际互联网工程任务组）设计的用来代替现行的 IPv4 协议的一种新的 IP 协议。虽然 IPv6 并不与 IPv4 兼容，但是它与其他一些辅助性的协议是兼容的，这使得采用新老技术的各种网络系统在 Internet 上能够互连。相比 IPv4，IPv6 具有如下优点。

（1）IPv6 版本的 IP 地址是 128 位，16 个字节，地址空间是 IPv4 的 2^{96} 倍，支持更多级别的地址层次。

（2）IPv6 将会自动将 IP 地址分配给用户。只要机器一连上网络便可自动配置地址，既不用终端用户花精力设定地址，又可以减轻网络管理者的负担。

（3）在 IPv6 中必选 IP 安全（IPSec）协议，提供了比 IPv4 更好的安全性。

（4）IPv6 更多地关注服务类型，特别是实时数据。有关 IPv6 的优点和实现原理可详细参考互联网工程工作小组（IETF）公布的互联网标准规范（RFC 2460）。

当前，全球 IPv6 技术与应用发展迅猛，其商业化部署进入了新的高速发展阶段。在我国自 2017 年 11 月中共中央办公厅、国务院办公厅印发《推进互联网协议第六版（Pv6）规模部署行动计划》以来，IPv6 应用进入了高速发展期，IPv6 产业发展得到了巨大推动。2019 年 4 月 16 日，工业和信息化部发布《关于开展 2019 年 IPv6 网络就绪专项行动的通知》。2019 年 5 月，工业和信息化部称计划于 2019 年末，完成 13 个互联网骨干直联点 IPv6 的改造。以 IPv6 为核心的新技术平台将更好地解决互联网面临的重大挑战。

2. MAC 地址

虽然每个互联网的设备和主机都需要有一个自己的 IP 地址，但每个设备的地址却不是永远不变的，管理者可以根据需要随时更改设备的 IP 地址。与 IP 地址不同，MAC（medium/media access control）地址是为每一台机器在出厂时烙上的地址编码，全球唯一，且永远不变，并且可以对应多个 IP 地址。

MAC 地址的长度为 48 位（6 个字节），通常表示为 12 个十六进制数，每 2 个十六进制数之间用冒号隔开，如 08：00：20：0A：8C：6D 就是一个 MAC 地址，其中前 6 位十六进制数 08：00：20 代表网络硬件制造商的编号，它由 IEEE（institute of electrical and electronics engineers，电气与电子工程师协会）分配，而后 3 位十六进制数 0A:8C:6D 代表该制造商所制造的某个网络产品（如网卡）的系列号。

每个网络制造商必须确保它所制造的每个以太网设备都具有相同的前三个字节以及不同的后三个字节。这样就可保证世界上每个以太网设备都具有唯一的 MAC 地址。形象地说，MAC 地址就如同身份证上的身份证号码，具有全球唯一性。

为了防止 IP 地址被盗用，常使用的方法是在路由器或交换机中把 MAC 地址与 IP 地址进行绑定。如同人们到银行取钱必须带身份证一样，这样可以避免冒充者伪造 IP 地址获取服务器信任，从而获得机密数据。

5.2.4 域名

由于数字形式的 IP 地址不便于用户记忆和使用，另外，从 IP 地址上看不出其拥有者的组织名称或性质，同时也不能根据公司或组织的名称或类型来猜测其 IP 地址，因此为了方便用户使用，将每个 IP 地址映射为一个名字，称为域名 DN（domain name）。域名是一种基于标识符号的名字管理机制，可以把它理解为 IP 地址的助记符号。域名与 IP 地址之间的转换工作称为域名解析，在互联网上由域名服务器（domain name server，DNS）负责。DNS 提供 IP 地址和域名之间的转换服务，使用者只需了解容易记忆的域名地址，其对应转换工作由 DNS 来完成。例如，wikipedia. org. cn 是一个域名，和 IP 地址 111. 68. 11. 147 相对应。人们可以直接访问 wikipedia. org. cn 来代替 IP 地址，然后域名系统（DNS）就会将它转化成便于机器识别的 IP 地址。这样，人们只需要记忆 wikipedia. org. cn 这一串带有特殊含义的字符，而不需要记忆没有含义的数字。

域名由若干代表不同层次概念的子域名和圆点组成，按从右到左的顺序，顶级域名在最右边，代表国家或地区以及机构组织的种类，最左边的是机器的主机名。域名的结构如下：

……. 三级域名. 二级域名. 顶级域名

例如：www. hlju. edu. cn，最右边的顶级域名 cn 是指中国，二级域名 edu 是指教育机构，hlju 表示该网络属于黑龙江大学，www 是服务器名字。

常见的以机构组织命名的域，一般由三个字符组成，如表 5-2 所示。

表 5-2　以机构性质命名的域

域　名	含　义	域　名	含　义
com	商业机构	net	网络组织
edu	教育机构	int	国际机构（主要指北约）
gov	政府部门	org	其他非营利组织
mil	军事机构		

以国家或地区代码命名的域，一般用两个字符表示，是为世界上每个国家和一些地区设置的，如表 5-3 所示。

表 5-3　常见的以国家或地区代码命名的域

域　名	国家或地区	域　名	国家或地区
CN	中国	ES	西班牙
HK	中国香港	SG	新加坡
RU	俄罗斯	SE	瑞典
UK	英国	US	美国
BR	巴西	CA	加拿大
IT	意大利	FR	法国
DE	德国	AU	澳大利亚

互联网名称与数字地址分配机构（ICANN）负责互联网域名空间的开发和架构，只有经过它授权的域名注册管理机构和域名注册商，才能对外界提供顶级域名管理和注册服务。

以前，域名系统中允许的字符集基于 ASCII，只支持英文字母、数字和连字符（-），而不允许其他语言的文字。于是 ICANN 批准了国际化域名（internationalized domain name，IDN）系统，该系统将其他语言对应的 Unicode 字符串，转换为一个名为 Punycode 的编码字符集。转换结果由英文字母、数字和横线符号构成，匹配传统域名的规范，这使得其他语言的文字可用于注册域名，并在浏览器中访问。例如，由中国互联网络信息中心运营的".中国"顶级域名。

我国的域名注册申请工作由中国互联网络信息中心（CNNIC）负责。CNNIC 是经国家主管部门批准，于 1997 年 6 月 3 日组建的管理和服务机构，负责管理维护中国互联网地址系统，权威发布中国互联网统计信息。自 2009 年 11 月，我国全面实行域名实名制管理。

互联网的兴起，使域名这一概念变得家喻户晓，也有很多人开始注册一个甚至多个域名。据 CNNIC 公布的《第 43 次中国互联网络发展状况统计报告》显示，截至 2018 年 12 月，全球域名服务体系中共存在 1 534 个顶级域名。我国国家顶级域名".CN"以 2 124.3 万个的数量位居国家和地区顶级域名首

位，较 2017 年底增长 1.9%，占我国域名总数的 56.0%；".COM"域名数量为 1 278.3 万个，占比为 33.7%；".中国"域名总数为 172.4 万个，占比为 4.5%。

域名注册商提供域名注册服务。要成为一个域名的注册商，需得到 ICANN 和该域名的域名注册局的认可。域名注册人在注册商处登记域名信息后，域名注册管理机构和域名注册商通常会收取费用，一般是按域名的有效期计算，单位是年。收到费用后，向域名注册管理机构发去注册信息，后者授权前者在相应的顶级域名中分配名称，并使用一种特殊协议——WHOIS 协议，发布域名注册信息。最后，注册商将域名的使用权限发放给域名注册人。此交易从注册商的角度看，被称为域名的销售或租赁；从注册人的角度看，被称为域名的注册或购买。当前，这一过程大多已经自动化。

5.2.5 HTTP 协议

HTTP（hyper text transfer protocol，超文本传输协议）是互联网上应用最为广泛的一种网络协议。它是万维网上能够可靠地交换文件（包括文本、声音、图像等各种多媒体文件）的重要基础。所有的 WWW 文件都必须遵守这个标准。HTTP 采用客户端/服务器模式，即互联网上的计算机分为客户机和服务器，分别完成不同的工作。客户机是用户运行应用程序的 PC 或工作站，在需要时首先提出服务请求。服务器则是用来提供 Web 服务、文件服务、数据服务或其他服务的高性能计算机。在用户需要浏览某台 Web 服务器中的网页文件时，就打开一个 HTTP 会话，并向远程服务器发出 HTTP 请求。接到请求信号后，服务器产生一个 HTTP 应答信息，并发回到客户端浏览器。

1960 年美国人 Ted Nelson 构思了一种通过计算机处理文本信息的方法，并称之为超文本（hypertext），这成为 HTTP 超文本传输协议标准架构的发展基础。Ted Nelson 组织协调万维网协会（world wide web consortium）和互联网工程工作小组（Internet engineering task force）共同合作研究，最终发布了一系列的 RFC，其中著名的 RFC 2616 定义了 HTTP 1.1 协议，也是今天普遍使用的一个版本。由于 Ted Nelson 对 HTTP 技术的发展做出的突破性历史贡献，他被称为"HTTP 之父"。2015 年 5 月，HTTP/2 标准以 RFC 7540 正式发表，取代 HTTP 1.1 成为 HTTP 的实现标准。与 HTTP 1.1 相比，HTTP/2 新增了多路复用、头部压缩、服务端推送等功能。HTTP/2 使用的多路复用技术，可做到同一个连接并发处理多个请求。HTTP/2 使用 HPACK 算法对 HTTP 数据包首部进行压缩，数据体积缩小了，有效避免了重复传输。支持

HTTP/2 的 Web Server 请求数据时，服务端推送能把客户端所需要的资源伴随着 index. html 一起发送到客户端，省去了客户端重复请求的步骤。

HTTP 协议以明文方式发送内容，不提供任何方式的数据加密，因此不适合传输一些敏感信息，比如信用卡号、密码等。为了解决 HTTP 协议的这一缺陷，需要使用另一种协议：安全套接字层超文本传输协议 HTTPS（hypertext transfer protocol secure）。HTTPS 在 HTTP 的基础上加入了 SSL 协议，SSL 依靠证书来验证服务器的身份，并为浏览器和服务器之间的通信加密。有关 HTTPS 的优点和实现原理可详细参考互联网工程工作小组（IETF）公布的互联网标准规范（RFC 2818）。

5.2.6　HTML 语言

HTML（hypertext markup language，超文本标记语言）是一种用于创建万维网（world wide web，WWW）页面的标准标记语言，它消除了不同计算机之间信息交流的障碍。但 HTML 并不是应用层的协议，它只是万维网浏览器使用的一种语言。由于 HTML 非常易于掌握且实施简单，因此它很快就成为万维网的重要基础［RFC 2854］。官方的 HTML 标准由万维网联盟 W3C 负责制定。

HTML 语言是一套指令，浏览器识别页面的类别，是基于页面中的起始标签<html>和结束标签</html>来实现的，绝大多数的 HTML 标签都是成对出现的，在这些标签对中，结束标签一般用右斜杠加关键字来表示，例如，<I>表示后面开始用斜体字排版，而</I>则表示斜体字排版到此结束。

HTML 页有两个主要的部分：头部和主体。所有有关整个文档的信息都包含在头部中，即<head>与</head>标签对中，如标题、描述、关键字。可以调用的任何语言的子程序都包含在主体中。网页中的内容也放置在主体中，所有的文本、图形、嵌入的动画、Java 小程序和其他页面元素都位于主体中，即起始标签<body>和结束标签</body>之间。

HTML 文档是一种可以用任何文本编辑器（例如，Windows 的记事本 Notepad）创建的纯文本文件。但应注意，仅当 HTML 文档是以 . html 或 . htm 为后缀时，浏览器才对这样的 HTML 文档的各种标签进行解释，可以在打开的浏览器页面中，执行"查看网页源代码"命令查看网页中的 HTML 代码，如图 5-5 所示。如果 HTML 文档改为以 . txt 为其后缀，则 HTML 解释程序就不对标签进行解释，而浏览器只能看见原来的文本文件。

图 5-5　查看网页源代码

自 HTML 在 1993 年问世后，其版本就不断更新。现在 HTML 已经发展到 5. 0 版本，这个版本内建了 3D 技术的支持，其中 WEBGL（web graphics library）就是一项用于加速网页 3D 图形界面应用的通用技术标准。这个特性导致 Flash 的应用大幅减少。2012 年年初，Adobe 副总裁兼交互开发业务总经理丹尼·维诺科（Danny Winokur）在公司网站上发表博客称，Adobe 将不再为移动浏览器开发 Flash Player，公司未来的发展方向是桌面浏览器、移动应用和 HTML 5.0。

随着目前移动互联网的飞速发展，HTML 5.0 的技术优势会越发明显，很多专家认为在未来的互联网开发和商业应用领域，HTML 5.0 会有更为亮眼的表现，发展前景值得期待。

5.2.7 统一资源定位器

统一资源定位器，又叫 URL（uniform resource locator），是专为标识 Internet 网上资源位置而设置的一种编址方式，平时所说的网页地址指的就是 URL。URL 的作用是指出用什么方法、去什么地方、访问哪个文件。不论身处何地、用哪种计算机，只要输入同一个 URL，就会链接到相同的网页。

URL 的表示方法如下：

传输协议：//主机 IP 地址或域名地址/资源所在路径和文件名

例如：

```
http://www.hlju.edu.cn/hlju/index.html
```

扩展阅读
5-5
HTML 代码示例

http 指超文本传输协议，www. hlju. edu. cn 是 Web 服务器域名地址，hlju 是网页所在路径，index. html 是相应的网页文件。

5.2.8 浏览器

网页浏览器（Web browser）是一种用于检索并展示万维网信息资源的应用程序。这些信息资源可为网页、图片、影音或其他内容，它们由统一资源定位符标识。信息资源中的超链接可使用户方便地浏览相关信息。

网页浏览器虽然主要用于使用万维网，但也可用于获取专用网络中的网页服务器信息或文件系统内的文件。

蒂姆·伯纳斯·李于 1990 年发明了第一个网页浏览器，并把这个发明介绍给了他在 CERN（欧洲核子研究组织）工作的朋友。从那时起，浏览器的发展就和网络的发展联系在了一起。

网景公司在 1994 年 10 月发布了他们的旗舰产品——网景导航者。网景浏览器出现之前，只有文字的浏览器界面，枯燥、乏味、操作指令难以记忆。网景公司创造的图文并茂的浏览器界面加上便捷的鼠标操作方式，为互联网的应用拉开了帷幕。

今天的浏览器除了支持 HTML 外，还兼容了更广泛的格式，例如 JPEG、PNG、GIF 等，并且能够扩展支持众多的插件。HTTP 内容类型和 URL 协议规范允许网页设计者在网页中嵌入图像、动画、视频、音频、流媒体等。目前比较常用的网页浏览器有微软的 Internet Explorer、Mozilla 的 Firefox、Apple 的 Safari、Google 的 Chrome 等。

5.3　互联网的应用

5.3.1　互联网的早期应用

虽然现在互联网的应用已经多如繁星、数不胜数，但在互联网诞生的最初 10 年里却只有很少的几个应用，如 BBS、FTP、E-mail、Telnet 等，不过，不要小看这些原始且弱小的应用，正是因为有了它们，互联网此后才诞生出如此多的应用。

1. BBS

BBS 的英文全称是 bulletin board system，翻译为中文就是"电子布告栏系统"。BBS 系统最初是为了给计算机爱好者提供一个互相交流的地方，而且只能在苹果机上运行。随着 Buss Lane 在 IBM 个人计算机上编写的 BBS 原型程序的测试成功，BBS 开始渐渐普及开来。通过 BBS 系统可随时取得各种最新的信息，也可以通过 BBS 系统来和别人讨论各种有趣的话题。

2. FTP

FTP（file transfer protocol，文件传输协议）的功能是将文件从一台计算机传输到另一台计算机。传输的文件可以是电子报表、音频、编译后的程序以及剪辑过的视频等任意类型文件。

文件传输包括上传和下载两个操作。上传（upload）是指把用户计算机上的数据传送到远程主机上，下载（download）是指把远程主机的数据传送到用户计算机上。为了保证 FTP 服务器的安全性，几乎所有的 FTP 匿名服务只允许用户下载文件，而不允许用户上传文件。

3. E-mail

E-mail（electronic mail，电子邮件）又称电子信箱，它是一种用电子手段提供信息交换的通信方式，是互联网应用最广泛的服务之一。电子邮件可以是文字、图像、音频等各种形式。通过网络的电子邮件系统，用户可以用非常低廉的价格甚至免费，以非常快速的方式，与世界上任何一个角落的网络用户联系；而且，电子邮件还可以进行一对多的邮件传递，同一邮件可以一次发送给许多人。

在使用电子邮件服务时，用户必须要有一个电子邮箱。互联网上提供免费电子邮箱的网站很多，用户可以为自己申请一个免费的电子邮箱，以后就可以方便地收发电子邮件。每个电子邮箱有一个唯一的电子邮件地址，邮件地址的格式如下：

用户名@电子邮件服务器

例如：hljdx@163.com。

4. Telnet

Telnet（telecommunication network protocol，远程登录）是互联网早期提供的基本的信息服务之一。互联网用户的远程登录，是指在远程登录（Telnet）协议的支持下使自己的计算机暂时成为远程计算机终端的过程。

只要本地计算机上安装有 Telnet 客户端程序并与互联网连接，就能够进入互联网上的任何计算机系统，像远程主机的本地终端一样进行工作，使用远程主机对外开放的软件、硬件、数据等全部资源。

5.3.2 信息检索

信息检索（information retrieval）是用户进行信息查询和获取的主要方式，是查找信息的方法和手段。狭义的信息检索仅指信息查询（information search），即用户根据需要，采用一定的方法，借助检索工具，从信息集合中找出所需要信息的查找过程。广义的信息检索是指将信息按一定的方式组织和存储起来，并根据用户的需要找出有关信息的过程。一般情况下，信息检索指的就是广义的信息检索。

网络信息量飞速膨胀，用户从海量的信息中迅速而准确地获取对自己有用的信息十分困难。因此必须要掌握一定的网络信息检索的方法、技巧及策略。

1. 信息检索方法

（1）直接用信息源查找。利用域名的命名规则查找信息源的 URL。因特网的域名结构是由若干圆点隔开的分量组成的，可简单地表示为：计算机名. 单位（或机构）. 机构所属类别（或区域）名［. 国家代码］。

（2）利用搜索引擎查找信息。搜索引擎是一种提供信息检索服务的计算机系统，是互联网产生后派生出的一个为网上用户快速查询信息的专用服务。可以说利用搜索引擎检索信息是因特网上最重要的一种手段。但要想利用有限的时间和费用，获得有效的查询信息，就必须掌握一定的使用方法与技巧。如可以选择适当的搜索引擎、使用加减号限定查找、使用双引号进行精确查找、明确搜索目标等。

常用的搜索引擎有谷歌、百度、必应、搜狗等。

（3）利用网络新闻组查找信息。新闻组，简单地说就是一个基于网络的计算机集合，新闻服务器上存在各种主题的栏目，内容覆盖社会生活的各方面，在其中的大多数新闻组中，每个人都可以自由地发布信息、提出问题或答复别人的问题，有些组里还有专家主持，解答各种问题。使用新闻组的方法很简单，用户需要有新闻组阅读器程序，并且要知道新闻组服务器的域名地址。

（4）利用已有网站的导航功能。一些网站精心挑选使用频度高或与其相关的网站以超链接的方式放在其主页上，用来给所有的网络用户提供导航。因此，登录这些网站也可以帮助用户很好地查询所需的信息。

（5）利用网上数据库查找有用信息。网络数据库是搜索引擎站点的发展和完善，不同的是，网上数据库的信息有较强的针对性，其信息资源是针对特定的用户而精心挑选的，并且还能针对自己的用户群建设特色库，以提高用户的网上查询效果。如在很多大学图书馆的网站上都有可供读者使用的专题数据库以及本校的学位论文的全文资料等。

2. 网络信息检索流程与技巧

能迅速准确地检索到互联网上这一巨大信息库的资料，用户的检索技能是至关重要的。在互联网上利用网络检索工具检索时，首先必须制定合理的检索策略，并不断调整，直至获得满意的检索结果。所设计的检索策略应能快速、准确、全面地从网上检索到所需要的信息。

在设计检索策略时要掌握以下原则。

（1）分析检索内容。要想确切了解所要信息的具体情况，就必须了解该信息的信息类型（文本、图像、音频、视频等）、信息格式（pdf、ppt、doc、xls、swf 等）、检索范围（网页、标题、软件、中文、外文）、检索时间（具体年份、近几年、近几周、近几天、当天）等。

（2）确定关键词。使用网络检索工具进行信息检索时，最主要的是确定关键词，就是输入检索框中的文字。关键词的内容可以是图片、音乐名、人名、网站、新闻、小说、软件、游戏、学校、购物、论文等。在进行检索之前，应首先把检索内容分解成一系列的基本概念，再为每个概念确定一个合适的关键词。一般搜索引擎都要求关键词一字不差。如果对检索结果并不满意，建议检查输入文字有无错误，并选用不同的关键词检索。输入多个关键词检索，可以获得更多的检索结果。当要查的关键词较长时，建议分成几个关键词来检索。大多数情况下，输入两个关键词检索，就可得到很好的检索结果了。

（3）选择合适的检索工具。网络信息检索工具多种多样，应根据不同的检索目的来选择使用搜索引擎、目录型检索工具或者网络数据库。

搜索引擎使用自动索引软件来发现、收集并标引网页，建立数据库；以 Web 形式提供给用户一个检索界面，供用户输入检索关键词、词组或短语等检索项；代替用户在数据库中找出与提问相匹配的记录；返回结果，按一定的相关度排列输出。该工具适用于检索特定的信息（如图像、mp3、新闻等）及较为专业、具体或所属类别不明确的课题。

目录型检索工具由专业人员在广泛搜集网络资源及加工整理基础上，按照各种主题分类体系编制的一种可供检索的等级结构式目录。在每个类目及子类下提供相应的网络资源站点地址，并给出简单的描述，使用户通过浏览该目录，在目录体系的导引下，检索到有关的信息。该工具比较适合查找综合性、检索准确度要求较高的课题。

网络数据库是近年来图书馆从整个网络资源的角度出发，对互联网上的相关学术资源进行有序化整理，建立学科资源数据库和检索平台，发布于网上。方便用户通过标题、关键词、作者、内容分类特征等进行检索，这就使网络信息资源的检索变得更为方便、快捷。该工具具有较强的专业性、易用性、准确性、时效性和权威性，所含内容符合主题，实用价值较高。

5.3.3　电子商务

电子商务是一个不断发展的概念，电子商务的先驱 IBM 公司于 1996 年提出了 Electronic Commerce（E-commerce）的概念，到了 1997 年，该公司又提出了 Electronic Business（E-business）的概念。

电子商务通常是指在全球各地广泛的商业贸易活动中，在因特网开放的网络环境下，基于浏览器/服务器应用方式，买卖双方不碰面地进行各种商贸活动，实现消费者的网上购物、商户之间的网上交易和在线电子支付以及各种商务活动、交易活动、金融活动和相关的综合服务活动的一种新型的商业运营模式。

目前，电子商务的主要形式有 B2B、B2C、C2C、O2O。

1. B2B

B2B（business to business）是企业与企业之间通过互联网进行产品、服务及信息的交换，最终达成交易。B2B 使企业之间的交易减少了许多事务性的工作流程和管理费用，降低了企业经营成本。网络的便利及延伸性使企业扩大了活动范围，企业发展跨地区、跨国界更方便，成本更低廉。比较著名的有阿里巴巴、中国制造网、敦煌网等。

2. B2C

B2C（business to customer）是企业对消费者的电子商务。这种形式的电子商务一般以网络零售业为主，主要借助于互联网开展在线销售活动，这种模式一方面帮助企业节约开设实体商店的成本，扩大购买者的地域空间；另一方面节省了客户时间，甚至足不出户也可以购买所需商品。B2C 类型的网站很多，如亚马逊、天猫、当当、京东商城等。

3. C2C

C2C（customer to customer）是指消费者与消费者之间的互动交易行为，它最初诞生于网上跳蚤市场。主要是将家中不用的物品如衣物、电器、书放到互联网上出售。C2C 的特点是交易物品种类非常庞大，交易人群范围广，但交易双方的信用度相对较低，需要运营此类电子商务平台的网站付出更大的管理成本。目前全球最大的 C2C 网站是淘宝网。

4. O2O

O2O（online to offline）（在线离线/线上到线下），2010 年 8 月 Alex Rampell 提出这一概念，是指将线下的商务机会与互联网结合，让互联网成为线下交易的平台。简单说就是线上（网络平台订购）交易，线下（人与人或者实体店面）服务。携程、大众点评网为中国最早的 O2O 模式，团购网站是我国目前 O2O 发展的典型方式。O2O 模式带来的不仅仅是一种消费思维和服务模式的改变，更对传统电商提出了新的挑战。

5.3.4　社交网络

社交网站（social network site，SNS）是基于互联网的一种社会交往服务，是指用户基于互联网个人空间与其他用户进行虚拟社会交往的关系网，这种提供个人空间和虚拟社交功能的网站就是社交网站，如 QQ 空间、微信朋友圈、人人网、Facebook、Twitter、LinkedIn 等平台。

成立于 2004 年的 Facebook，已经从当初哈佛的校园网站变成了现在世界上最流行的社交网站。现在根据相同话题、爱好、学习经历甚至周末出游的相同地点、应用网络的方式、进行网络社交拓展的方式，都被纳入 SNS 的范畴。

目前，社交应用与传统媒体互为补充，融合发展。一方面，传统媒体大规模入驻各类社交平台，成为社交平台优质内容的重要来源，既实现了自身向全媒体角色的转型，也提升了社交平台的可信度；另一方面，社交平台助力传统媒体实现大众化传播，同时也提升自身的影响力。社交平台以用户为核心，注重用户之间的互动、分享、传播，实现了传统媒体“内容”与社交“渠道”的深度融合。随着网络用户向移动端、社交媒体迁移，在微信、微博等社交应用的推动下，越来越多的正能量信息依托社交网络实现大众传播。例如，2018 年 11 月 17 日，人民日报发布微博开启话题“中国一点都不能少”，半天时间就获得转发 125.9 万次、评论 118 万条、点赞 94.3 万个、话题阅读量达 89.4 亿。

社交应用商业模式不断成熟。一方面，广告依然是社交平台变现的主要方式。相对于其他网络广告，社交平台广告具有社交化、视频化、智能化的特点，能基于用户的社交关系、兴趣和行为锁定目标受众，进行精准营销，大幅提升了广告投放的到达率和转化率，吸引广告主使用，社交广告市场份额不断扩大；另一方面，内容生产者能通过社交平台实现商业变现，2018 年，内容生产者在微博上的收入规模达 268 亿元。其中网红电商是目前发展最快、最主要的变现方式，2018 年，网红电商收入达 254 亿元，占比为 94.8%，同比增长 36%，商业变现能力稳步提升。

5.3.5　电子政务

电子政务是指国家机关在政务活动中，全面应用现代信息技术、网络技术以及办公自动化技术等进行办公、管理和为社会提供公共服务的一种全新的管理模式。

随着互联网、大数据、人工智能等信息技术的发展，人们的生活方式、获取公共服务需求的方式都发生了重大的变化，根据《2018 年联合国电子政务调查报告》分析显示，从全球范围内来看，电子政务持续发展；中国电子政务发展指数排名总体上不断提升，2018 年列居全球第 65 位。2018 年，我国"互联网+政务服务"得到进一步深化，各级政府运用互联网、大数据、人工智能等信息技术，通过技术创新和流程优化，增强综合服务能力，进一步提升政务服务效能。据 CNNIC 公布的《第 43 次中国互联网络发展状况统计报告》显示，截至2018 年 12 月，我国共有政府网站 17 962 个，在线政务服务用户规模达 3.94 亿，占整体网民的 47.5%。共有 31 个省、自治区、直辖市开通了微信城市服务，微信城市服务累计用户数达5.7 亿。

电子政务是信息时代的政府再造，是政府管理的一场深刻革命。在"互联网+政务服务"新模式的基础上，创建"一站式"服务平台，实现高效政务服务；进一步普及移动政务服务，不断提升在线服务质量；做好政务大数据工作，充分利用大数据技术，分析挖掘隐藏在政务数据中有价值的信息，是我国电子政务未来发展的新趋势。

扩展阅读
5-6
移动互联网

5.4　移动互联网

近年来，随着高性能的平板电脑、智能手机、智能终端的迅猛发展以及蜂窝移动通信、移动 IP、WiFi 和 WiMAX 等无线通信技术的飞跃发展，互联网用户表现出越来越显著的移动性，因此移动互联网逐渐成为网络研究和发展的热点和趋势，是互联网发展的新方向，它丰富和扩展了互联网的概念，也是下一代互联网最具活力和最重要的组成部分。

移动互联网是移动通信和互联网融合的产物，继承了移动随时、随地、随心和互联网分享、开放、互动的优势，是整合两者优势的"升级版本"，即运营商提供无线接入，互联网企业提供各种成熟的应用，移动互联网也被称为下一代互联网 Web 3.0。

5.4.1　移动互联网的发展现状

《GSMA：2018 年移动互联网连接现状报告》表明：截至 2017 年底，全球有 33 亿人接入了移动互联网，与 2016 年相比增加了近 3 亿。3G 网络的人口覆盖率达到 87%，4G 网络的人口覆盖率达到 72%，网络的平均下载速度从 2.6 Mbps 增加到 8.6 Mbps，平均上传速率从 0.9 Mbps 增加到 3.3 Mbps。虽然网络覆盖范围在不断增加，但网络质量和频谱分配问题仍是提高移动互联网普及率的主要障碍。

2018 年 6 月 20 日，移动互联网蓝皮书《中国移动互联网发展报告（2018）》在天津正式发布。报告统计分析了中国移动互联网 2017 年度发展情况，报告指出：2017 年中国移动互联网基础设施建设成就突出，4G 网络建设全面铺开，4G 基站净增 65.2 万个，总数达到 328 万个。开始 5G 第三阶段试验，并着手部署 6G 网络研发，窄带物联网也进入了快速发展部署阶段；移动互联网用户总量增长放缓，但提速降费带来用户结构优化，数据流量成倍增长，2017 年中国移动互联网接入流量达到 246 亿 GB，全年月户均移动互联网接入流量达到 1 775 MB，是 2016 年的 2.3 倍。智能手机市场趋于饱和，智能硬件、智能终端增长迅猛。智能机器人、无人机、智能家居、自动驾驶等领域实现了较大的技术突破，中国已经形成了全球最大的移动互联网应用市场。截至 2017 年 12 月底，共监测到 403 万款移动应用，移动应用市场规模达到 7 685 亿元。

5.4.2　移动互联网的接入方式

移动互联网的接入方式包括蜂窝移动网络、无线个域网（WPAN）、无线局域网（WLAN）、无线城域网（WMAN）和卫星通信网络。

蜂窝移动网络即人们经常谈论的 3G、4G、5G 等技术。蜂窝移动通信以 1986 年第一代通信技术（1G）发明为标志，经过 30 多年的爆发式增长，极大地改变了人们的生活方式，并成为推动社会发展的最重要动力之一。

WPAN 主要用于家庭网络等个人区域网场合，以 IEEE 802.15 为基础，被称为接入网的"附加一公里"。无线个域网包括蓝牙、红外、RFID、超带宽（UWB）等技术。蓝牙（bluetooth）是目前最流行的 WPAN 技术，其典型通信距离为 10 m，带宽为 3 Mbps。

WLAN 是以 IEEE 802.11 系列标准为技术依托的局域网络，被广泛称为 WiFi（无线相容性认证）网络，支持静止和低速移动，其中 802.11 的覆盖范围约 100 m，带宽可达 54 Mbps。WiFi 技术成熟，目前处于快速发展阶段，已在机场、酒店和校园等场合得到广泛应用。

WMAN 是一种新兴的适合于城域接入的技术，以 IEEE 802.16 标准为基础，常被称为 WiMAX（全球微波互联接入）网络，支持中速移动，视距传输可达 50 km，带宽可至 70 Mbps，可以为高速数据应用提供更出色的移动性，具有传输距离远、覆盖面积大、接入速度快、高效、灵活等优点。

卫星通信网络，顾名思义，就是利用人造地球卫星作为中继站来转发无线电波，从而实现两个或多个地球站（卫星通信系统中的地面通信设备）之间的通信。卫星通信具有通信区域大、距离远、频段宽、可靠性高、可移动性强、不易受自然灾害影响等优点。目前比较常见的是通过移动互联网和无线局域网来接入移动互联网。

移动互联网各种接入技术的应用环境客观上存在部分功能重叠的现象，相互补充、相互促进，具有不同的市场定位，如图 5-6 所示。

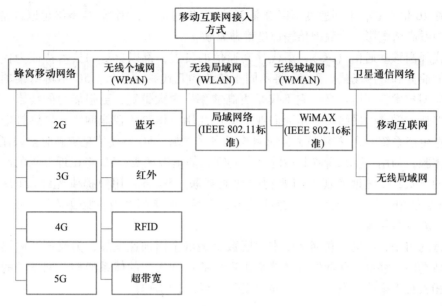

图 5-6 移动互联网接入方式

5.4.3 蜂窝移动通信技术

蜂窝移动通信，又称为小区制移动通信，由移动站、基站子系统、网络子系统组成。这种通信的特点是把整个的网络服务区划分成许多小区（cell，也就是"蜂窝"），每个小区设置一个基站，负责本小区各个移动站的联络与控制。移动站的发送或接收都必须经过基站完成。

第一代蜂窝移动通信（1G），采用模拟信号传输，即将电磁波进行频率调制后，将语音信号转换到载波电磁波上，载有信息的电磁波发布到空间后，由接收设备接收，并从载波电磁波上还原语音信息，完成一次通话。1G 时代一般只能传输语音信号，且存在语音品质低、信号不稳定、涵盖范围不够全面、安全性差和易受干扰等问题。

第二代蜂窝移动通信（2G），采用数字调制技术，因此除了基本的话音通信，它还能提供低速数字通信（短信服务）。2G 时代也是移动通信标准争夺的开始，主要通信标准有以摩托罗拉为代表的 CDMA 美国标准和以诺基亚为代表的 GSM 欧洲标准。最终随着 GSM 标准在全球范围更加广泛的使用，诺基亚击败摩托罗拉成为全球移动手机行业的霸主。

第三代蜂窝移动通信（3G），相比于 2G，3G 依然采用数字数据传输，但通过开辟新的电磁波频谱、制定新的通信标准，使得 3G 的传输速度可达每秒 384 Kb，在室内稳定环境下甚至可达每秒 2 Mb，是 2G 时代的 140 倍，能够提供移动宽带多媒体业务（话音、数据、视频等，可收发电子邮件、浏览网页、进行视频会议等）。3G 被视为开启移动通信新纪元的关键。3G 现有三个无线接口国际标准，即美国提出的 CDMA2000（中国电信使用）、欧洲提出的 WCDMA（中国联通使用）和中国提出的 TD-SCDMA（中国移动使用）。

第四代蜂窝移动通信（4G），是在 3G 基础上发展起来的，采用更加先进的通信协议的第四代移动通信网络。对于用户而言，2G、3G、4G 网络最大的区别在于传输速度不同，4G 网络作为新一代通信技术，在传输速度上有着非常大的提升，理论上网速度是 3G 的 50 倍，实际体验也在 10 倍左右，上网速度可以媲美 20 Mbps 家庭宽带，因此 4G 网络可以具备非常流畅的速度，观看高清电影、大数据传输速度都非常快。

第五代蜂窝移动通信（5G），历代移动通信的发展，都以典型的技术特征为代表，同时诞生出新的业务和应用场景。而 5G 将不同于传统的几代移动通信，5G 不再由某项业务能力或者某个典型技术特征所定义，它不仅是更高速率、更大带宽、更强能力的技术，而且是一个多业务多技术融合的网络，更是面向业务应用和用户体验的智能网络，最终打造以用户为中心的信息生态系统。5G 将渗透到未来社会的各个领域，5G 将使信息突破时空限制，提供极佳的交互体验，为用户带来身临其境的信息盛宴，如虚拟现实；5G 将拉近万物的距离，通过无缝融合的方式，便捷地实现人与万物的智能互联。5G 将为用户提供光纤般的接入速率，"零"时延的使用体验，千亿设备的连接能力，为网络带来超百倍的能效提升，最终实现"信息随心至，万物触手及"。

在不远的将来，移动互联网将助推中国数字经济全面加速发展，为改革开放培育新增长点，形成新动能；移动互联网领域必然会出现新的更加实用的体系架构，创新型的应用模式和崭新的相关技术解决方案等，推动移动互联网不断走向成熟。

5.5 互联网+

2012 年 11 月，易观首席执行官于扬在易观第五届移动互联网博览会上的发言首次提到了"互联网+"的概念。在 2015 年全国两会上，腾讯公司首席执行官马化腾曾在《关于以"互联网+"为驱动，推进我国经济社会创新发展的建议》中呼吁，希望"互联网+"生态战略能够被国家采纳，成为国家战略。2015 年 3 月 5 日，在十二届全国人大三次会议上，李克强总理在政府工作报告中首次提出"互联网+"行动计划，表示将推动移动互联网、云计算、大数据、物联网等与现代制造业结合，促进电子商务、工业互联网和互联网金融健康发展，引导互联网企业拓展国际市场。可见，"互联网+"已经从行业关注热点上升到国家顶层设计，从信息科技产业发展到包括传统行业在内的各个行业的跨界融合，成为国家经济社会发展的重要战略。

"互联网+"是把互联网的创新成果与经济社会各领域深度融合，推动技术进步、效率提升和组织变革，提升实体经济创新力和生产力，形成更广泛的以互联网为基础设施和创新要素的经济社会发展新形态。

目前"互联网+"已全面融入传统行业，如金融、医疗、教育、通信、交通、零售等领域，并取得了长足发展。

在金融领域，以支付宝、余额宝为代表，"互联网+金融"催生了第三方支付、网络借贷、众筹、配资、金融资产网上销售和互联网金融媒体等业务，一方面弥补了传统金融服务的不足，有利于实现普惠金融；另一方面有利于发挥民间资本作用，提升资金配置效率和金融服务质量，推动金融创新。

在医疗领域，在线挂号、智能导诊、线上问诊、用药查询、患者互助等服务取得较大发展，不仅方便了患者就诊，而且有助于优化医疗资源的分配，提高医疗服务的效率，一定程度上改善了看病难、看病贵等问题。

在教育领域，在线教育新模式开始兴起，更有效地整合了线上线下教育资源，人们可以在线进行中小学、大学、职业教育和技能培训等。与线下教育相比，在线教育可突破时空限制，结合移动终端实现碎片化学习，教学内容更加多元化。

在通信领域，"互联网+通信"有了即时通信，QQ、淘宝旺旺、YY 语音、微信等即时通信工具应用十分普遍，而各类聊天 App 也层出不穷，不仅给人们的日常联络带来了极大的便利，还降低了通信成本。

在交通领域，从国外的 Uber 到国内的滴滴，"互联网+"催生了一批打车、拼车、专车软件，更好地满足用户多样化的出行需求。物联网、移动互联网等技术实现的跨地域、跨类型交通运输信息的互联互通和交通大数据的挖掘分析，将全面提升交通运输行业的服务品质和交通运输管理决策能力。

在零售领域，零售业和互联网的结合更加紧密，淘宝、天猫、京东和当当等电商蓬勃发展，同比增长速度远高于全社会消费品零售总额增速。目前也正将利用互联网的无界性特征，将侧重点放在农村电商、行业电商和跨境电商等方面。

事实上，"互联网+"不仅已全面应用到第三产业，催生了"互联+金融""互联网+教育""互联网+通信"等新业态，而且正在向第一、第二产业渗透。工业方面，从消费品工业向协同制造和新能源、新材料等工业领域发展，全面推动传统工业生产方式的转变；农业方面，农业生产由生产导向向消费导向转变，完善新型的农业生产经营体系，为农业发展带来了新机遇。

预计到 2025 年，网络化、智能化、服务化、协同化的"互联网+"产业生态体系基本完善，"互联网+"新经济形态初步形成，"互联网+"将成为经济社会创新发展的重要驱动力量。

本章小结

本章阐述了互联网的起源，简要回顾互联网在中国的发展历程和现状；详细介绍了互联网的关键技术和应用领域；概述了移动互联网的发展现状和技术基础；阐述了互联网发展的新业态——"互联网+"的战略思想及其主要应用。

思考与练习

1. 简答题

（1）列举信息检索的主要方式。

（2）简述 DNS 的主要作用。

（3）简述 IP 地址与 MAC 地址的区别。

2. 填空题

（1）WWW 网页是基于_____编写的。

（2）WWW 服务采用客户机/服务器工作模式，它以 HTML 与_____为基础，为用户提供界面一致的信息浏览系统。

（3）_____年，钱天白教授发出我国第一封电子邮件"越过长城，通向世界"，揭开了中国人使用 Internet 的序幕。

（4）_____就是给每个连接在互联网上的主机（或路由器）分配一个在全世界范围是唯一的 32 位的标识符。

（5）HTTP 的中文含义是_____。

（6）TCP/IP 是网络协议，其中 TCP 表示_____。

（7）IPv6 版本的 IP 地址将是_____位。

（8）域名和 IP 地址通过_____服务器转换。

（9）电子邮件 E-mail 地址中必定有一分隔符_____。

（10）我国于_____年正式接入 Internet。

（11）域名 EDU 表示_____。

（12）网络协议的三个要素是语法、_____和时序。

（13）使用_____来标识万维网上的各种资源所在的位置。

（14）自_____年 11 月，中国实行域名实名制。

（15）移动互联网是_____和互联融合的产物。

3. 选择题

（1）局域网使用的数据传输介质有同轴电缆、光纤和（　　　）。

    A）电话线　　　　　　B）双绞线　　　　　　C）总线　　　　　　D）电缆线

（2）以下不属于无线介质的是（　　　）。

    A）激光　　　　　　　B）电磁波　　　　　　C）光纤　　　　　　D）微波

（3）Internet 采用域名地址的原因是（　　　）。

    A）一台主机必须用域名地址标识

    B）一台主机必须用 IP 地址和域名共同标识

    C）IP 地址不能唯一标识一台主机

    D）IP 地址不便于记忆

（4）在 IPv4 中，IP 地址用（　　　）个字节表示。

    A）2　　　　　　　　　B）3　　　　　　　　　C）4　　　　　　　　　D）8

（5）Web 上每一个网页都有一个独立的地址，这些地址称作统一资源定位器，即（　　　）。

    A）WWW　　　　　　B）URL　　　　　　　C）HTTP　　　　　　D）USL

（6）关于 HTML 的描述正确的是（　　　）。

    A）超文本标记语言

    B）指的是多媒体信息

    C）是 WWW 中遵循的协议

    D）只能用 FrontPage 此类的网页制作工具实现

（7）在域名标识中，用于标识商业组织的代码是（　　）。

　　A）com　　　　　　B）gov　　　　　　C）mil　　　　　　D）org

（8）1969 年世界上诞生的第一个计算机网络是（　　）。

　　A）NSFNet　　　　B）ChinaNet　　　　C）ARPANet　　　　D）Intranet

（9）下面（　　）是有效的 IP 地址。

　　A）202. 280. 130. 45　　　　　　　　B）130. 192. 290. 45

　　C）192. 202. 130. 45　　　　　　　　D）280. 192. 33. 45

（10）（　　）年开始，TCP/IP 协议成为 ARPANet 上的标准协议，使得所有使用 TCP/IP 协议的计算机都能利用互联网相互通信。

　　　　A）1969　　　　　B）1983　　　　　C）1994　　　　　D）1984

（11）亚马逊属于（　　）形式的电子商务方式。

　　A）B2B　　　　　B）B2C　　　　　C）C2C　　　　　D）O2O

（12）2015 年 3 月，在全国两会上，全国人大代表（　　）提交了《关于以"互联网+"为驱动，推进我国经济社会创新发展的建议》的议案，表达了对经济社会创新的建议和看法。

　　A）马云　　　　　B）马化腾　　　　C）刘强东　　　　D）王石

（13）（　　）在易观第五届移动互联网博览会上首先提出了"互联网+"，并做了相关解读。

　　　　A）马云　　　　　B）马化腾　　　　C）于扬　　　　　D）刘强东

（14）（　　）是目前最流行的 WPAN 技术，其典型通信距离为 10 m，带宽为 3 Mbps。

　　A）WiFi　　　　　B）蓝牙　　　　　C）红外线　　　　D）RFID

（15）电子政务是指在"互联网+政务服务"新模式的基础上，创建（　　）服务平台，实现高效政务服务。

　　A）跨级式　　　　B）一站式　　　　C）多级式　　　　D）数字式

第 6 章
物联网

电子课件

物联网被认为是继计算机、互联网之后世界信息产业发展的第三次浪潮，与互联网只有一字之差，"差"在哪里？物联网中如何让物品表明身份，实现人—物相连、物—物相连？物联网丰富的应用外延都有哪些？通过本章的学习，将对物联网技术有较全面的认识和初步的理解。

6.1 物联网概述

物联网是新一代信息技术的重要组成部分，也是"信息化"时代的重要发展阶段。其英文名称是"Internet of things（IoT）"。顾名思义，物联网就是物物相连的互联网。这有两层意思：其一，物联网的核心和基础仍然是互联网，是在互联网基础上延伸和扩展的网络；其二，物联网用户端延伸和扩展到了任何物品与物品之间，物与物之间进行信息交换和通信，也就是物物相息。物联网通过智能感知、识别技术与普适计算等通信感知技术，广泛应用于网络的融合中，也因此被认为是继计算机、互联网之后世界信息产业发展的第三次浪潮，是科技不断发展的产物。随着移动网络技术的发展，物联网这一新兴产业随之发展壮大，几乎涉及人们生活中的所有行业。

6.1.1 物联网的起源

1. 物联网的起源

20 世纪 80 年代初，卡内基·梅隆大学内的特殊自动售货机和剑桥大学内引起百万人关注的一只名为"特洛伊"的咖啡壶，是人们在讨论物联网起源时经常会提到的两个有趣的案例。

物联网理念最早可追溯到比尔·盖茨 1995 年所著的《未来之路》一书。在《未来之路》一书中曾提及物物互联，但在当时的技术条件下并不能真正实现书中所设想的愿景，因此书中所提及的概念未引起广泛重视。1998 年，美国麻省理工学院（MIT）的 Kevin Ashton 教授在美国召开的移动计算和网络会议上首次提出物联网的构想。1999 年美国麻省理工学院建立了"自动识别中心"（Auto-ID），提出"万物皆可通过网络互联"，首次从技术的角度阐明了物联网的基本含义，即依托射频识别（RFID）技术的物联网络。2004 年起，日本、韩国等将"泛在运算"概念进一步拓展转化为"U 社会"和"泛在社会"（ubiquitous society）的理念。两国政府还以此为基础，设立了庞大的投资项目，建设"泛在日本"（U-Japan）和"泛在韩国"（U-Korea）。2005 年 11 月 17 日，在突尼斯举行的信息社会世界峰会（WSIS）上，国际电信联盟（ITU）发布《Internet Reports 2005：The Internet of Things》报告，正式提出了物联网的概念。报告指出射频识别技术、传感器技术、纳米技术、智能嵌入技术将得到更加广泛的应用。物联网的定义和范围已经发生了变化，覆盖范围有了较大的拓展，不再只是指基于 RFID 技术的物联网。

2008 年以后，为了促进科技发展，寻找经济新的增长点，各国政府开始重视下一代的技术规划，将目光放在了物联网上。在中国，2008 年 11 月在北京大学举行的第二届中国移动政务研讨会"知识社会与创新 2.0"上提出移动技术、物联网技术的发展代表着新一代信息技术的形成，并带动了经济社会形态、创新形态的变革，推动了面向知识社会的以用户体验为核心的下一代创新（创新 2.0）形态的形成，创新与发展更加关注用户、注重以人为本。而创新 2.0 形态的形成又进一步推动新一代信息技术的健康发展。

欧洲智能系统集成技术平台（EPOSS）在 2008 年 5 月 27 日发布了 *Internet of Things in 2020* 报告，该报告分析预测了物联网的发展，认为 RFID 和相关的识别技术是物联网的基石，建议更加重视 RFID 的应用及物体的智能化。

2009 年 1 月 28 日，奥巴马就任美国总统后，与美国工商业领袖举行了一次"圆桌会议"，作为仅有的两名代表之一，IBM 首席执行官彭明盛首次提出"智慧地球"这一概念，提出将物联网信息化技术应用到人们日常的社区基础设施建设中，建议新政府投资新一代的智慧型基础设施。当年，美国将"新能源"和"物联网"列为振兴经济的两大重点。美国提出"智慧的地球、物联网和云计算"表明了其想继续作为新一轮 IT 技术革命的领头羊。美国政府在经济刺激计划中划出数百亿美元支持物联网发展，支持 IBM 的"智慧的地球"，目前美国在 RFID EPC Global 已取得主导地位，而美国国防部开展的"智能微尘"更是在军事、民用两大方面对物联网的发展产生深远的影响。

欧盟物联网研究项目组（CERP-IoT）在 2009 年 9 月 15 日发布的研究报告认为：物联网是未来 Internet 的一个组成部分，可以被定义为基于标准的和可以互操作的通信协议且具有自配置能力的动态的全球网络基础架构。物联网中的"物"都具有标识、物理属性和实质上的个性，使用智能接口，实现与信息网络的无缝整合。

我国政府也高度重视物联网的研究和发展。2009 年 8 月，温家宝"感知中国"的讲话把我国物联网领域的研究和应用开发推向了高潮，无锡市率先建立了"感知中国"研究中心，中国科学院、运营商、多所大学在无锡建立了物联网研究院，无锡市的江南大学还建立了全国首家实体物联网工厂学院。自温家宝提出"感知中国"以来，物联网被正式列为国家五大新兴战略性产业之一，写入政府工作报告，物联网在中国受到了全社会极大的关注，"传感网""物联网"一夜之间成为热词，其受关注程度是美国、欧盟以及其他各国不可比拟的。我国政府高层一系列的重要讲话、报告和相关政策措施表明：大力发展物联网产业将成为今后一项具有国家战略意义的重要决策。

2. 比尔·盖茨与《未来之路》

在 1995 年，比尔·盖茨出版了自己的第一本书《未来之路》。这本书揭示了微软成功的秘密，预言了计算机行业的未来。

在讨论物联网产生与发展过程时，人们总是会提起比尔·盖茨与他的《未来之路》这本书。《未来之路》一书在第 1 章的开头就提出了这样的设想：当功能强大的信息机器与信息高速公路连通以后，你可以同任何地点、任何想与你联络的人保持联系，你丢失的或被盗窃的照相机将向你发出信号，告诉你它所在的准确位置。而后，比尔·盖茨又设想了一个应用场景：假定你在开车时想找一家新餐馆，并想看看它的菜单、酒水单和当天的特色菜，计算机系统会帮你找到。接下来你需要预订座位，并需要一张地图来了解目前的交通情况。当你发出相应的指令之后，便可以一边开车，一边等待计算机系统打印或者是聆听系统通过语音方式朗读出来的信息。而且，这些信息是实时的、不断更新的。今天，当我们再次读到这一段文字时就会发现：这正是目前在物联网中讨论的"位置服务"与"智能交通"的应用的场景。

在《未来之路》的第 10 章"不出户，知天下"中，比尔·盖茨用两句话描述这所房子："我的房子用木材、玻璃、水泥、石头建成"，同时"我的房子也是用硅片和软件建成的"。"硅片微处理器和内存条的安装以及使它们起作用的软件，使得房子接近于信息高速公路在几年内将会带入数百万家庭的那些特征"。而这正是人们现在描述的物联网中"物理世界与信息世界融合"与"智能家居"的应用场景。

《未来之路》中描述道："如果您的孩子需要零花钱，您可以从计算机钱包中给他转 5 美元。另外，当您驾车驶过机场大门时，电子钱包将会与机场购票系统自动关联，为您购买机票，而机场的检票系统将会自动检测您的电子钱包，查看是否已经购买机票。"如今的信用卡、网上支付、移动支付、eBay 服务、电子机票最接近比尔·盖茨的预测，它们共同开启了电子商务时代。

比尔·盖茨还在书中引入了一种"电子胸针"。比尔·盖茨在西雅图华盛顿湖畔的住所如图 6-1 所示，当客人进入他的住所时，首先佩戴上一个电子胸针，这个电子胸针把来访者与房子中的各种信息服务联系起来。有了电子胸针，房子会知道你是谁、你在哪里，并将根据这些信息尽量满足，甚至预见你的需求。当你沿着大厅走动时，你前面的灯光会逐渐变强，而后面的灯光逐渐消失。音乐会随着来访者一起移动，而其他人却听不到声音。电影与新闻将跟着你在房子里移动。如果有一个需要来访者接听的电话，那么只有离来访者最近的电话机才会响。手持遥控器能够扩大电子胸针的控制能力。来访者可以通过遥控器发出指令，比如从数千张图片、录音、电影、电视节目中选择所需要的信息。所有这些描述与我们目前对于物联网的物—物相连的设想非常相似，这也证实了比尔·盖茨的一个预言："我要用的技术在现在是试验性的，但过一段时间我正在干的部分事情会被广为接受。"

图 6-1 比尔·盖茨的西雅图华盛顿湖畔的住所

《物联网概论》一书中这样写道：我们不能不对比尔·盖茨的很多预见表示钦佩。他的这些预言对于我们今天理解物联网发展背景有着很好的启示作用。

6.1.2 物联网的发展现状

2018 年 12 月，在中国信息通信研究院（简称"信通院"）主办的"第二届全球物联网峰会"上，中国信通院发布了《物联网白皮书（2018 年）》。白皮书中概述了五大洲主要国家的物联网建设和产生发展状况。

当前，随着物联网与移动互联网相结合的移动物联网的出现，可穿戴设备、智能硬件、智能家居、车联网、健康养老等规模化的消费类应用越来越多。物联网与工业、农业、能源等传统行业深度融合形成行业物联网，成为行业转型升级所需的基础设施和关键要素。基于物联网的城市立体化信息采集系统正加快构建，智慧城市的发展进入新阶段。物联网不再仅限于对家庭和个人提供消费升级的一些新产品，而是已经对人们的衣食住行等各方面产生作用，从一定程度上改变了人们的生活。

2018 年智能家居市场规模前五的国家分别为美国、中国、日本、德国、英国，其中中国智能家居市场规模约为 65.32 亿美元，位列全球第二。

物联网关键技术产业进展情况如下。

（1）传感器成本持续走低，应用微创新特征显现。

（2）芯片产业格局初步形成，市场潜力巨大。

（3）模组产业竞争激烈，注重高附加值发展。

（4）网络接入侧进展迅速，核心网侧突破缓慢。

（5）平台功能更加完备，开放性不断提升。

2018 年，阿里巴巴、腾讯、百度、IDG 资本、红杉资本中国等风投机构都在不同程度上布局物联网产业链，准备分享具有万亿级体量的大蛋糕。其中，2018 年 8 月，由红杉资本中国基金领投，深创投、旦恩资本、众投邦跟投，对国内存储主力供应商深圳市芯天下技术有限公司投资 2.6 亿元，芯天下获得融资后，将重点布局物联网领域。

6.1.3　物联网平台研究现状

随着物联网技术的迅猛发展，物联网平台也在各个行业落地开花，各国政府企业相继开发自己的物联网平台，以抢占市场。

亚马逊公司早在 2006 年就推出了全球最早的云计算平台 AWS（Amazon Web services，亚马逊网上服务），并一直保持着云计算平台领域最高的市场占有率。得益于 AWS 云计算服务的保障，亚马逊公司于 2017 年发布的 AWS LoT 平台也在物联网平台领域获得了巨大的成功。

微软公司开发的 Azure 物联网平台具有设备管理、规则引擎、身份授权、数据监控等功能，并提供 Stream Analytics 工具套件实现实时大数据处理。

谷歌公司一直在采用各种技术来驱动物联网应用，Google Cloud IoT Core 是谷歌公司发布的一款全面的物联网管理云服务平台，其最大的特点是基于无服务器的计算框架建设，使得部署在平台上的应用程序可以根据需要动态扩展和缩小。

IBM 公司开发的 Watson 物联网平台可提供对物联网设备和数据的高效应用程序访问，帮助用户快速编写分析应用程序、可视化仪表板和移动物联网应用程序，可执行强大的设备管理操作，并存储和访问设备数据，连接各种设备和网关设备，此外，Watson 物联网平台通过使用 MQTT（消息队列遥测传输）协议，保障了设备与平台之间通信的安全可靠。

目前，我国物联网已初步形成了完整的产业体系，具备了一定的技术、产业和应用基础，在中央政府和各地各部门的不懈努力下，我国物联网发展取得了显著成效。阿里巴巴、百度、腾讯等公司相继发展了各自的物联网产业，建设物联网平台。

2016 年 7 月百度推出了名为"天工"的智能物联网平台，以百万数据点每秒的读写性能、超高的压缩率、端到端的安全防护和无缝对接智能大数据平台的能力，为客户提供极速、安全、高性价比的智能物联网服务，"天工"平台是更侧重于面向工业制造、能源、物流等行业的产业物联网平台。

2017 年 6 月 10 日，在 IoT 合作伙伴计划大会上，阿里巴巴集团联合近 200 多家 IoT 产业链企业宣布成立 IoT 合作伙伴联盟，随后 10 月 12 日，阿里云在云栖大会上发布了 Link 物联网平台，将借助阿里云在云计算、人工智能领域的积累，将物联网打造为智联网。Link 物联网平台将建设物联网云端一体化使能平台、物联网市场、ICA（IoT connectivity alliance）全球标准联盟三大基础设施，推动生活、工业、城市三大领域的智联网建设。

2014 年 10 月，"QQ 物联智能硬件开放平台"发布，将 QQ 账号体系及关系链、QQ 消息通道能力等核心能力，提供给可穿戴设备、智能家居、智能车载、传统硬件等领域合作伙伴，实现用户与设备及设备与设备之间的互联互通互动，充分利用和发挥腾讯 QQ 的亿万手机客户端及云服务的优势，更大范围帮助传统行业实现互联网化。

6.2 物联网的定义、特点及体系架构

6.2.1 物联网的定义

物联网到现在为止还没有一个约定俗成的公认概念，总体来说，它是指各类传感器和现有的互联网相互衔接的一项新技术。"物联网"是在"互联网"概念的基础上，将其用户端延伸和扩展到任何物品与物品之间进行信息交换和通信的一种网络概念。物联网是通过射频识别（RFID）、红外感应器、全球定位系统、激光扫描器等信息传感设备，按约定的协议，把任何物品与互联网连接起来，进行信息交换和通信，以实现智能化识别、定位、跟踪、监控和管理的一种网络。

相比于传统的互联网，物联网有其自身的基本特征：首先，它是各种感知技术的广泛应用；其次，它是一种建立在互联网上的泛在网络；最后，它本身具有智能处理的能力。

物联网上部署了海量的多种类型传感器，每个传感器都是一个信息源，不同类别的传感器所捕获的信息内容和信息格式不同。传感器获得的数据具有实时性，按一定的频率周期性地采集环境信息，不断更新数据。所以，物联网是各种感知技术的广泛应用。

物联网技术的重要基础和核心仍旧是互联网，通过各种有线和无线网络接入互联网融合，将物体的信息实时准确地传递出去。在物联网上的传感器定时采集的信息需要通过网络传输，由于其数量极其庞大，形成了海量信息，也是"大数据"的一个重要来源，在传输过程中，为了保障数据的正确性和及时性，必须适应各种异构网络和协议。所以，物联网是一种建立在互联网上的泛在网络。

互联网已成为人与人交流沟通、传递信息的纽带，互联网是物联网的基础，物联网是互联网的延伸，互联网和物联网相互促进，共同造福人类。

6.2.2　物联网的特点

物联网是通过各种感知设备和互联网连接物与物，实现全自动、智能化采集、传输与处理信息，达到随时随地进行科学管理目的的一种网络。所以，"网络化""物联化""互联化""自动化""感知化""智能化"是物联网的基本特征。

1. 网络化

网络化是物联网的基础，无论是 M2M（机器到机器）、专网，还是无线、有线传输信息，感知物体都必须形成网络状态；不管是什么形态的网络，最终都必须与互联网相连接，这样才能形成真正意义上的物联网，目前所谓的物联网，从网络形态来看，多数是专网、局域网，只能算是物联网的雏形。

2. 物联化

人与物相连、物与物相连是物联网的基本要求之一。计算机和计算机连接成互联网，可以帮助人与人之间交流。而"物联网"就是在物体上安装传感器、植入微型感应芯片，然后借助无线或有线网络，让人们和物体"对话"，让物体和物体之间进行"交流"。可以说，互联网完成了人与人的远程交流，而物联网则完成人与物、物与物的即时交流，进而实现由虚拟网络世界向现实世界的连接转变。

3. 互联化

物联网是一个多种网络的接入、应用技术的集成，让人与自然界、人与物、物与物进行交流的平台，因此，在一定的协议关系下实行多种网络融合，分布式与协同式并存是物联网的显著特征，与互联网相比，物联网具有很强的开放性，具备随时接纳新器件、提供新服务的能力，即自组织、自适应能力。这既是物联网技术实现的关键，也是其吸引人的魅力所在。

4. 自动化

物联网具备的"自动化"性能包括通过数字传感设备自动采集数据；根据事先设定的运算逻辑，利用软件自动处理采集到的信息，一般不需人为的干预；按照设定的逻辑条件，如时间、地点、压力、温度、湿度、光照等，可以在系统的各个设备之间自动地进行数据交换或通信；对物体的监控和管理实现自动指令执行。

5. 感知化

物联网离不开传感设备。射频识别（RFID）装置、红外感应器、全球定位系统、激光扫描器等信息传感设备，就像视觉、听觉和嗅觉器官对于人的重要性一样，它们是物联网不可或缺的关键元器件。有了它们才可以实现近（远）距离、无接触、自动化感应和数据读出、数据发送等。

6. 智能化

所谓"智能"就是指个体对客观事物进行合理分析、判断及有目的地行动和有效地处理周围环境事宜的综合能力。物联网的产生是微处理技术、传感器技术、计算机网络技术、无线通信技术不断发展融合的结果。从其"自动化""感知化"要求来看，它已经能代表人、代替人"对客观事物进行合理分析、判断及有目的地行动和有效地处理周围环境事宜"，智能化是其综合能力的表现。

6.2.3 物联网的体系架构

物联网作为一种形式多样的聚合性复杂系统，涉及信息技术自上而下的每一个层面，通常认为物联网具有三个层次，即感知层、网络层和应用层，如图6-2所示。

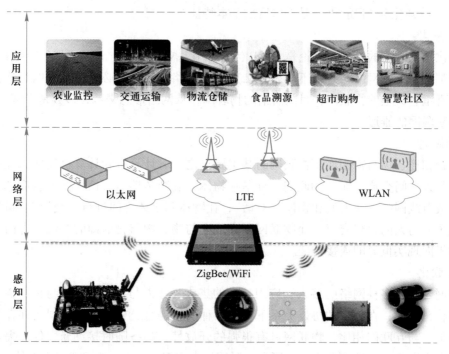

图6-2 物联网体系架构

感知层相当于人体的皮肤和五官，用于识别物体、采集信息，处于物联网三层架构的最底层，是物联网中最基础的连接与管理对象。网络层相当于人体的神经中枢和大脑，是对感知层采集的信息进行安全无误的传输，对收集到的信息进行分析处理，并将结果提供给应用层，处于物联网三层架构的中间层，是物联网的传输中心。应用层相当于人的社会分工，为用户提供丰富的服务功能，用户通过智能终端在应用层上定制需要的服务信息，如查询信息、监控信息、控制信息等，是物联网与各行业的深度融合。

1. 感知层

物联网要实现物与物的通信，其中"物"的感知是非常重要的。感知是物联网的感觉器官，用来识别物体、采集信息。"物"能够在空间和时间上存在和移动，可以被识别，一般可以通过实现分配的数字、名字或地址对"物"加以编码，然后加以辨识。在物联网中，"物"既包括电器设备和基础设施，如家电、计算机、建筑物等，也包括可以感知的因素，如温度、湿度和光线等。

感知层利用最多的是 RFID、无线传感器、摄像头、GPS 等技术，感知层的目标是利用上述诸多技术形成对客观世界的全面感知。在感知层中，物联网的终端是多样性的，现实世界中越来越多的物理实体要实现智能感知，这就涉及众多的技术层面。在与物联网终端相关的多种技术中，核心是要解决智能化、低功耗、低成本和小型化的问题。

2. 网络层

网络层的主要作用是把下层（感知层）设备接入互联网，供上层服务使用。它与目前主流的移动通信网、互联网、企业内部网、各类专网等网络一样，主要承担着数据传输的功能。在物联网中，要求网络层能够把感知层感知到的数据无障碍、高可靠性、高安全性地进行传送，它解决的是感知层所获得的数据在一定范围内，尤其是远距离的传输问题。同时，物联网网络层将承担比现有网络更大的数据量，面临更高的服务质量要求，所以现有的网络尚不能满足物联网的需求，这就意味着物联网需要对现有网络进行融合和扩展，利用新技术以实现更加广泛和高效的互联功能。

网络层为实现"物—物相连"的需求，需进一步综合应用移动 IP、现场总线、超宽带无线传输技术、移动通信技术、WiMAX 技术及蓝牙等有线、无线通信技术，实现有线与无线的结合、宽带与窄带的结合、感知网与通信网的结合。

3. 应用层

网络应用正从早期的以数据服务为主要特征的文件传输、电子邮件，到以用户为中心的应用，如万维网、电子商务、视频点播、在线游戏、社交网络等，再发展到物品追踪、环境感知、智能物流、智能交通等。因此，物联网应用层的任务是将各类物联网的服务以用户需要的形式呈现出来，提供一个"按需所取"的综合信息服务平台。在这个平台上，使用者不必了解服务的实现技术，也不必了解服务来自哪里，只需要关注服务能否满足自己的使用要求。相关的技术包括高性能计算、数据库与数据挖掘、云计算、SOA（面向服务的架构）、中间件、虚拟化与资源调度等。

总而言之，技术的选择应以应用为导向，根据具体的需求和环境，选择合适的感知技术、联网技术和信息处理技术。

6.3　物联网的相关技术

从概念说起，物联网的范畴极其宽泛。简单说，从智慧城市，例如照明、停车以及交通，都可以被连接并有效地管理起来；到移动健康，包括病人的诊断、病人情况的跟踪、各种环境监控；到智能家居，譬如水表、电表、燃气表等自动抄表；到楼宇的安全及智能化、工业自动化的控制；到零售商业及资产追踪；再到个人财产的安全监控、小朋友的足迹追踪……如此多样复杂的场景，无法只通过一个技术、一个网络、一个系统触发所有服务，其技术之灵活，要根据实际情况所需的通信能力和计算能力决定。

技术的不断创新加速了物联网的发展进程。而在物联网发展的过程中涉及的核心技术包括射频识别技术（RFID 标签）、条形码技术、无线通信技术、传感器技术以及智能信息识别等，如图 6-3 所示。

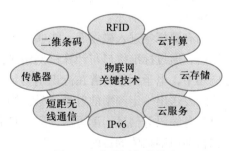

图 6-3　物联网相关技术

6.3.1 射频识别技术

射频识别技术（radio frequency identification，RFID），利用射频信号通过空间耦合（交变磁场或电磁场）实现无接触信息传递并通过所传递的信息达到自动识别的目的。RFID 作为一种十分有效的感知手段，是物联网感知层的重要技术支撑。

RFID 的基本技术起源于第二次世界大战时期，主要应用于军事领域，被用来识别敌我双方的军事装备。由于成本较高，在战后该技术并未很快在民用领域得到广泛应用，直到 20 世纪 80 年代，随着大规模集成电路、可编程存储器、微处理器以及软件技术和编程语言的发展，欧洲开始率先将 RFID 技术应用到公路收费等民用领域。到 21 世纪初，RFID 迎来了一个崭新的发展时期，其在民用领域的价值开始得到世界各国的广泛关注，RFID 技术大量应用于生产自动化、门禁、公路收费、停车场管理、身份识别、货物跟踪等民用领域中，其新的应用范围还在不断扩展，层出不穷。

1. RFID 系统构成

RFID 系统一般由电子标签（tag）、读写器（reader）和天线（antenna）三部分组成。电子标签由耦合元件及芯片组成，每一个标签具有唯一的 RFID 编码，附着在物体上，用来标识目标对象。读写器是读取或写入标签信息的设备，可设计为手持式或固定式。天线与读写器相连，用于在标签和读写器之间传递射频信号，读写器可以连接一个或多个天线，但每次使用时只能激活一个天线。

根据 RFID 标签是否内置电源，RFID 标签可以分为被动式标签（passive tag）、主动式标签（active tag）和半主动式标签三种类型。主动式标签因标签内有电源又被称为有源标签，其作用距离较远，体积较大，成本较高，且不适合在恶劣环境下工作。被动式标签因标签内没有电源设备又被称为无源标签。被动式标签内部的集成电路通过接收由读写器发出的电子波进行驱动，向读写器发送数据。作用距离相对有源标签短一些，但寿命长，对工作环境的要求不高。半有源式标签兼有被动式标签和主动式标签的所有优点，内部携带电池，能够为标签内部计算提供电源。但它的通信并不需要电池提供能量，而是像被动式标签一样，通过读写器发射的电磁波获取通信能量。

2. RFID 系统工作原理

当无源标签进入磁场后，如果接收到读写器通过天线发出的特殊射频信号，就能凭借感应电流所获得的能量发送出存储在标签内芯片中的产品信息。例如，在读取二代身份证信息时，就需要有专用的二代身份证阅读器感应身份证内部线圈发出的射频信号。二代身份证内部结构如图 6-4 所示。

当有源标签进入磁场后，能够主动发送某一频率的信号给读写器。当读写器读取信息并解码后，通过标准接口与计算机网络进行通信，由后台计算机系统进行有关数据处理。在实际应用中，电子标签附着在待识别物体的表面，其中保存有约定格式的电子数据。读写器通过天线发送出一定频率的射频信号，当标签进入该磁场时产生感应电流，同时利用此能量发送出自身编码等信息，读写器读取信息并解码后传送至后端处理系统并进行相关处理，从而达到自动识别物体的目的。

图 6-4　二代身份证内部结构

3. RFID 技术衍生的产品

（1）无源 RFID 产品：此类产品需要近距离接触式识别，比如饭卡、银行卡、公交卡和身份证等，这些卡的类型都是在工作识别时需要近距离接触，主要工作频率有低频 125 kHz、高频 13.56 MHz、超高频 433 MHz 和 915 MHz。这类产品也是人们生活中比较常见，也是发展比较早的产品，如图 6-5 所示。

扩展阅读

6-3

生物识别技术简介

图 6-5　无源 RFID 产品

（2）有源 RFID 产品：这类型的产品则具有远距离自动识别的特性，所以相应地应用到一些大型环境下，比如智能停车场、智慧城市、智慧交通等领域，它们的主要工作频率有微波 2.45 GHz 和 5.8 GHz，超高频 433 MHz。

（3）半有源 RFID 产品：顾名思义就是有源 RFID 产品和无源 RFID 产品的结合，它结合两者的优点，在低频 125 kHz 频率的触发下，让微波 2.45 GHz 发挥优势，解决了有源 RFID 产品和无源 RFID 产品不能解决的问题，比如门禁出入管理、区域定位管理及安防报警等方面的应用，近距离激活定位、远距离传输数据。

6.3.2　条形码技术

1. 一维条码

一维条形码是将宽度不等的多个黑条和空白，按照一定的编码规则排列，用于表达一组信息的图形标识符，常见的条形码是由反射率相差很大的黑条和白条排成的平行线图案。图 6-6 给出了一个最基本的条形码示例。

图 6-6　一维条码示例

一维条形码的信息封装和获取类似于通信原理中的编解码技术，在条形码的框架下，信息依然是用二进制数字序列表示，对于信息封装部分，条形码将数字和字符信息根据相应的编码规则转化成二进制序列，并通过不同的条形码标准来生成图形化的条形码，条形码中包含起始字符、数据字符、校验字符、终止字符以及静区 5 个部分。其中静区的作用是使扫描设备更好地读取条形码信息，起始和终止字符分别代表着条形码的开始和结束部分，数据字符为人们封装于条形码内的主要信息，校验字符用于检验条形码读到的数据是否准确。

对于信息获取部分，能够将条形码存储的信息恢复的核心原理是利用黑色和白色对光的反射程度不同，白色能够反射各种波长的光，而黑色则吸收各种波长的可见光，根据这一特点，配以专用的扫描设备以及光电转换设备，可以将扫描得到的光信号转化为电信号，黑条、白条不同的长度转化的电信号长度也随之相应变化，将电信号转译为 0、1 信息序列，并根据统一的编解码标准，便能够将编码于条形码中的信息解码出来。

一维条形码根据码制不同可以分为 EAN 码、39 码、交叉 25 码、UPC 码、128 码、93 码、ISBN 码及 Codabar（库德巴码）等。

由于一维条形码能够将复杂难记的字符信息转换为图像信息，并通过技术实现信息的封装和获取，应用起来十分方便，因此其广泛应用于人们的日常生活，为人们的生活提供便利。

ISBN 码是因图书出版、管理的需要以及便于各国间出版物的交流和统计而出现的一套国际统一的编码制度。如图 6-7 给出了一个标准的 ISBN 条形码示例。每一个 ISBN 码由一组 10 位数字组成，用以识别出版物所属国别地区、出版机构、书名、版本以及装订方式。

图 6-7　ISBN 条形码示例

EAN 码仅有数字号码，通常为 13 位，主要应用在超市和百货商店。人们在平时去超市购物消费时，收银员使用条形码扫描器（如图 6-8 所示）扫描对应物品上的标签，可以通过扫描一维条形码来获取物品的名称、类别、生产时间、价格及重量等信息，此应用大大地提高了超市中结账的速度，也为自助结账系统的应用提供了可能。

图 6-8　条形码扫描器

图 6-9 给出了一个商品一维 EAN 码的分组含义标识。

商品一维 EAN 码分组含义，前缀码是用来标识国家或地区的代码，如 00~09 代表美国、加拿大；45~49 代表日本；690~692 代表中国大陆，471 代表我国台湾地区，489 代表我国香港特别行政区。

图 6-9　一维 EAN 码的分组含义标识

2. 二维码

二维条码/二维码（2-dimensional bar code）利用按照一定规律在平面（二维）上分布的黑白相间的特定几何图形来记录数据符号信息。二维码巧妙地利用构成计算机内部逻辑的"0""1"比特流来进行代码编制，使用与二进制相对应的几何图形来表示文字数据信息，通过图像输入设备或光电扫描设备自动读取信息，实现信息的自动化处理。相比一维条码，二维码可记载更复杂的数据，比如图片、网络链接等。二维码作为一种全新的信息存储、传递和识别技术，自诞生之日起就得到了世界上许多国家的关注。美国、德国、日本等国家，不仅已将二维码技术应用于公安、外交、军事等部门对各类证件的管理，而且也将二维码应用于海关、税务等部门对各类报表和票据的管理，商业、交通运输等部门对商品及货物运输的管理，邮政部门对邮政包裹的管理，工业生产领域对工业生产线的自动化管理。

在二维码符号表示技术研究方面已研制出多种码制，常见的有 PDF417、QR Code、Code 49、Code 16K、Code One 等。

目前常用的二维码多是 QR 码。QR 码（全称为快速响应矩阵码，quick response code）是 1994 年由日本的 DENSO WAVE 公司研制的一种矩阵式二维码符号，除了信息容量大、可靠性高以及可以表达汉字、图像等多种数字化信息的特征外，QR 码还因具有超高速、全方位识别读取技术以及对文字、URL 地址和其他类型数据加密等诸多优势功能而被广泛应用。2000 年国际标准化组织和国际电工委员会成立的条码自动识别技术委员会（ISO/IEC/JTC1/SC31），制定了 QR 码的国际标准，因此现在，世界上的所有国家都在使用 QR 码。

每个 QR 码符号呈正方形，如图 6-10 所示，只有黑白两色。符号结构分为编码区和功能图形，编码区包括格式信息、版本信息、数据和纠错码字部分，功能图形包括位置探测图形、分隔符、定位图形和校正图形几部分，符号四周由空白区域包围。

如今在中国，人们每天打开手机扫一扫方便快捷的二维码，成了像呼吸一样自然的本能动作。付款、购物、点餐、订票、广告、浏览网页都能用上二维码。

3. 二维码与 RFID 标签比较

从成本造价来看：二维码与一维条码（条形码）一样，几乎是零成本的信息存储技术，而 RFID 电子标签每个成本在 1 美元以上。

从工作环境来看：RFID 标签能胜任高温高压或者化学清洗的极端环境。

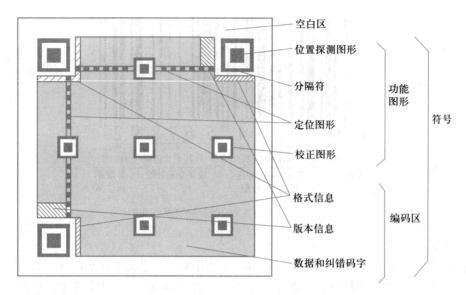

图 6-10 QR 码结构图

两者之间最大的区别是，二维码是"可视技术"，只能在视野范围内接收，而射频识别不要求看见目标，只要在接收器的作用范围内就可以被读取。

目前 RFID 技术在车联网中有较出色的应用，而二维码在移动电子商务中有较好的应用，并且成本低。

6.3.3 传感器与传感网

1. 传感器

在物联网的部署中，需要感知节点及时、准确地获取外界事物的各种信息，需要感知外部世界的各种电量和非电量数据，如电、热量、力、光、声音、位移等，这就必须合理地选择和善于运用各种传感器，以获得对应的感知数据。我国国家标准（GB 7665—2005《传感器通用术语》）对传感器的定义为："能感受被测量并按照一定的规律转换成可用输出信号的器件和装置"。

传感器是目前世界各国普遍重视并大力发展的高新技术之一。在信息时代，实现物与物相连的今天，传感器技术已经成为物联网技术中必不可少的关键技术之一。

传感器一般由敏感元件、转换元件和转换电路组成，如图 6-11 所示。敏感元件根据基本感知功能的不同分为热敏元件、光敏元件、气敏元件、力敏元件、磁敏元件、湿敏元件、声敏元件、放射线敏感元件、色敏元件和味敏元件十大类。实质上，传感器就是一种功能块，它的作用是将外界的各种各样的信号转换成电信号，如图 6-12 所示。它是实现测试和自动控制系统的首要环节。假如没有传感器对原始参数进行精确可靠的测量，那么无论是信号转换还是信息处理，或者最佳数据的显示和控制都没有办法实现。传感器作为连接物理世界与电子世界的重要媒介，在信息化的过程中发挥了关键作用。事实上，传感器已经渗透到了人们当今的日常生活中，只要细心观察，就可以发现日常生活中的各类传感器，如热水器中的温控器、电视机中的红外遥控接收器、空调中的温度/湿度传感器等。此外，传感器也广泛应用到工农业、医疗卫生、军事国防、环境保护等领域，大大提高了人类认识世界和改造世界的能力。

图 6-11　传感器组成

2. 传感网

传感网（sensor networks，SN）是指将各种信息传感设备，如 RFID 装置、红外感应器、全球定位系统、激光扫描器等装置与互联网结合起来而形成的一个巨大网络，其目的是让各类物品都能够被远程感知和控制，并与现有的网络连接在一起，形成一个更加智慧的信息服务体系。传感网综合应用了传感器技术、嵌入式计算技术、网络通信技术、分布式信息处理技术等，能够通过各类集成化的微型传感器协作

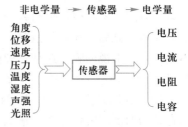

图 6-12　传感器实现本质

地实时感知各种环境或检测对象的信息，通过嵌入式系统对信息进行处理，并通过随机自组织无线通信网络以多跳（multi-hop）中继方式将所感知信息传送到用户终端，从而真正实现泛在计算（ubiquitous computing）的理念。

由于传感器往往是遍布在一个区域的，这个区域有时是人们不可达的，因此传感器的末端接入通常采用的是无线通信方式。所以目前在传感器技术领域中，人们重点研究的是无线传感网（wireless sensor networks，WSN）。换句话说，无线传感网是由称为"微尘"（mote）的微型计算机构成。这些微型计算机通常指带有无线链路的微型独立节能型计算机。无线链路使得各个微尘可以通过自我重组形成网络，彼此通信并交换有关现实世界的信息。

WSN 被认为是 21 世纪最重要的技术之一，2003 年 2 月美国《技术评论》杂志评出对世界产生深远影响的十大新兴技术，传感网名列第一。科学家预言 WSN 将引发新的信息革命，2003 年 8 月 25 日出版的美国《商业周刊》杂志发表文章指出，效用计算、传感网、塑料电子学和仿生人体器官是全球四大高科技产业，它们将引发新的产业浪潮。由于传感网具有不需要预先铺设网络设施、快速自动组网、传感器节点体积小等特点，使得它在军事、环境、工业、医疗等方面有着广阔的应用前景。

（1）军事应用。WSN 可用来建立一个集命令、控制、通信、计算、智能、监视、侦查和定位于一体的战场指挥系统。WSN 是由密集型、低成本、随机分布的节点组成的，自组织性和容错能力使其不会因为某些节点在恶意攻击中损坏而导致整个系统崩溃，这一点是传统传感技术所无法比拟的。也正是这一点，使 WSN 非常适合应用于恶劣的战场环境，使用声音、压力等传感器可以侦探敌方阵地的动静、人员、车辆行动情况，实现战场实时监督、战场损失评估等。

（2）环境检测。WSN 可以布置在野外中获取环境信息。例如应用于森林火灾监测，传感器节点被随机密布在森林中，当发生火灾时，这些传感器会通过协同合作在很短的时间内将火源的具体地点、火势的大小等信息传给终端用户。另外，WSN 在监视农作物灌溉、土填空气状况，牲畜、家禽的环境状况，大面积的地表监测，气象和地质研究，洪水监测，跟踪鸟类、小型动物和昆虫以及对种群复杂度进行研究等都有较大的应用空间。

（3）工业应用。在工业安全方面，WSN 可应用于有毒、放射性的场合，它的自组织算法和多跳路由传输可以保证数据有更高的可靠性。在设备管理方面，WSN 可用于监测材料的疲劳状况、进行机械的故障诊断、实现设备的智能维护等。WSN 采用分布式算法和近距离定位技术，对机器人的控制和引导将发挥重要作用。WSN 可实现家居环境、工作环境定位技术。

（4）医疗应用。在医疗上，如果在住院病人或老人身上安装特殊用途的传感器节点，医生就可以随时了解被监护病人或老人的情况，进行远程监控，掌握他们的身体状况，如实时掌握血压、血糖、脉搏等情况，一旦发生危急情况可在第一时间实施救助；也可以实现在人体内植入人工视网膜，这是一种由多传感器阵列组成的模拟视觉系统，可以让盲人重见光明。所以，WSN 能够为未来的远程医疗提供更加方便、快捷的技术实现手段。

（5）其他方面的应用。WSN 在商业、交通等方面有着广泛的应用。在商业方面，WSN 可用在货物的供应链管理中，帮助定位货品的存放位置、货品的状态、销售情况等。每个集装箱内的大量传感器节点可以自组织成一个无线网络，集装箱内的每个节点可以和集装箱上的节点相联系。通过装载在节点上的温湿度传感器、加速度传感器等，记录集装箱是否被打开过，是否过热、受潮或受到撞击等。在交通运输中，WSN 可以对车辆、集装箱等多个运动的个体进行有效的状态监控和位置定位。传感器节点还可以用于车辆的跟踪：将各节点收集到的有关车辆的信息传给基站，经过基站处理获得车辆的具体位置。

6.3.4 无线通信技术

1. WiFi

WiFi（wireless fidelity，无线保真）技术是一种基于 IEEE 802.11 系列标准的无线网络通信技术，它可以通过一个或多个体积很小的接入点，为一定区域内的（家庭、校园、餐厅、商场、机场等）众多用户提供互联网访问服务。几乎所有智能手机、平板电脑和笔记本电脑都支持 WiFi 上网。WiFi 信号常由有线网提供，比如家里的 ADSL、小区宽带等，只要接一个无线路由器，就可以把有线信号转换成 WiFi 信号。现在很多城市里到处覆盖着由政府或大公司提供的 WiFi 信号供居民使用。目前 WiFi 已经成为人们日常生活中访问互联网的重要手段之一。

WiFi 技术与蓝牙技术一样，同属于在办公室和家庭中使用的短距离无线技术。虽然由 WiFi 技术传输的无线通信质量不是很好，数据安全性能比蓝牙差一些，传输质量也有待改进，但传输速度非常快，可以达到 54 Mbps，符合个人和社会信息化的需求。

2. 蓝牙

蓝牙（bluetooth）是由世界著名的 5 家大公司——爱立信（Ericsson）、诺基亚（Nokia）、东芝（Toshiba）、国际商用机器公司（IBM）和英特尔（Intel），于 1998 年 5 月联合宣布的一种基于 IEEE 802.15.1 标准的无线通信技术，频段范围是 2.402 GHz~2.480 GHz，当时传输速率为 1 Mbps~3 Mbps。在蓝牙通信中，蓝牙设备有两种可能的角色，分别为主设备和从设备，同一个蓝牙设备可以在这两种角色之间转换。一个主蓝牙设备最多可以同时和 7 个从设备通信。蓝牙技术广泛应用在移动设备（手机、PDA）、个人计算机与无线外围设备（如图 6-13 所示的蓝牙耳机、蓝牙鼠标、蓝牙键盘、蓝牙音箱等）中。由于早期的蓝牙技术存在着建立连接时间长、功耗高、安全性不高等问题，在一定程度上制约了其应用。2005 年，芬兰手机制造商 Nokia 将能耗技术指标引入蓝牙协议，使得蓝牙，尤其是低耗能蓝牙（bluetooth low energy，BLE）技术的出现，在功耗、安全性、连接性等方面有了巨大的提升。目前蓝牙的通信距离也提高到 100 m 以上，通信速率达到 24 Mbps。

(a) 蓝牙耳机　　　　　(b) 蓝牙鼠标　　　　　(c) 蓝牙键盘　　　　　(d) 蓝牙音箱

图 6-13　典型蓝牙设备

3. NFC

NFC（near field communication，近场通信技术）又称近距离无线通信，是由飞利浦和索尼共同研制开发的，基于 RFID 及互连技术的一种短距离高频无线通信技术，允许电子设备之间进行非接触式点对点数据传输（在 10 cm 内）交换数据。其传输速度有 106 Kbps、212 Kbps 和 424 Kbps 三种。

该模式和红外线差不多，只是传输距离较短，但传输速度快，功耗低。

近场通信业务结合了近场通信技术和移动通信技术，实现了电子支付、身份认证、票务、数据交换、防伪、广告等多种功能，是移动通信领域的一种新型业务。近场通信业务改变了用户使用移动电话的方式，使用户的消费行为逐步走向电子化，建立了一种新型的用户消费和业务模式。在地铁、公交等场景，可看见 NFC 支付方式的应用，如图 6-14 所示。

图 6-14　使用 NFC 支付

4. ZigBee

ZigBee 这一名称来源于蜜蜂的八字舞，由于蜜蜂（bee）是靠飞翔时"嗡嗡"（zig）地抖动翅膀来告诉同伴花粉所在方位信息，也就是说蜜蜂依靠这样的方式构成了群体中的通信。

ZigBee 技术是一种近距离、低复杂度、低功耗、低速率、低成本的双向无线通信技术，遵循 IEEE 802.15.4 标准，主要用于距离短、功耗低且传输速率不高的各种电子设备之间进行数据传输以及典型的有周期性数据、间歇性数据和低反应时间数据传输的应用。

ZigBee 数传模块类似于移动网络基站。通信距离从标准的 75 m 到几百米、几千米，并且支持无限扩展。

ZigBee 技术的目标就是针对工业、家居进行遥测遥控，例如：灯光自动控制、油田、电力、物流管理、传感器的无线数据采集和监控等应用领域。

6.4 物联网的应用及发展趋势

6.4.1 物联网的应用领域

物联网产业的发展是以应用需求为导向的，物联网应用集中于各个垂直产业链，主要是现有物联网技术所推动的一系列产业领域的应用，包括智能农业、智能工业、智能物流、智能电网、智能交通、智能安防、智能环保、智能医疗、智能家居等，如图 6-15 所示。

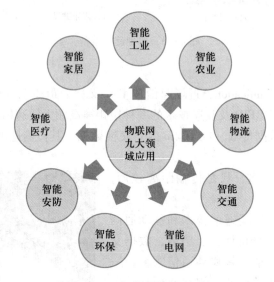

图 6-15　物联网的应用领域

1. 智能家居

20 世纪 80 年代美国联合科技公司建成世界上首栋智能型建筑，拉开了建造智能家居的序幕。美国作为最早的研究设计智能家居系统的国家，拥有着非常先进的技术实力，设计出许多富含高科技的智能家居建筑，其中世界首富比尔·盖茨建造的"未来之屋"最为著名。它向人们展示了高科技给人们生活带来的种种便捷，通过网络将所有家居设备进行连接，计算机作为家居控制中心，完成对各种家居设备的自动控制。"未来之屋"的经典之处就在于它超前的设计理念和技术的创新应用，给以后智能家居的研究和设计提供了指导，并且具有一定的引领性。

由于科技的发展，使得智能家居的研究课题进一步升级。如何提供一个安全舒适、节能环保、方便便捷的家居生活环境，成为人们关注的焦点。近些年，智能家居行业在这样的背景下快速发展起来，极具发展前景，吸引着众多的科技研发公司加入，同时也加大了行业的竞争。

2014 年年初，苹果公司推出了 HomeKit 智能家居平台，通过该平台可以使得 iPhone、

iPad、iWatch 等用户设备管理控制支持 HomeKit 框架的智能家居设备。当智能家居设备和 iOS 操作系统配对完成以后，可以通过 Siri 命令控制智能配件。比如说："打开电视"或"关闭电视"，"把空调设为 26 度"，"打开咖啡机"等。

三星公司作为著名的电子产品公司，在 2014 年以 2 亿美元收购了著名的智能家居开放平台 SmartThings，来夯实自己在智能家居行业的整体布局。同苹果公司的 HomeKit 智能家居平台一样，拥有支持 SmartThings 技术的智能手机或其他的智能设备就可以通过平台 SmartThings 实现对电子产品的控制，SmartThings 是三星公司智能家居方面的重要组成部分。

谷歌公司在 2014 年年初高价收购了 Nest 公司，使得自己在智能家居行业中占据了一席之地。谷歌还将自己的搜索引擎技术、人工智能技术以及自然语言处理技术进行整合，将它们整体融合到 Google Home 中，实现语音控制家里的智能 Google Home 产品。

在我国，海尔公司颇具前瞻性地推出了全交互性的家庭中央控制器，海尔 U-home 平台。U-home 使用规划统一的 Internet 智能协议标准，为用户提供了娱乐、安全、健康、美食、洗护等多种生活元素的智能生活解决方案。小米品牌也很快入驻智能家居领域，开发的路由器、路由器 App、智能家庭套装系列产品，多设备间实现了智能联动，应用场景、设备联网、影音分享、家庭安防、空气改善等功能也变得越来越丰富。如图 6-16 所示为小米智能家居设备实物图。

图 6-16　小米智能家居设备

一个典型的智能家居系统通常包括一个家庭无线网关以及若干无线通信子节点。家庭智能网关就是家庭的一个智能化控制中心；通信子节点包含各类的传感器，可以接收网关发出的控制信息，并控制相应设备做出响应。

在未来，整个智能家居行业将会有更多不同系列的传感器及控制器的应用，带来更具人性化、智能化的生活体验。

2. 智能医疗

智能医疗在发达国家已经属于技术发展相对成熟的现代化领域。

谷歌在智能健康领域不断创新，通过和相关医疗机构合作，共同创建医疗数据跟踪应用平台，为使用者提供日常运动记录，将数据进行分析整合，并为用户制定一整套健康管理方案，使用者的数据可以随时上传并存储，便于医疗机构关注用户不同时期的健康程度发展，实现实时管理。

苹果公司推出了 HealthKit 智能健康服务客户端，用户可以根据自身情况购买旗下开发的硬件产品，然后通过传感器得到身体各项数据，进行科学化分析和处理，然后通过网络传输，让在线医务人员根据实际情况对用户进行医疗诊断和指导。苹果公司近年来已经和多家权威医疗机构合作，将自己开发的健康管理系统和医疗机构信息充分衔接，达到合作共赢的目的。

IBM 近年来多次提出医疗信息化建设的相关措施和方法，并随时进行改革和优化，将开发的智能技术巧妙地融合到医疗设备产业行业链中，有助于合理配置医疗资源，进行整体的建设，改善传统医疗所造成的医疗设施落后、效率低下等问题。

在我国，互联网行业在智能医疗领域不断发展创新。小米联合九安医疗开发了名为 ihealth 的一系列智能健康硬件，包括智能血压计、智能腕表等。腾讯在硬件设计和软件开发方面均有涉猎，能够通过网络平台使医疗机构和患者有效沟通，并联合丁香园推出智能血糖检测设备。随着物联网技术的发展，我国的医疗行业逐渐走进智能信息化时代，很多城市已经开始推广智慧医疗，利用相关技术手段整合医疗资源能有效利用资源，方便患者就诊，减少医疗失误。

目前，在病人身上安置体温采集、呼吸、血压等测量传感器，医生可以远程了解病人的情况。利用传感器网络长时间地收集人的生理数据，这些数据在研制新药品的过程中非常有用。在鞋、家具以及家用电器等嵌入传感器，可以帮助老年人及患者、残障人士独立地进行家庭生活，并在必要时由医务人员、社会工作者进行帮助。

RFID 技术可以对药品、血液、卫生、耗材、医疗器械生产、配送使用安全予以很好的支持和保障。在医疗和医保信息共享方面，利用物联网技术构建电子医疗体系，给医疗服务带来了更多便利。物联网技术使医疗监护设备无线化、远程化，使患者能够得到更加方便快捷的低成本、高质量的服务，最终使有限的卫生资源得到充分的利用，使医疗资源最大化，使大家能够共享优质医疗资源。

3. 智能物流

智能物流就是利用条形码、射频识别技术、传感器、全球定位系统等先进的物联网技术通过信息处理和网络通信技术平台广泛应用于物流业运输、仓储、配送、包装、装卸等基本活动环节，实现货物运输过程的自动化运作和高效率优化管理，提高物流行业的服务水平，降低成本，减少自然资源和社会资源消耗。物联网将传统物流技术与智能化系统运作管理相结合，进而能够更好更快地实现智能物流的信息化、智能化、自动化、透明化、系统的运作模式。智能物流在实施的过程中强调的是物流过程数据智慧化、网络协同化和决策智慧化。

自 2015 年以来，国家各级政府机构出台了鼓励物流行业向智能化发展的政策，并积极鼓励企业进行物流模式的创新。据《2018 智能物流产业发展研究报告》表明：无人机、机器人与自动化、大数据等已相对成熟，即将商用；可穿戴设备、3D 打印、无人卡车、人工智能等技术在未来 10 年左右逐步成熟，将广泛应用于仓储、运输、配送等各物流环节。预计到 2025 年，智能物流市场规模将超过万亿元。

互联网时代下，物流行业与互联网结合，改变了物流行业原有的市场环境与业务流程，推动出现了一批新的物流模式和业态，目前较为成熟、已经实现商用的物流相关技术主要有仓内技术、最后一公里配送和智能数据底盘技术。

仓内技术：主要是机器人技术，包括 AGV（自动导引运输车）、无人叉车、货架穿梭车、分拣机器人等，主要用于仓内搬运、上架、分拣操作，可有效提升仓内的操作效率，降低成本。例如，亚马逊在 13 个分拣中心布局超 3 万个 KIVA 机器人；京东的分拣机器人"小黄人""小红人"可以扫码、称重以及分拣，减少 70% 人工。"双十一"网络购物节，海量的包裹之所以能够迅速投递而不发生错误，得益于物联网的功劳。在分拣仓库，每一个包裹上设有物联网的标签，机器人能够通过自动识别包裹实现快速分拣，速度和效率远高于人工分拣。

最后一公里配送：无人机技术，包括干线无人机与配送无人机两类，其中配送无人机研发已较为成熟，主要应用于末端最后一公里配送，如京东在 2017 年"618"期间，已采用无人机在多省市进行农村小件商品配送，完成 1 000 余单配送。

智能数据底盘：大数据分析技术，通过对商流、物流等数据进行收集、分析，主要应用于需求预测、仓储网络、路由优化、设备维修预警等方面，如京东采用数据预测方式，提前洞察消费者需求，并进行预先分仓备货。

未来，智能物流将打造集信息展现、电子商务、物流配载、仓储管理、金融质押、园区安保、海关保税等功能为一体的物流园区综合信息服务平台。

4. 智能交通

现有的城市交通管理基本是自发进行的，每个驾驶者根据自己的判断选择行车路线，交通信号标志仅仅起到静态的、有限的指导作用。这导致城市道路资源未能得到最高效率的运用，由此产生不必要的交通拥堵甚至瘫痪。据统计，目前我国交通拥堵造成的损失占 GDP 的 1.5%~4%。美国每年因交通堵塞损失相当于装载 58 个超大型油轮装载的燃料，每年的损失高达 780 亿美元。

智能交通系统是未来交通系统的发展方向，它是将先进的信息技术、数据通信传输技术、电子传感技术、控制技术及计算机技术等有效地集成运用于整个地面交通管理系统而建立的一种在大范围内、全方位发挥作用的，实时、准确、高效的综合交通运输管理系统。以图像识别技术为核心，综合利用射频技术、标签等手段，对交通流量、驾驶违章、行驶路线、牌号信息、道路的占有率、驾驶速度等数据进行自动采集和实时传送，相应的系统会对采集到的信息进行汇总分类，并利用识别能力与控制能力进行分析处理，对机动车牌号进行识别、快速处置，为交通事件的检测提供详细数据。该系统的形成，使人们在旅途中能够随时获得实时的道路和周边环境资讯，甚至在线收看电视节目；通过智能的交通管理和调度机制充分发挥道路基础设施的效能，最大化交通网络流量并提高安全性，优化人们的出行体验。

5. 智能电网

在电力安全检测领域中，物联网应用在电力传输的各个环节，如隧道、核电站等，而在这些环节中，市场潜力可达千亿元，比如南方电网与中国移动之间的密切合作，通过 M2M 技术来对电网进行管理。在大客户配变监控等领域下，自动化计量系统开始启用，它使南方电网与中国移动通信在故障评价处理时间方面得到大幅减缩。

6. 智能农业

在农业领域，物联网的应用非常广泛，如地表温度检测、家禽的生活情形、农作物灌溉监视情况、土壤酸碱度变化、降水量、空气、风力、氮浓缩量、土壤的酸碱性和土地的湿度等，进行合理的科学估计，为农民在减灾、抗灾、科学种植等方面提供很大的帮助，完善农业综合效益。

7. 智能工业

将具有环境感知能力的各类终端、基于泛在技术的计算模式、移动通信等不断融入工业生产的各个环节，大幅提高制造效率，改善产品质量，降低产品成本和资源消耗，将传统工业提升到智能化的新阶段。

8. 智能环保

"智慧环保"是"数字环保"概念的延伸和拓展，它是借助物联网技术，把感应器和装备嵌入到各种环境监控对象（物体）中，通过超级计算机和云计算将环保领域物联网整合起来，可以实现人类社会与环境业务系统的整合，以更加精细和动态的方式实现环境管理和决策。

9. 智能安防

智能安防报警系统同家庭中的各种传感器、功能键、探测器及执行器共同构成家庭的安防体系，是家庭安防体系的"大脑"。报警功能包括防火、防盗、煤气泄露报警及紧急求助等功能，报警系统采用先进智能型控制网络技术，由微机管理控制，实现对匪情、盗窃、火灾、煤气、紧急求助等意外事故的自动报警。

6.4.2　物联网的发展趋势

在 2019 年，将有大约 36 亿台设备主动连接到互联网。而随着 5G 的推广普及，将为更多设备和数据流量打开大门。不仅工业、交通、公共服务部门对物联网应用的需求有所提升，数据安全也成为新的研究热点。

（1）传统产业智能化升级将驱动物联网应用进一步深化。当前物联网应用正在向工业研发、制造、管理、服务等业务全流程渗透，农业、交通、零售等行业物联网集成应用试点也在加速开展。尤其是基于物联网技术的汽车自动驾驶，已成为当前乃至未来的重点研究领域。

（2）消费物联网应用市场潜力将逐步释放。全屋智能、健康管理、可穿戴设备、智能门锁、车载智能终端等消费领域市场保持高速增长。

（3）新型智慧城市全面落地实施和智能社区的推广应用，将带动物联网规模应用和开环应用。随着物联网接入终端的普及和应用技术的成熟应用，智慧城市将步入全面建设阶段。而随着社区智能传感器的进一步普及，步行路线、共用汽车使用、建筑物占用、污水流量和全天温度变化等所有内容都将被记录并加以应用，智能社区也是未来发展的热点之一。

（4）技术进步也将进一步深化物联网应用。例如，人工智能（AI）将在以下领域帮助物联网数据分析：数据准备、数据发现、流数据可视化、数据时间序列准确性、预测和高级分析以及实时地理空间和位置（物流）等方面。而随着许多传感器和应用场景使用多种无线技术（例如 5G、WiFi、BLE、LoRa）的融合应用，将实现高带宽到低带宽的完全覆盖，这将涵盖从农场、工厂到智能城市的各种应用。

（5）物联网安全问题日益突出。数以亿计的设备接入物联网，针对用户隐私、基础网络环境等的安全攻击不断增多，物联网风险评估、安全评测等尚不成熟，成为推广物联网应用的重要制约因素，解决物联网安全问题也是物联网未来发展的重点之一。

本章小结

本章讨论了物联网的起源与发展、物联网的特点及应用前景。系统地阐述了物联网的层次结构和功能划分，介绍了物联网 3 层体系结构模型。并详细说明了物联网的核心技术和应用领域，让读者对物联网有一个全局的认识，并进一步激发出探索物联网世界的兴趣。

思考与练习

1. 简答题

（1）简述物联网与互联网的区别与联系。

（2）列举物联网的相关技术。

（3）简述物联网的体系架构。

2. 填空题

（1）无线局域网 WLAN 的传输介质是_____。

（2）蓝牙是一种短距离无线通信技术，传输距离在_____之内。

（3）物联网的核心技术之一是_____。

（4）物联网技术是基于射频识别技术发展起来的新兴技术，射频识别技术主要是基于_____方式进行信息传输。

（5）相比传统的医院信息系统，医疗物联网的网络连接方式以_____为主。

3. 选择题

（1）物联网的英文名称是（　　）。

  A）Internet of Matters   B）Internet of Things

  C）Internet of Therys   D）Internet of Clouds

（2）下列不属于物联网应用范畴的是（　　）。

  A）智能电网 B）医疗健康 C）智能通信 D）金融与服务业

（3）物联网中常提到的"M2M"概念不包括（　　）。

  A）人到人 B）人到机器 C）机器到人 D）机器到机器

（4）2009 年创建的国家传感网创新示范新区在（　　）。

  A）无锡   B）上海   C）北京   D）南京

（5）物联网分为感知层、网络层和（　　）三个层次，在每个层面上，都将有多种选择去开拓市场。

  A）应用层   B）推广层   C）传输层   D）运营层

（6）RFID 的中文名称是（　　）。

  A）红外线技术 B）条码技术 C）射频识别 D）自动识别

（7）下列通信技术不属于低功率短距离的无线通信技术的是（　　）。

  A）广播   B）超宽带技术 C）蓝牙   D）WiFi

（8）射频识别系统中真正的数据载体是（　　）。

  A）读写器   B）电子标签 C）天线   D）中间件

（9）下列存储方式不是物联网数据的存储方式的是（　　）。

  A）集中式存储 B）异地存储 C）本地存储 D）分布式存储

（10）现有的各种无线通信技术，（　　）是功耗和成本最低的技术。

A）蓝牙   B）WiFi   C）WIMedia   D）ZigBee

（11）无线网络协议中的蓝牙协议是针对（   ）类型的网络。

A）个域网   B）局域网   C）城域网   D）广域网

说明：个域网是指能在便携式消费电器与通信设备之间进行短距离通信的网络。其覆盖范围一般在 10 m 半径以内。

（12）相比于传统的医院信息系统，医疗物联网的网络连接方式以（   ）为主。

A）有线传输   B）卫星传输   C）无线传输   D）路由传输

（13）二维码目前不能表示的数据类型是（   ）。

A）文字   B）数字   C）二进制   D）视频

（14）RFID 硬件部分不包括（   ）。

A）读写器   B）天线   C）二维码   D）电子标签

（15）下列有关互联网和物联网描述错误的是（   ）。

A）互联网是物联网的基础   B）物联网是互联网的延伸

C）互联网和物联网相互促进   D）物联网只是物与物的连接

（16）（   ）首次提出了物联网的雏形。

A）美国自动识别中心   B）比尔·盖茨

C）美国麻省理工学院   D）国际电信联盟

（17）WLAN 技术使用的传输介质是（   ）。

A）双绞线   B）光纤   C）同轴电缆   D）无线电波

（18）迄今为止最经济实用的一种自动识别技术是（   ）。

A）条形码识别技术   B）语音识别技术

C）生物识别技术   D）IC 卡识别技术

（19）以下用于存储被识别物体的标识信息的是（   ）。

A）天线   B）电子标签   C）读写器   D）计算机

（20）以下不是智能家居的特征的是（   ）。

A）远程遥控   B）定时控制   C）非网络环境   D）家庭安防

第7章
网络空间安全

 本章导读

电子课件

　　"安全"一词在字典中被定义为"远离危险的状态或特性"和"为防范间谍活动或蓄意破坏、犯罪、攻击或逃跑而采取的措施"。随着经济信息化的迅速发展，计算机网络对安全的要求越来越高，尤其自 Internet 应用发展以来，网络空间安全已经涉及国家主权等许多重大问题。

　　本章主要从网络空间安全的由来、网络空间安全的含义及特点、网络空间面临的威胁、实现网络空间安全的措施、个人隐私及保护和政策法规等几个方面进行讨论，并给出实现网络空间安全的行为规范和个人隐私保护的方法。

7.1 网络空间安全的由来

7.1.1 新型人类生活空间

网络空间（cyberspace）是指通过全球互联网和计算系统进行通信、控制和信息共享的动态（不断变化）虚拟空间。网络空间的概念伴随着互联网的成长而逐步产生、发展和演变，目前，继陆、海、空、太空之后，网络空间已成为世界第五大空间。这个巨大的虚拟空间不但包括通过网络互连而成的各种计算系统和智能终端，也包括其中的硬件、软件乃至产生、处理、传输、存储的各种巨大数据或信息。网络空间包含着事关国计民生的关键信息基础设施，例如金融网、能源网、交通网等以及事关国家安全的国防信息基础设施的各类军网。

当前，网络空间正全面改变着人们的生产生活方式，深刻影响人类社会历史发展进程。主要有以下几方面的体现。

（1）网络技术成为人们获取信息、学习交流的新渠道，它突破了时空限制，拓展了传播范围，创新了传播手段，引发了传播格局的根本性变革。

（2）越来越多的人通过网络进行交流，网络教育、创业、医疗、购物、金融等日益普及。

（3）信息技术促进经济结构调整和发展方式转变，在国民经济各行业中的广泛应用，推动传统产业改造升级，催生了新技术、新业态、新产业、新模式，为经济社会发展注入新的动力。

（4）网络文化已成为文化建设的重要组成部分，网络促进了文化交流和知识普及，推动了文化的创新创造，丰富了人们的精神文化生活，释放了文化发展活力。

（5）电子政务应用走向深入，政府信息公开共享，网络成为保障公民知情权、参与权、表达权、监督权的重要途径，进一步推动了政府决策科学化、民主化，畅通了公民参与社会治理的渠道。

（6）网络让国际社会越来越成为你中有我、我中有你的命运共同体，信息化与全球化交织发展，促进了信息、资金、技术、人才等要素的全球流动，增进了不同文明的交流融合。

7.1.2 研究网络空间安全的意义

随着社会对网络和信息系统依赖性的增加，政治、经济、军事等各领域的冲突都会反映到网络空间，网络空间面临的威胁也与日俱增。网络空间的安全威胁按照行为主体的不同，可划分为黑客攻击、有组织网络犯罪、网络恐怖主义以及国家支持的网络战这四种类型。

网络空间安全事关国家安全的国防信息基础设施，事关国计民生的关键信息基础设施，网络空间作为"第五大空间"已经成为各国角逐权力的新战场，世界主要国家为抢占网络空间制高点，已经开始积极部署网络空间安全战略及网络战争部队。

习近平总书记指出，贯彻落实总体国家安全观，必须既重视外部安全，又重视内部安全，对内求发展、求变革、求稳定、建设平安中国，对外求和平、求合作、求共赢、建设和谐世界；既重视国土安全，又重视国民安全，坚持以民为本、以人为本，坚持国家安全一切为了人民、一切依靠人民，真正夯实国家安全的群众基础；既重视传统安全，又重视非传统安全，构建集政治、国土、军事、经济、文化、社会、科技、信息、生态、资源于一体的国家安全体系。

没有网络安全就没有国家安全。网络空间安全与政治安全、经济安全、文化安全、社会安全、军事安全等领域相互交融、相互影响，已成为当前面临的最复杂、最现实、最严峻的非传统安全问题之一。2016 年 12 月 27 日，国家互联网信息办公室发布《国家网络空间安全战略》（以下简称《战略》）。国家网信办发言人表示，《战略》经中央网络安全和信息化领导小组批准，贯彻落实习近平总书记网络强国战略思想，阐明了中国关于网络空间发展和安全的重大立场和主张，明确了战略方针和主要任务，切实维护国家在网络空间的主权、安全、发展利益，是指导国家网络安全工作的纲领性文件。

1. 网络空间安全威胁政治安全

政治安全是总体国家安全观的根本，网络空间安全已经是国家安全战略的重要组成部分。互联网已经几乎构成了整个国家和社会的中枢神经系统，成为意识形态斗争的主战场，网上渗透与反渗透、破坏与反破坏、颠覆与反颠覆的斗争尖锐复杂，它的安全可靠运行是整个社会正常运转的重要保证。如果这个系统的安全出了问题，必将影响整个社会的正常运转，造成大面积的瘫痪或恐慌。相比传统媒体，网络具有跨时空、跨国界，信息快速传播、多向互动等特性，对现实社会问题和矛盾具有极大的催化放大作用，极易使一些局部问题全局化、简单问题复杂化、国内问题国际化，给国家治理带来挑战。

2. 网络空间安全威胁经济安全

金融、能源、电力、通信、交通等领域的关键信息基础设施是经济社会运行的神经中枢，是网络安全的重中之重，也是可能遭到重点攻击的目标。攻击者可通过研发针对性网络间谍工具、实施针对性网络攻击等，窃取经济信息，网络犯罪团伙或个人利用病毒植入等手段，窃取金融、大型商务网站的客户信息和商业数据。在当前的攻防形势中，"物理隔离"防线可被跨境入侵，电力调配指令可被恶意篡改，金融交易信息可被窃取，关键信息基础设施存在重大风险隐患。一旦遭受攻击，就可能导致交通中断、金融紊乱、电力瘫痪等问题，具有很大的破坏性和杀伤力。

近年来，针对关键信息基础设施的网络攻击时有发生，对国家安全和经济社会稳定运行带来重大影响。2015 年 6 月，波兰航空公司地面操作系统遭受黑客攻击，致使系统瘫痪长达 5 小时，至少 10 个班次的航班被取消，1 400 多名乘客滞留，造成航空秩序严重混乱。2016 年 1 月，乌克兰电网遭到黑客网络攻击，导致包括乌克兰首府在内的多个地区停电数小时，引发公众恐慌。

3. 网络空间安全威胁文化安全

随着新兴媒体的快速发展，网络已成为文化的重要载体和传播渠道，网上各种思想文化相互激荡、交锋，优秀传统文化和主流价值面临冲击。与传统的文化传播渠道相比，网络具有极大的开放性和虚拟性。网民可以通过微博、微信、QQ 等网络社交工具随时发布和传播信息。

一些虚假信息和谣言通过网络空间迅速传播，一些淫秽色情内容通过网络空间污染社会环境，一些网民的议论和情绪通过网络空间发酵放大，一些局部矛盾和社会问题通过网络空间凸显升级。这些捕风捉影、添油加醋的谣言肆意质疑主流文化传统、污蔑英雄形象、破坏政府公信力，危害极大。网上有害信息侵蚀青少年身心健康，败坏社会风气，误导价值取向，危害文化安全。

4. 网络空间安全威胁社会安全

网络空间的安全威胁也影响社会稳定，网络信息窃取、互联网金融诈骗、网上洗钱、色情服务、虚假广告等网络犯罪频率也呈现出快速上升的趋势，同时其智能性、隐蔽性和复杂性使得取证更加困难，严重损害国家、企业和个人利益，影响社会和谐稳定。恐怖主义、分裂主义、极端主义等势力利用网络煽动、策划、组织和实施暴力恐怖活动，发布网络恐怖袭击，直接威胁人民生命财产安全、社会秩序。2014 年 6 月 24 日，中央网信办发布《恐怖主义的网上推手——"东伊运"恐怖音视频》电视专题片，揭示了暴恐音视频危害及与暴力恐怖违法犯罪活动之间的联系。据统计，在中国发生的暴力恐怖案件中，涉案人员几乎无一例外观看、收听过宣扬、煽动暴力恐怖的音视频。

5. 网络空间安全威胁国防安全

网络空间已成为国际战略博弈的新领域，围绕网络空间发展权、主导权、控制权的竞争愈演愈烈。少数国家极力谋求网络空间军事霸权，组建网络作战部队、研发网络攻击武器、出台网络作战条例，不断强化网络攻击与威慑能力。看不懂网络空间，就意味着看不懂未来战争，输掉网络空间，就意味着输掉未来战争，网络空间已成为引领战争转型的主导性空间，是未来战争对抗的首发战场。

美国 2000 年正式成立网络空间司令部，2015 年 4 月发布《国防部网络战略》，首次明确美国在何种情况下可以使用网络武器实施攻击，全面规划网络作战部队的编制结构，提出三年内建成 133 支网络部队。2015 年底，美国白宫发布《网络威慑战略》，提出将采取一切手段，包括实施进攻和防御网络作战、运用海陆空和太空军事力量等应对网络攻击。

网络空间安全是要保障国家主权，维护国家安全和发展利益，防范信息化发展过程中出现的各种消极和不利因素。这些消极和不利因素不仅仅表现为信息被非授权窃取、修改删除以及网络和信息系统被非授权中断，即运行安全问题，还表现为敌对分子利用网络干涉他国内政、攻击他国政治制度、煽动社会动乱、颠覆他国政权以及网络谣言、颓废文化和淫秽、暴力、迷信等违背社会主义核心价值观的有害信息的传播，即意识形态安全问题。网络空间安全深刻地表现为对国家安全、公众利益和个人权益的全方位影响，这种影响来源于经济和社会发展对网络空间的全面依赖。

党中央、国务院历来重视我国信息安全保障体系的建设，新一届中央领导集体高度重视网络安全工作。2014 年 2 月 27 日，中央成立网络安全与信息化领导小组，习近平总书记亲自担任组长。习总书记在第一次会议上强调指出："网络安全和信息化是事关国家安全和国家发展、事关广大人民群众生活的重大战略问题，要从国际国内大势出发，总体布局，统筹各方，创新发展。没有网络安全，就没有国家安全，没有信息化，就没有现代化。"这一科学论断阐述了网络安全与国家信息化之间的紧密联系，使我们认识到网络安全为国家信息化建设提供安全保障的极端重要性。充分利用互联网对经济发展的推动作用，保护公民和企业的合法权益，同时又要控制它威胁国内社会稳定的负面影响，此外，还要立足网络空间安全，维护国家安全。

2018 年 3 月，中央网络安全和信息化领导小组改为中央网络安全和信息化委员会。2018 年 4 月，中央召开全国网络安全和信息化工作会议，习近平总书记在讲话中强调，我们不断推进理论创新和实践创新，不仅走出一条中国特色治网之道，而且提出一系列新思想、新观点、新论点，形成了网络强国战略思想。

7.2 网络空间安全的含义及特点

7.2.1 网络空间安全的含义

1982 年，加拿大作家威廉·吉布森在其短篇科幻小说《燃烧的铬》中创造了 Cyberspace 一词，意指由计算机创建的虚拟信息空间。网络空间安全在这里强调计算机爱好者在游戏机前体验到交感幻觉，体现了 Cyberspace 不仅是信息的简单聚合体，也包含了信息对人类思想认知的影响。此后，随着信息技术的快速发展和互联网的广泛应用，Cyberspace 的概念不断丰富和演化，2008 年，美国第 54 号总统令对 Cyberspace 进行了定义：Cyberspace 是信息环境中的一个整体域，它由独立且互相依存的信息基础设施和网络组成，包括互联网、电信网、计算机系统、嵌入式处理器和控制器系统。通常，把 Cyberspace 翻译成网络空间，Cyberspace Security 翻译成网络空间安全。

网络空间是所有信息系统的集合，用户在其中与信息相互作用、相互影响，使网络空间安全问题更加综合、更加复杂。网络空间既是用户的生存环境，也是信息的生存环境。用户希望个人隐私或商业利益的信息在网络上传输时避免其他人或对手利用窃听、冒充、篡改和抵赖等手段对用户的利益和隐私造成损害、侵犯和破坏；网络管理者希望对本地网络信息的访问、读写等操作受到保护和控制，避免出现病毒、非法存取、拒绝服务和网络资源的非法占用及非法控制等威胁，制止和防御网络"黑客"的攻击；安保部门希望对非法的、有害的或涉及国家机密的信息进行过滤和防堵，避免其通过网络泄露，避免由于这类信息的泄密对社会产生危害，对国家造成巨大的经济损失，甚至威胁到国家安全。因此网络空间的安全是用户和信息对网络空间的基本要求。

网络空间安全在不同的环境和应用中会得到不同的解释，包含以下的内容。

（1）运行系统（信息处理和传输系统）安全。包括机房环境的安全、计算机结构设计上的安全、硬件系统的安全、计算机软件的安全、数据库系统的安全、电磁泄漏的防护等。它侧重于保证系统正常的运行，避免因为系统的崩溃和损坏而对系统存储、处理和传输的信息造成破坏和损失，本质上是保护系统的合法操作和正常运行。

（2）网络上系统信息的安全。包括用户口令鉴别、用户存取权限控制、数据存取权限、方式控制、安全审计、安全问题跟踪、计算机病毒防治和数据加密等。

（3）网络上信息传播的安全。它侧重于防止、控制和过滤非法有害的信息进行传播后的后果，避免公用通信网络上大量自由传输的信息失控，本质上是维护道德、法则或国家利益。

（4）网络上信息内容的安全，即本章讨论的信息安全。它侧重于保护信息的保密性、真实性和完整性，避免攻击者利用系统的安全漏洞进行窃听、冒充和诈骗等有损于合法用户的行为，本质上是保护用户的利益和隐私。

网络空间安全从本质上来讲就是网络上的信息安全，主要研究网络空间中的安全威胁和防护问题，即在有敌手的对抗环境下，研究信息在产生、传输、存储、处理各个环节中所面临的威胁和防御措施以及网络和系统本身的威胁和防护机制。网络空间安全不仅包括传统信息安全所研究的信息保密性、完整性和可用性，同时还包括信息设备的物理安全性，诸如场地环境保护、防火措施、防水措施、静电防护、电源保护、空调设备、计算机辐射和计算机病毒等，下面给出网络空间安全的一个通用定义。

网络空间安全从本质上讲就是网络上的信息安全，主要指网络系统中的硬件、软件及其中的数据受到保护，不因偶然的或恶意的因素而遭到破坏、更改、泄露，系统连续可靠正常地运行，网络服务不中断。广义上讲，凡是涉及网络上信息的保密性、完整性、可用性、可审查性和可控性的相关技术和理论都是网络空间安全的研究领域。网络空间安全是一个很复杂的问题，因技术性和管理上的诸多原因，一个网络的安全由主机系统、应用和服务、路由、网络、安全设备、网络管理和管理制度等因素决定。显而易见，网络空间安全与其所保护的信息对象有关，网络空间安全从其本质上来讲就是系统上的信息安全，是保证在信息的安全期内在网络上流动时或者静态存放时不被非授权用户非法访问，它的结构层次包括物理安全、安全控制和安全服务。

网络空间安全是一门涉及计算机科学、网络技术、密码技术、信息安全技术、应用数学、数论和信息论等多种学科的综合性科学。它主要研究方向有 5 个，如图 7-1 所示，网络空间安全基础理论提供理论架构和方法学指导，密码学及应用提供密码体制机制，系统安全保证网络空间中单元计算系统安全可信，网络安全保证连接计算机的网络自身安全和传输信息安全，应用安全保证网络空间中大型应用系统安全。

图 7-1　网络空间安全
主要研究方向

7.2.2　网络空间安全的特点

作为一门综合性学科，网络空间安全的内涵十分丰富，外延不断扩展，不同的人对网络空间安全有着不同的认识。但是，从信息的安全获取、处理和使用这一本质要求出发，人们对网络空间安全有着 5 种最基本的需求：保密性、完整性、可用性、可控性和可审查性，这是网络空间安全最基本的追求，也是从技术上理解网络空间安全最根本的出发点。

1. 保密性

保密性也被称为"机密性"，保证信息为授权者享用而不泄露给未经授权者。在传统通信环境中，普通人通过邮政系统发信件时，为了个人隐私要装入信封。可是到了信息时代，信息在网上传播时，如果没有这个"信封"，那么所有的信息都是"明信片"，不再有秘密可言，这便是网络安全中的保密性需求。

在物理层，要保证系统实体不以电磁的方式向外泄露信息，在运行层面，要保障系统依据授权提供服务，使系统任何时候都不被非授权人使用，保密性不但包括信息内容的保密，还包括信息状态的保密。例如，在军事战争中，即使无法破解对方的加密信息，但仍可从敌方通信流量的骤增情况上推断出某些重要的结论（如可以推知敌方将有重大军事行动）。保密性往往在信息通信过程中得到相当程度的重视，然而，信息在存储与处理过程中的保密性问题在当前相当突出，常被人们所忽视。

2. 完整性

完整性是指信息未经授权不能进行更改的特性，即信息在存储或传输过程中保持不被偶然或蓄意地删除、修改、伪造、乱序、延迟、重放、插入等破坏和丢失的特性。完整性与保密性不同，保密性要求信息不被泄露给非授权的人，而完整性则要求信息不应受到各种原因的破坏。影响信息完整性的主要因素有设备故障、误码、人为攻击、计算机病毒等。

3. 可用性

可用性是指合法用户访问并能按要求顺序使用信息的特性，即保证合法用户在需要时可以访问到信息及相关资料。例如，在授权用户或实体需要信息服务时，信息服务应该可以使用，或者在网络和信息系统部分受损或需要降级使用时，仍能为授权用户提供有效服务。在物理层，要保证信息系统在恶劣的工作环境下能正常进行。在运行层面，要保证系统时刻能为授权人提供服务，保证系统的可用性，使得发布者无法否认所发布的信息内容。接收者无法否认所接收的信息内容，对数据抵赖采取数字签名。可用性一般以系统正常使用时间与整个工作时间之比来度量。

4. 可控性

可控性指对信息的传播及内容具有控制能力。对流通在网络系统中的信息传播及具体内容能够实现有效控制的特性，即网络系统中的任何信息要在一定传输范围和存放空间内可控。除了采用常规的传播站点和传播内容监控这种形式外，最典型的如密码的托管政策，当加密算法交由第三方管理时，必须严格按规定可控执行。

5. 可审查性

可审查性指对出现的网络安全问题提供调查的依据和手段。通信双方在信息交互过程中，确信参与者本身以及参与者所提供的信息的真实同一性，即所有参与者都不可能否认或抵赖本人的真实身份。

7.2.3 网络安全的分类

全方位、整体的网络安全防范体系是分层次的，不同层次反映了不同的安全问题。根据国家计算机安全规范，大致可以分为三类：实体安全、网络与信息安全、应用安全。根据网络的应用现状情况和网络的机构，可将安全防范体系划分为五层。

1. 物理层安全

包括通信线路安全、物理设备和机房安全等。主要体现在通信线路的可靠性、软/硬件设备的安全性、设备备份、防灾害能力、防干扰能力、设备运行环境和不间断电源保障等。

2. 系统层安全

网络内所使用的操作系统的安全，主要体现 3 个方面。

（1）操作系统本身的缺陷所带来的不安全性因素，主要包括身份认证、访问控制和系统漏洞等。

（2）操作系统的安全配置问题。

（3）病毒对操作系统的威胁。

3. 网络层安全

主要有网络层身份认证、网络资源的访问控制、数据传输的保密和完整性、远程接入的安全、域名系统的安全、路由系统的安全、入侵检测手段和网络设施防毒等。

4. 应用层安全

主要由提供服务的应用软件和数据的安全性产生，包括 Web 服务、电子邮件系统和 DNS 等，还包括病毒对系统的威胁。

5. 管理层安全

主要包括安全技术和设备的管理、安全管理制度、部门与人员的组织规则等。

7.3　网络空间面临的威胁

7.3.1　威胁网络空间安全的因素

网络威胁简单地说就是指对网络中软、硬件的正常使用、数据的完整无损以及网络通信正常工作等造成的威胁。将所有影响网络正常运行的因素称为网络安全威胁，从这个角度讲，网络安全威胁既包括环境因素和灾害因素，也包括人为因素和系统自身因素。

1. 自然灾害、意外事故

网络设备所处环境的温度、湿度、供电、静电、灰尘、强电磁场、电磁脉冲等，自然灾害中的火灾、水灾、地震、雷电等，均会影响和破坏网络系统的正常工作。针对这些非人为的环境因素和灾害因素目前已有比较好的应对策略。

2. 人为行为

多数网络安全事件是由于人员的疏忽或黑客的主动攻击造成的，也就是人为因素，主要包括以下两种。

人为的恶意攻击：是对网络空间安全的最大威胁，包括两类，一类是主动攻击，以各种方式有选择地破坏系统和数据；另一类是被动攻击，不影响网络和应用系统下，截获、窃取、破译机密信息。

人为的无意失误：网络管理员考虑不周，工作疏忽造成失误（配置不当等），造成安全漏洞，对网络系统造成不良后果，这是造成网络威胁的重要原因。

网络安全技术主要针对此类网络安全威胁进行防护。

3. 网络软件系统的漏洞

系统自身的脆弱和不足（或称为安全漏洞）是造成信息系统安全问题的内部根源，攻击者正是利用系统的脆弱性使各种威胁变成现实。

系统自身因素是指网络中的计算机系统或网络设备因自身的原因导致网络不安全，主要包括计算机硬件系统的故障；各类计算机软件故障或安全缺陷，包括系统软件、支撑软件和应用软件；网络和通信协议自身的缺陷也会导致网络安全问题。

一般来说，在系统的设计、开发过程中有很多因素会导致系统漏洞，这些漏洞主要包括以下几种。

（1）系统基础设计错误导致漏洞，如互联网在设计时没有认证机制，使假冒 IP 地址很容易。

（2）编码错误导致漏洞，如缓冲区溢出、格式化字符串漏洞、脚本漏洞等都是在编程实现时没有实施严格的安全检查而产生的漏洞。

（3）安全策略实施错误导致漏洞，如在设计访问控制策略时，没有对每一处访问都进行访问控制检查。

（4）实施安全策略对象歧义导致漏洞，如 IE 浏览器的解码漏洞。

（5）系统开发人员刻意留下的后门。这些后门是开发人员为了调试用的，而另一些则是开发人员为了以后非法控制用的，这些后门一旦被攻击者获悉，则将严重威胁系统的安全。

在设计实现过程中产生的系统安全漏洞外，很多安全事故是因为不正确的安全配置造成的，例如短口令、开放 Guest 用户、安全策略配置不当等。人们逐渐意识到安全漏洞对网络安全所造成的严重威胁，并采取很多措施来避免在系统中留下安全漏洞，但互联网上每天都在发新的安全漏洞公告，漏洞不仅存在，而且层出不穷，这些漏洞成为攻击的首选目标。

为了降低安全漏洞对网络安全造成的威胁，目前一般的处理措施就是打补丁，但是，补丁也不是万能的。网络对抗研究领域中一个最基础的研究方向就是漏洞挖掘，即通过测试、逆向分析等方法发现系统或软件中存在的未知安全漏洞，在其安全补丁发布之前开发出相应的攻击程序，并大规模应用。对于已发布补丁的软件，也可以通过补丁比较技术发现补丁所针对的安全漏洞的细节，以最短的时间开发出利用程序，在用户还没来得及打上补丁之前实施攻击。在这种情况下，补丁反而为攻击者提供了有用的信息。

总之，威胁网络安全的因素有很多，但最根本的原因是系统自身存在安全漏洞，从而给了攻击者可乘之机。

7.3.2　网络空间安全威胁的类型

进入 20 世纪 80 年代后，计算机的性能得到了成百上千倍的提高，应用的范围也在不断扩大，计算机已遍及世界各个角落。而且人们正努力利用通信网络把孤立的单机系统连接起来，相互通信和共享资源。但是，随之而来并日益严峻的问题是计算机中信息的安全问题。由于计算机中信息有共享和易于扩散等特性，它在处理、存储、传输和使用上有着严重的脆弱性，很容易被干扰、滥用、遗漏和丢失，甚至被泄露、窃取、篡改、伪造和破坏。因此，人们开始关注计算机系统中的硬件、软件及在处理、存储、传输信息中的保密性。通过访问控制，可防止对计算机中信息的非授权访问，从而保护信息的保密性。但是，随着计算机病毒、计算机软件 Bug 等问题的不断显现，保密性已经不足以满足人们对安全的需求，完整性和可用性等新的计算机安全需求开始走上舞台。图 7-2 列举了网络空间会遭受的若干安全威胁。

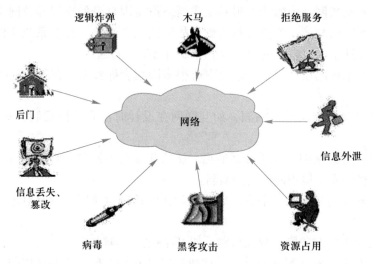

图 7-2 网络安全威胁

网络安全存在的威胁主要表现在以下几个方面。

（1）非授权访问，这主要是指对网络设备以及信息资源进行非正常使用或超越权限使用。

（2）假冒合法用户，主要指利用各种假冒或欺骗的手段非法获得合法用户的使用权，以达到占用合法用户资源的目的。

（3）破坏数据完整性。

（4）干扰系统的正常运行，改变系统正常运行的方向以及延时系统的响应时间。

（5）病毒破坏。

（6）通信线路被窃听等。

7.3.3 恶意代码

恶意代码就是一个计算机程序或一段程序代码，执行后完成特定的功能。但与正常的计算机软件功能不同，它是恶意的，即起着破坏性的作用，它未经用户许可非法使用计算机系统，影响计算机系统、网络正常运行，窃取用户信息。

随着软件应用的复杂化，软件中的"臭虫"（bug）和安全漏洞不可避免，攻击者可以针对漏洞编写恶意代码，以实现对系统的攻击，近年来甚至出现了漏洞发布当天就产生恶意攻击代码的"零日攻击"。随着互联网的迅速发展和广泛应用，恶意代码的传播速度非常快，使得目前计算环境中的新恶意代码的数量呈指数级增长。

恶意代码总体上可以分为两类，一类需要驻留在宿主程序；另一类独立于宿主程序。前一类实质上是一些必须依赖于一些实际应用程序或系统程序才可以起作用的程序段，后一类是一些可以由操作系统调度和运行的独立程序。

另外一种分类方法是将这些恶意代码分为不可进行自身复制和可以进行自身复制的两类。

前者在宿主程序被触发时执行相应操作，但不会对本身进行复制操作；后者包括程序段（病毒）或独立的程序（蠕虫），这些程序在执行时将产生自身的一个或多个副本，这些副本在合适的时机将在本系统或其他系统内被激活。

按传播方式，恶意代码可以分为计算机病毒、木马、蠕虫、逻辑炸弹、陷阱门、僵尸等。

1. 计算机病毒

计算机病毒（computer virus）最早是由美国计算机病毒研究专家 Fred Cohen 博士正式提出来的，他对计算机病毒下的定义是："病毒是一种靠修改其他程序来插入或进行自身复制，从而感染其他程序的一段程序。"

《中华人民共和国计算机信息系统安全保护条例》中明确定义，计算机病毒指编制或者在计算机程序中插入的破坏计算机功能或者破坏数据，影响计算机使用并且能够自我复制的一组计算机指令或者程序代码。

病毒既然是一种计算机程序，就需要消耗计算机的 CPU 资源。当然，病毒并不一定都具有破坏力，有些病毒更像是恶作剧，例如，有些计算机感染病毒后，只是显示一条有趣的消息，但大多数病毒的目标任务就是破坏计算机信息系统程序，影响计算机的正常运行。

计算机病毒具有传染性、隐蔽性、潜伏性、可触发性、寄生性和破坏性等特征。

（1）传染性：计算机病毒的基本特征，通过各种渠道从已被感染的计算机扩散到未被感染的计算机。

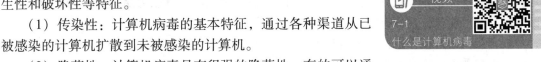

（2）隐蔽性：计算机病毒具有很强的隐蔽性，有的可以通过病毒软件检查出来，有的根本就查不出来，有的时隐时现、变化无常，这类病毒处理起来通常很困难。

（3）潜伏性：计算机病毒像定时炸弹一样，让它什么时间发作是预先设计好的。一个编制精巧的计算机病毒程序，进入系统之后一般不会马上发作，可以在几周或者几个月内甚至几年内隐藏在合法文件中，对其他系统进行传染，而不被人发现，潜伏性越好，其在系统中的存在时间就会越长，病毒的传染范围就会越大。

（4）可触发性：计算机病毒因某个事件或者数值出现，诱使病毒实施感染或进行攻击的特性称为可触发性。

（5）寄生性：计算机病毒寄生在其他程序中，当执行这个程序时，病毒就起破坏作用，而在未启动这个程序之前，它是不易被人发觉的。

（6）破坏性：计算机中毒后，可能会导致正常的程序无法运行，计算机内的文件被删除或受到不同程度的损坏。

2. 蠕虫

蠕虫（worm）主要是指利用操作系统和应用程序漏洞进行传播，通过网络通信功能将自身从一个节点发送到另一个节点并启动运行的程序。它可以算是计算机病毒中的一种，但与普通计算机病毒之间有着很大的区别。它具有计算机病毒的一些共性，如传播性、隐蔽性、破坏性等，同时具有自己的一些特征，如不利用文件寄生（有的

只存在于内存中）、对网络造成拒绝服务以及与黑客技术相结合等。

蠕虫能够自我完成下述步骤。

（1）查找远程系统：能够通过检索已被攻陷的系统的网络邻居列表或其他远程系统地址列表找出下一个攻击对象。

（2）建立连接：能够通过端口扫描等操作过程自动和被攻击对象建立连接，如 Telnet 连接等。

（3）实施攻击：能够自动将自身通过已经建立的连接复制到被攻击的远程系统，并运行它。

在破坏性上，蠕虫病毒也不是普通病毒所能比拟的，互联网使得蠕虫可以在短短的时间内蔓延至全球，造成网络瘫痪。局域网条件下的共享文件夹、电子邮件、大量存在漏洞的服务器等，都将成为蠕虫传播的途径。此外，蠕虫会消耗内存或网络带宽，从而可能造成拒绝服务，导致计算机崩溃。

3. 木马

木马因希腊神话中的"特洛伊木马"（Trojan horse）而得名，简称木马，指一个隐藏在合法程序中的非法程序。该非法程序被用户在不知情的情况下执行。当有用的程序被调用时，隐藏的木马程序将执行某种有害功能，如删除文件、发送信息等，并能间接实现非授权用户不能直接实现的功能。木马不会感染其他寄宿文件，清除木马的方法是直接删除受感染的程序。

木马与病毒的重大区别是木马不具传染性，它并不能像病毒那样复制自身，也并不"刻意"地去感染其他文件，它主要通过将自身伪装起来，吸引用户下载执行。要使木马传播，必须在计算机上有效地启用这些程序，如打开电子邮件附件或者将木马捆绑在软件中，放到网上吸引用户下载执行等。

常见的木马主要以窃取用户相关信息为主要目的，其主要由两部分组成：服务器程序和控制器程序。感染木马后，计算机中便安装了服务器程序，拥有控制程序的人就可以通过网络远程控制受害者的计算机，为所欲为。

4. 逻辑炸弹

所谓"逻辑炸弹"（logic bomb）是指在特定逻辑条件满足时，实施破坏的计算机程序，该程序触发后造成计算机数据丢失，计算机不能从硬盘或者软盘引导，甚至会使整个系统瘫痪，并出现物理损坏的虚假现象。与病毒相比，逻辑炸弹强调破坏作用本身，而实施破坏的程序不会传播。

最常见的激活逻辑炸弹的方式是日期触发。该逻辑炸弹检查系统日期，直到预先编程的日期和系统日期一致时，逻辑炸弹就被激活并执行它的代码。

逻辑炸弹在软件中出现的频率相对较低，原因主要有两个：首先，逻辑炸弹不便于隐藏，可以追根溯源；其次，在相当多的情况下，逻辑炸弹在民用产品中的应用是没有必要的，因为这种手段"损人不利己"，而在军用或特殊领域，如国际武器交易、先进的超级计算设备出口等情况下，逻辑炸弹才具有实用意义，如逻辑炸弹可以限制超级计算设备的计算性能或使武器的电子控制系统通过特殊通信手段传送情报或删除信息等。

　　值得注意的是，近年来在民用场合也确实发生过多起因逻辑炸弹引发的网络安全事件，原因是有的员工出于对单位的不满而在为客户开发的软件中设置逻辑炸弹，导致客户的网络和信息系统在运行一段时间后出现重大故障，甚至造成严重经济损失。

5. 陷阱门

　　陷阱门（trap door）是某个程序的秘密入口，通过该入口启动程序，可以绕过正常的访问控制过程，因此，获悉陷阱门的人员可以绕过访问控制过程，直接对资源进行访问。陷阱门已经存在很长一段时间，原先的作用是程序员开发具有鉴别或登录过程的应用程序时，为避免每一次调试程序时都需输入大量鉴别或登录过程需要的信息，通过陷阱门启动程序的方式来绕过鉴别或登录过程。程序区别于正常启动和通过陷阱门启动的方式很多，如携带特定的命令参数、在程序启动后输入特定字符串等。

　　程序设计者是最有可能设置陷阱门的人，因此，许多免费下载的应用程序中含有陷阱门或病毒这样的恶意代码，因此使用免费下载的应用程序时必须注意这一点。

6. 僵尸

　　僵尸（zombie）是一种具有秘密接管其他连接在网络上的系统，并以此系统为平台发起对某个特定系统的攻击功能的恶意代码。僵尸主要用于定义恶意代码的功能，并没有涉及该恶意代码的结构和自我复制过程，因此，分别存在符合狭义病毒的定义和蠕虫定义的僵尸。

7.3.4　网络攻击方法

　　网络攻击的手段和技术方法千差万别，新的攻击技术也层出不穷，很难一一列全，且很多攻击综合利用了多种方法，下面来分析几个典型的网络攻击方式。

1. 口令猜解

　　口令是目前保护系统安全的主要方法之一，通过猜测、窃取等方式获取合法用户的账号和口令已经成为网络攻击的一个重要手段。

　　常见的口令猜解攻击包括以下 3 类。

　　（1）口令猜测攻击（字典攻击）：攻击者针对姓名拼音、常用短语或生日数字这类的弱口令构造口令字典，利用程序自动遍历，直至找到正确的口令或将字典的口令试完，可在几小时内试完 10 万条记录。

　　（2）暴力破解攻击：利用用户口令长度过短的缺陷，通过计算工具尝试所有可能的字母组合方式，碰撞出用户口令，如由 4 位小写字母组成的口令可以在几分钟内被破解。

　　（3）网络监听攻击：在 Telnet、HTTP 等没有采用任何加密或身份认证技术的传输协议中，直接利用数据包截取工具，收集明文传输的用户账户和口令信息。

2. 病毒的侵袭

　　几乎有计算机的地方，就会出现计算机病毒，计算机病毒通常通过网络、磁盘、光盘等诸多手段进行传播，它的传播速度快、影响面大，危害最能引起人们的关注。有些黑客会有意释放病毒来破坏数据，而大部分病毒是在不经意之间被扩散出去的。病毒的"毒性"不同，轻则只会玩笑性地在受害机器上显示几个警告信息，重则有可能破坏或危及个人计算机乃至整个网络的安全。

让网络免受病毒攻击最保险和最有效的方法是对网络中的每一台计算机安装防病毒软件，并定期对软件中的病毒定义进行更新。常用的防病毒软件包括国外的卡巴斯基、Norton、PC-cilin、Mafee 及国内的金山毒霸、瑞星、360 杀毒等。然而没有"忧患意识"，很容易陷入"盲从杀毒软件"的误区。

因此，光有工具不行，还必须在意识上加强防范，并且注重操作的正确性；重要的是培养集体防毒意识，部署统一的防毒策略，高效、及时地应对病毒的入侵。

3. "黑客"的非法闯入

"黑客"一词是英文 hacker 的音译。这个词早在莎士比亚时代就已存在了，最早的意思是劈砍，人们第一次真正理解它时，却是在计算机问世之后，《牛津英语词典》解释 "hacker"一词涉及计算机的义项是："指对计算机科学、编程和设计方面具有高度理解的人，利用自己在计算机方面的技术，设法在未经授权的情况下访问计算机文件或网络的人。"

随着越来越多黑客案件的报道，人们不得不意识到黑客的存在。黑客利用网络的安全漏洞，不经允许非法访问企业内部网络或数据资源，窃取数据、毁坏文件和应用、删除数据、阻碍合法用户使用网络，所有这些都会对企业造成危害。

防火墙是防御黑客攻击的最好手段。位于企业内部网与外部之间的防火墙产品能够对所有企图进入内部网络的流量进行监控。不论是基于硬件还是软件的防火墙都能识别、记录并阻塞任何有非法入侵企图的可疑的网络活动。

4. 木马攻击

木马攻击是将恶意功能程序伪装隐藏在另一合法程序中，吸引用户执行并且做出恶意操作。目前木马病毒植入的主要途径有以下几种。

（1）通过电子邮件，将木马程序以附件的形式含在邮件中发送出去，收信人只要打开附件就会感染木马病毒。

（2）通过软件下载，一些非正规的网站以提供软件下载为名，将木马病毒捆在软件安装程序上，只要运行这些程序，木马病毒就会自动安装。

（3）通过诱骗用户访问挂马网站，所谓的挂马，就是黑客通过各种手段，包括 SQL 注入、服务器漏洞等各种方法获得网站管理员账号，然后登录网站后台，通过数据库备份/恢复或者上传漏洞获得一个 Webshell。利用获得的 Webshell 修改网站页面的内容，向页面中加入恶意代码。也可以直接通过弱口令获得服务器或者网站 FTP，然后直接对网站页面进行修改。当用户访问被加入恶意代码的页面时，就会自动下载木马病毒。在用户系统中成功植入木马病毒之后，木马病毒通常会把入侵主机的信息，如 IP 地址、木马病毒植入的端口等发送给攻击者，攻击者收到后可与木马病毒里应外合控制攻击主机。

5. 网络钓鱼

网络钓鱼（又称钓鱼法或钓鱼式攻击），是通过欺骗性的电子邮件和网站，伪装成可信网站或网页，骗取用户个人敏感信息，获取不正当利益的攻击方法。攻击者通常会将自己伪装成网络银行、大型在线零售商等可信的品牌，通过欺骗性邮件将收信人引诱到一个通过精心设计，与收信人的目标网站非常相似的钓鱼网站上（如将 ICBC 修改为 1CBC），并获取收信人在此网站上输入的个人敏感信息。网络钓鱼所使用的常见伎俩：使用易混淆网址、子网域、含有特殊符号的欺骗链接、架设假基站、假 WiFi 热点等。

6. 数据"窃听"和拦截

这种方式是直接或间接截获网络上的特定数据包并进行分析来获取所需信息。一些企业在与第三方网络进行传输时，需要采取有效措施来防止重要数据被中途截获，如用户信用卡号码等。加密技术是保护传输数据免受外部窃听的最好办法，其可以将数据变成只有授权接收者才能还原并阅读的编码。

进行加密的最好办法是采用虚拟专用网（VPN）技术。一条 VPN 链路是一条采用加密隧道（tunnel）构成的远程安全链路，它能够将数据从企业网络中安全地输送出去。两家企业可以通过 Internet 建立起 VPN 隧道。一个远程用户也可以通过建立一条连接企业局域网的 VPN 链路来安全地访问企业内部数据。

7. 拒绝服务

这类攻击一般能使单个计算机或整个网络瘫痪，黑客使用这种攻击方式的意图很明显，就是要阻碍合法网络用户使用该服务或破坏正常的商务活动。这类攻击通常有两种实施方式。

（1）利用系统漏洞或缺陷，通过发送非法数据包，使目标系统死机或重新启动。

（2）利用拒绝服务攻击工具向目标主机发送大量数据包，消耗网络带宽资源和主机资源，致使网络或系统负荷过载而停止向用户提供服务。

例如，通过破坏两台计算机之间的连接而阻止用户访问服务；通过向企业的网络发送大量信息而堵塞合法的网络通信，最后不仅摧毁网络架构本身，也破坏整个企业运作。

8. 漏洞攻击

漏洞攻击指在未经授权的情况下，试图非法入侵的黑客利用系统安全漏洞非法访问、读取、删改系统文件，达到破坏系统目的的方法。漏洞主要来自于系统设计缺陷、系统安全策略设置缺陷、编码错误、业务逻辑设计不合理、业务运行流程缺陷等。其导致计算机或网络的整体安全出现缺口，从而可以使攻击者能够利用针对性的工具，在未授权的情况下访问或破坏系统。近年来，出现了"零日漏洞"（Zero-Day）攻击，又叫零时差攻击，是指被发现后立即被恶意利用的安全漏洞。通俗地讲，即安全补丁与瑕疵曝光的同一日内，相关的恶意程序就出现。这种攻击往往具有很大的突发性与破坏性。

9. 后门攻击

后门是指软件开发者或情报机关出于商业、政治动机预留在目标产品、系统、算法内，便于秘密进入或控制系统的非预期代码。攻击者可通过利用软件后门绕过安全认证机制，直接获取对程序或系统的访问权。即使管理员通过改变所有口令之类的方法来提高安全性，攻击者仍然能再次侵入，且由于后门通常会设法躲过日志，大多数情况下，即使入侵者正在使用系统，也无法被监测到。

10. 高级持续攻击

高级持续攻击（advanced persistent threat，APT），是利用先进的攻击手段对特定目标进行长期、持续性网络攻击的攻击形式。通常是出于商业或政治动机，针对特定组织或国家进行长时间、高隐蔽性的持续攻击。

高级持续攻击包含 3 个要素：高级、长期、威胁。高级强调的是使用复杂精密的恶意软件及技术以利用系统中的漏洞；长期暗指某个外部力量会持续监控特定目标，并从中获取数据；威胁则指人为参与策划的攻击。

高级持续攻击的特征如下。

（1）潜伏性，攻击和威胁可能在用户环境中存在很久，不断收集各种信息，直到收集到重要情报。而这些发动 APT 攻击的黑客的目的往往不是为了在短时间内获利，而是把"被控主机"当成跳板，持续搜索，直到能彻底掌握针对的目标人、事、物。

（2）持续性，攻击者不断尝试各种攻击手段以及渗透到网络内部后长期蛰伏，让被攻击单位的管理人员无从察觉。

锁定特定目标，即针对特定政府部门或企业，长期进行有计划性、有组织性的窃取情报行为，如针对被锁定对象寄送可以假乱真的社交工程恶意邮件、冒充客户来信等，以取得在计算机植入恶意软件的机会。

11. 社会工程

社会工程攻击是一种利用"社会工程学"来实施的网络攻击行为，利用人的弱点（如好奇、贪便宜等），通过欺诈、诱骗、威胁等方式入侵目标计算机系统。攻击者利用社会工程的概念，在取得攻击目标的背景信息的基础上，通过多种社交手段与受害人建立信任，向受害人索要关键信息，并以此为基础欺骗其他或更高层人员，不断重复，最终获取目标的敏感信息。例如，攻击者掌握大量的背景信息后，冒充企业的总经理，要求财务人员进行转账。

除上述威胁网络安全的主要因素外，还有如下网络安全隐患。

（1）恶意扫描：这种方式是利用扫描工具（软件）对特定机器进行扫描，发现漏洞进而发起相应攻击。

（2）密码破解：这种方式是先设法获取对方机器上的密码文件，然后再设法运用密码破解工具获得密码。除了密码破解攻击，攻击者也有可能通过猜测或网络窃听等方式获取密码。

（3）数据篡改：这种方式是截获并修改网络上特定的数据包来破坏目标数据的完整性。

（4）地址欺骗：这种方式是攻击者将自身 IP 伪装成目标机器信任机器的 IP 地址，以此来获得对方的信任。

（5）垃圾邮件：主要表现为黑客利用自己在网络上所控制的计算机向被攻击计算机的邮件服务器发送大量的垃圾邮件，或者利用被攻击的邮件服务器把垃圾邮件发送到网络上其他的服务器上。

（6）基础设施破坏：这种方式是破坏 DNS 或路由器等基础设施，使得目标机器无法正常使用网络。

由上述诸多入侵方式可见，人们可以做的是如何尽可能降低危害程度。除了采用防火墙、数据加密以及借助公钥密码体制等手段以外，对安全系数要求高的企业还可以充分利用网络上专门机构公布的常见入侵行为特征数据，通过分析这些数据，形成适合自身的安全性策略，努力使风险降低到企业可以接受且可以管理的程度。

7.4 实现网络空间安全的措施

网络空间已成为人们工作、生活不可或缺的重要支柱，其安全问题已得到世界各国的高度重视。

7.4.1　网络空间安全措施简介

网络空间安全措施主要包括保护网络安全、保护应用服务安全和保护系统安全三个方面，各个方面都要结合考虑安全防护的物理安全、防火墙、信息安全、Web 安全、媒体安全等。

1. 保护网络安全

网络安全是为保护商务各方网络端系统之间通信过程的安全性。主要措施包括：全面规划网络平台的安全策略，制定网络安全的管理措施，使用防火墙，尽可能记录网络上的一切活动，注意对网络设备的物理保护，检验网络平台系统的脆弱性和建立可靠的识别和鉴别机制。保证机密性、完整性、认证性和访问控制性是网络安全的重要因素。

2. 保护应用安全

保护应用安全，主要是针对特定应用（如 Web 服务器、网络支付专用软件系统）所建立的安全防护措施，它独立于网络的任何其他安全防护措施。虽然有些防护措施可能是网络安全业务的一种替代或重叠，如 Web 浏览器和 Web 服务器在应用层上对网络支付结算信息包的加密，都通过 IP 层加密，但是许多应用还有自己的特定安全要求。

3. 保护系统安全

保护系统安全，是指从整体电子商务系统或网络支付系统的角度进行安全防护，它与网络系统硬件平台、操作系统、各种应用软件等互相关联。涉及网络支付结算的系统安全包含下述一些措施。

（1）在安装的软件中，如浏览器软件、电子钱包软件、支付网关软件等，检查和确认未知的安全漏洞。

（2）技术与管理相结合，使系统具有最小穿透风险性。如通过诸多认证才允许连通，对所有接入数据必须进行审计，对系统用户进行严格安全管理。

（3）建立详细的安全审计日志，以便检测并跟踪入侵攻击等。

7.4.2　网络攻击的防范策略

网络攻击可能无孔不入，其防范应该从技术和管理等方面进行考虑。综合使用各种安全技术，才能形成一个高效、安全的信息系统。与此同时，网络安全还是一个复杂的社会问题，应鼓励支持产业发展，逐步攻克并掌握核心、高端技术，同时也要建立健全法律、法规，构建应对网络攻击的铜墙铁壁。总体而言，在防范网络攻击时要做好以下三方面工作。

1. 有效使用各类安全技术，筑牢安全防线

信息系统要具备预警、保护、检测、反应、恢复功能。在预警中，首先要分析威胁到底来自什么地方，并评估系统的脆弱性，分析出信息系统的风险。所谓保护，就是采用一切的手段保护信息系统的保密性、完整性、可用性等。所谓检测，就是利用高技术工具来检查信息系统中发生的黑客攻击、病毒传播等情况。因此，要求具备相应的技术工具，形成动态检测制度，建立报告协调机制，尽量提高检测的实时性，这个环节需要的是脆弱性扫描、入侵检测、恶意代码过滤等技术。所谓反应，就是对于危及安全的事件、行为、过程等及时做出响应处理，杜绝危害进一步扩大，使得信息系统能够提供正常的服务。要求通过综合建立起来的反应机制，提高实时性，形成快速响应能力。这个环节需要的是报警、跟踪、处理等技术，处理中还包括封堵、隔离、报告等手段。所谓恢复，是指系统一旦遭到破坏，尽快实施灾难恢复工作，恢复系统的功能，使之尽早提供正常的服务。在这一环节中，要求信息系统具有应急和灾难恢复计划、措施，形成恢复能力。备份、容错、冗余、替换、修复和一致性保证等都是需要开发的恢复技术。

2. 提升安全意识，加强安全管理

要加强系统管理人员及使用人员的安全意识，如不要随意打开来历不明的电子邮件及文件，不要随便运行陌生人发来的程序，尽量避免从网上下载不知名的软件，口令设置不要太简单且要定期更换。还包括明确责任、落实资源、开展培训等。

3. 强化溯源取证和打击能力，形成威慑

查找攻击者的犯罪线索和犯罪证据，依法侦查犯罪分子，处理犯罪案件。这个环节中要求形成取证能力和打击手段，依法打击犯罪和网络恐怖主义分子。

7.4.3 防火墙

1. 防火墙概述

防火墙（firewall，也称防护墙）一词在辞海中的解释是"用非燃烧材料砌筑的墙。设在建筑物的两端或在建筑物内将建筑物分割成区段，以防止火灾蔓延。"在当今的网络环境下，常借用这个概念，使用防火墙来保护敏感的数据不被窃取和篡改，这里的防火墙是由计算机系统构成的。

所谓"防火墙"是指一种将内部网和公众访问网（如 Internet）分开的方法，它实际上是一种建立在现代通信网络技术和信息安全技术基础上的应用性安全隔离技术。防火墙技术是通过有机结合各类用于安全管理与筛选的软件和硬件设备，帮助计算机网络于其内、外网之间构建一道相对隔绝的保护屏障，以保护用户资料与信息安全性的一种技术。防火墙越来越多地应用于专用网络与公用网络的互联环境中，尤其以接入 Internet 网络最为普遍。

防火墙犹如一道护栏隔在被保护的内部网络和不安全的外部网络之间，是一种边界保护的机制，这道屏障的作用是阻断来自外部的网络入侵，保护内部网络的安全，如图 7-3 所示。

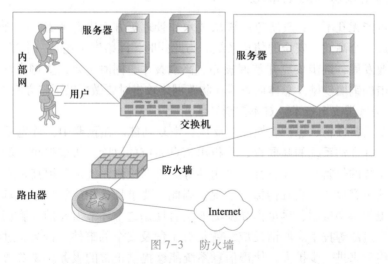

图 7-3　防火墙

防火墙要起到边界保护作用，就必须做到所有进出网络的通信流都应该通过防火墙，所有穿过防火墙的通信流都必须有安全策略和计划的确认和授权，理论上说，防火墙是穿不透的。

利用防火墙能保护站点不被任意连接，甚至能建立跟踪工具，帮助总结并记录有关正在进行的连接资源、服务器提供的通信量以及试图闯入者的企图。

总之，防火墙是阻止外面的人对本地网络进行访问的任何设备，此设备通常是软件和硬件的组合体，它通常根据一些规则来挑想要或不想要的地址。

2. 防火墙的功能

防火墙具有很好的保护作用，入侵者必须首先穿越防火墙的安全防线，才能接触目标计算机。用户可以将防火墙配置成许多不同保护级别，高级别的保护可能会禁止一些服务，如视频流等，但至少这是自己的保护选择。防火墙通常具有如下功能。

（1）强化网络安全策略。因为因特网上每天都有上百万人浏览信息、交换信息，不可避免地会出现个别品德不良或违反规则的人。防火墙是为了防止不良现象发生的"交通警察"，它执行站点的安全策略，仅容许"认可的"和符合规则的请求通过。

通过以防火墙为中心的安全方案配置，能将所有安全软件（如口令、加密、身份认证、审计等）配置在防火墙上。与将网络安全问题分散到各个主机上相比，防火墙的集中安全管理更经济。

（2）监控网络存取和访问。因为所有进出信息都必须通过防火墙，所以防火墙非常适合用于收集关于系统和网络使用和误用的信息，防火墙能记录下这些访问并做出日志记录，同时也能提供网络使用情况的统计数据。作为访问的唯一交叉点，防火墙记录着被保护的网络和外部网络之间进行的所有事件。当发生可疑动作时，防火墙能进行适当的报警，并提供网络是否受到监测和攻击的详细信息。

另外，收集一个网络的使用和误用情况也是非常重要的，清楚防火墙是否能够抵挡攻击者的探测和攻击，并且清楚防火墙的控制是否充足，而网络使用统计对网络需求分析和威胁分析等而言也是非常重要的。

（3）防止内部信息的外泄。通过利用防火墙对内部网络的划分，可实现内部网重点网段的隔离，从而限制了局部重点或敏感网络安全问题对全局网络造成的影响，有效控制影响一个网段的问题通过整个网络传播。

再者，隐私是内部网络非常关心的问题，一个内部网络中不引人注意的细节可能包含了有关安全的线索而引起外部攻击者的兴趣，甚至因此而暴露了内部网络的某些安全漏洞，使用防火墙就可以隐蔽那些透露内部细节的服务（如 Finger、DNS 等）。

Finger 显示了主机的所有用户的注册名、真名，最后登录时间和使用 Shell 类型等，但是 Finger 显示的信息非常容易被攻击者所获悉。

攻击者可以知道一个系统使用的频繁程度，这个系统是否有用户正在连线上网，这个系统是否在被攻击时引起注意，等等。防火墙可以同样阻塞有关内部网络中的 DNS 信息，这样一台主机的域名和 IP 地址就不会被外界所了解。

（4）实现数据库安全的实时防护。数据库防火墙通过 SQL 协议分析，根据预定义的禁止和许可策略让合法的 SQL 操作通过，阻断非法违规操作，形成数据库的外围防御圈，实现

SQL 危险操作的主动预防、实时审计。数据库防火墙面对来自于外部的入侵行为，提供 SQL 注入禁止和数据库虚拟补丁包功能。

（5）其他附加功能。除上述的基本功能外，防火墙一般还具有如下附加功能。

7-5

数据加密技术简介

流量控制功能。针对不同的用户限制不同的流量，便于合理使用网络带宽。

NAT（网络地址转换）功能。实现内部网络 IP 地址向外部网络 IP 地址的转换，可以节省外部网络 IP 地址的使用，也可以实现内部网络 IP 地址的保护，避免遭受外部网络的攻击。

VPN（虚拟专用网）功能。利用数据封装和数据加密技术，使本来只能在私有网络传输的数据能够通过公共网络（如互联网）进行传输，大大降低了所需费用。由于防火墙所处的位置在网络的入口处，因此它是支持 VPN 连接的理想接点。

3. 防火墙的局限性

综上所述，防火墙能在网络边界对被保护网络进行很好的防护，但并不能解决所有的安全问题，它仍有许多防范不到的地方。

（1）不能防范被保护网络内部人员发起的攻击。防火墙可以禁止系统用户经过网络链接发送专有的信息，但用户可以将数据复制到磁盘、磁带上，放在公文包中带出去。如果入侵者已经在防火墙内部，防火墙是无能为力的。内部用户可破坏硬件和软件，并且巧妙地修改程序而可以不用接近防火墙，只能要求加强内部管理，如主机安全防范和用户教育等。

（2）不能防范不经过防火墙的攻击。防火墙能够有效地防止通过它进行传输的信息，然而不能防止不通过它而传输的信息。例如，在一个被保护的内部网络上存在一个不受限制的出口连接，即内部网络上的用户通过 ADSL 直接连接到互联网，从而绕过防火墙提供的安全系统，形成了一个潜在的后门攻击通道。

（3）不能完全防止传送已感染病毒的软件或文件。这是因为病毒的类型太多，不同操作系统的编码和压缩二进制文件的格式也各不相同，所以不能期望防火墙能对每一个进出内部网络的文件进行扫描，查出潜在的病毒。

（4）不能防范数据驱动型攻击。数据驱动型攻击从表面上看是无害的数据通过电子邮件发送或其他方式复制到内部网络主机上，但一旦被执行就形成攻击。

（5）不能防范不断更新的攻击方式。防火墙是一种被动式的防护手段，设置的安全策略只能对现在已知的网络威胁起作用。随着网络攻击手段的不断更新和一些新的网络应用的出现，不可能靠一次性的防火墙设置来解决永远的网络安全问题。

防火墙被用来防备已知的威胁，如果是一个很好的防火墙设计方案，可以防备新的威胁，但没有一个防火墙能自动防御所有的新威胁。

7.4.4 入侵检测系统

1. 入侵检测系统概述

防火墙是目前应用最为广泛的安全设备之一，能够有效地阻止外部网络的入侵，是对内部网络进行保护的第一道屏障。然而，如果入侵者成功地绕过了防火墙，渗透到内部网络中，如何检测出攻击行为呢？此外，对于内部人员发起的攻击，防火墙也无能为力。

入侵检测系统（intrusion detection system，IDS）是一种对受保护系统或网络传输进行即时监视，在发现可疑传输时发出警报或者采取主动反应措施的网络安全设备，它与其他网络安全设备的不同之处在于，IDS 是一种积极主动的安全防护技术。IDS 最早出现在 1980 年 4 月，20 世纪 80 年代中期，IDS 逐渐发展成为入侵检测专家系统（IDES），1990 年，IDS 分化为基于网络的 IDS 和基于主机的 IDS，后又出现分布式 IDS。目前，IDS 发展迅速，已有人宣称 IDS 可以完全取代防火墙。

假如防火墙是一幢大楼的门卫，那么入侵检测系统就是这幢大楼里的监视系统。一旦小偷爬窗进入大楼，或内部人员有越界行为，只有实时监视系统才能发现情况并发出警告。不同于防火墙，IDS 入侵检测系统是一个监听设备，没有跨接在任何链路上，无须网络流量流经它便可以工作。

2. 入侵检测系统的功能

入侵检测系统一般包括以下功能。

（1）监视用户和系统的活动：入侵检测系统通过获取进出某台主机的数据、某个网段的数据或者通过查看主机日志信息等监视用户和系统的活动。

（2）发现入侵行为：这是入侵检测系统的核心功能，主要包括两个方面：一方面是通过分析用户和系统的活动，判断是否存在对系统的入侵行为；另一方面是评估系统关键资源和数据文件的完整性，判断系统是否已经遭到入侵。前者的作用是在入侵行为发生时及时发现，从而避免系统遭受到攻击；后者一般用于系统在遭到入侵时没能及时发现的情况，此时攻击的行为已经发生，但可以通过攻击行为留下的痕迹了解攻击情况，从而避免再次遭受攻击。对系统资源完整性的检查也有利于对攻击者进行追踪和对攻击行为的取证。

（3）记录和报警：入侵检测系统在检测到入侵行为后，记录入侵行为的基本情况，并采取相应的措施及时发出报警。某些入侵检测系统能够实现与防火墙等安全部件的联动。

3. 入侵检测系统的分类

根据入侵检测数据来源的不同，可以分为基于主机的入侵检测系统和基于网络的入侵检测系统。

（1）基于主机的入侵检测系统。基于主机的入侵检测系统主要用于保护运行关键应用的主机。它通过监视与分析主机的审计记录和日志文件来检测入侵。日志中包含发生在系统上的不寻常和不期望活动的证据，这些证据可以指示有人正在入侵或已成功入侵了系统。通过查看日志文件，能够发现入侵企图或成功的入侵。

基于主机入侵检测系统的优点：能确定攻击是否成功，主机是攻击的目的所在，所以基于主机的入侵检测系统可以分析主机受攻击的情况；监视程度更细，可以很容易地监视系统的一些活动，如对敏感文件、目录、程序或端口的存取；配置灵活，用户可根据每一台主机上的入侵检测系统实际情况进行配置，可用于加密和交换的网络环境，对网络流量不敏感；不需要额外的硬件。

基于主机的入侵检测系统的主要缺点：它会占用主机的资源，在主机上产生额外的负载；与主机平台相关，可移植性差；另外，操作系统的脆弱性能够破坏基于主机的入侵检测系统的完整性。

（2）基于网络的入侵检测系统。基于网络的入侵检测系统主要用于实时监测网络关键路径的信息，通过侦听网络上的所有分组来分析入侵行为。

基于网络的入侵检测系统有以下优点：实时机制提供了对网络基础设施的足够保护；可以检测面向网络的攻击；从性能和可靠性观点来看，网络级传感器的插入并不会影响已有的网络性能；合理配置的网络传感器可以在管理控制台提供全面的企业级视图，从而发现任何大规模的攻击；操作员只需要对单一的网络入侵检测系统平台进行练习和培训。

基于网络的入侵检测系统的主要缺点：难以在现代交换网络环境下进行部署，网络入侵检测系统必须在每一网络分段使用，因为它们无法跨越路由器和交换机进行监测，无法在加密的网络环境下使用，因为网络流量被加密后，网络传感器无法对数据包的协议或内容进行分析。

4. 入侵检测系统的局限性

入侵检测系统不具有访问控制的能力，它通过对数据包流的分析，从数据流中过滤出可疑数据包，通过与已知的入侵方式进行比较，确定入侵是否发生及入侵的类型并进行报警。然后网络管理员将根据报警信息确切了解所遭受的攻击并采取相应的措施。

入侵检测系统的单独使用不能起到保护网络的作用，也不能独立地阻止任何一种攻击。它在网络安全系统中所充当的角色是侦察和预警，协助网络管理员发现并处理已知的入侵。

入侵检测系统对攻击行为不能直接自动处理，而入侵检测系统和防火墙的联动也因为不同厂商间的合作问题并没有取得很好的效果。后来出现了入侵防御系统（IPS）的概念和产品。与入侵检测系统不同，入侵防御系统是串接在网络上的，能够丢弃所发现的攻击数据包，只允许其他正常通信流量通过。但是，因为入侵防御系统的阻断行为对网络影响极大，不容有失，入侵检测系统的漏报率、误报率需要保持较理想的水平。

7.4.5 恶意代码防范与处置

前面介绍了恶意代码的概念，那么怎样防范恶意代码呢？为了确保系统的安全与畅通，已有多种恶意代码的防范技术，如恶意代码分析技术、误用检测技术、权限控制技术和完整性技术等。

1. 恶意代码防范

（1）恶意代码分析技术。恶意代码分析是一个多步过程，它深入研究恶意软件结构和功能，有利于对抗措施的发展。按照分析过程中恶意代码的执行状态可以把恶意代码分析技术分成静态分析技术和动态分析技术两大类。

静态分析技术就是在不执行二进制程序的条件下，利用分析工具对恶意代码的静态特征和功能模块进行分析的技术。该技术不仅可以找到恶意代码的特征字符串、特征代码段等，而且可以得到恶意代码的功能模块和各个功能模块的流程图。

动态分析技术是指恶意代码执行的情况下，利用程序调试工具对恶意代码实施跟踪和观察，确定恶意代码的工作过程，对静态分析结果进行验证。

（2）误用检测技术。误用检测也被称为基于特征字的检测。它是目前检测恶意代码最常用的技术，主要源于模式匹配的思想。其检测过程中根据恶意代码的执行状态又分为静态检测和动态检测：静态检测是指脱机对计算机上存储的所有代码进行扫描；动态检测则是指实时对到达计算机的所有数据进行检查扫描，并在程序运行过程中对内存中的代码进行扫描检测。误用检测的实现流程如图 7-4 所示。

图 7-4　误用检测流程

误用检测的实现过程为，根据已知恶意代码的特征关键字建立一个恶意代码特征库；对计算机程序代码进行扫描；与特征库中的已知恶意代码关键字进行匹配比较，从而判断被扫描程序是否感染恶意代码。误用检测技术目前被广泛应用于反病毒软件中。

（3）权限控制技术。恶意代码要实现入侵、传播和破坏等必须具备足够权限。首先，恶意代码只有被运行才能实现其恶意目的，所以恶意代码进入系统后必须具有运行权限。其次，被运行的恶意代码如果要修改、破坏其他文件，则它必须具有对该文件的写权限，否则会被系统禁止。另外，如果恶意代码要窃取其他文件信息，它也必须具有对该文件的读权限。

权限控制技术通过适当地控制计算机系统中程序的权限，使其仅仅具有完成正常任务的最小权限，即使该程序中包含恶意代码，该恶意代码也不能或者不能完全实现其恶意目的。

（4）完整性技术。恶意代码感染、破坏其他目标系统的过程，也是破坏这些目标完整性的过程。完整性技术就是通过保证系统资源，特别是系统中重要资源的完整性不受破坏，来阻止恶意代码对系统资源的感染和破坏。

2. 恶意代码处置

前面介绍了恶意代码的概念和分类，怎么处置恶意代码呢？处置包括三个阶段：首先用户检测到恶意代码的存在，其次对存在的恶意代码做出反应，最后在可能的情况下恢复数据或系统文件。

（1）检测阶段。检测阶段的目的是发现恶意代码存在和攻击的事实。传统的检测技术一般都采用“特征码”检测技术，即当发现一种新的病毒或蠕虫、木马后，采集其样本，分析其代码，提取其特征码，然后加入到特征库中，进行扫描时即与库内的特征码去匹配，若匹配成功，则报告发现恶意代码。目前的反病毒软件都能检测一定数量的病毒、蠕虫和特洛伊木马。

但是特征码检测技术有着致命的弱点，即它只能检测已知的恶意代码，当新的恶意代码出现时，它是无能为力的。因此，当前人们研究的热点是如何预防和检测新的、未知的恶意代码，如启发式检测法、基于行为的检测法等。近年来，大数据技术的应用为检测未知恶意代码开辟了新的研究方向。

（2）反应阶段。如果在网络和信息系统内已经检测到恶意代码的存在，需要尽快对恶意代码进行处置，包括定位恶意代码的存储位置、辨别具体的恶意代码、删除存在的恶意代码并纠正恶意代码造成的后果等。

（3）恢复阶段。一旦网络和信息系统内的文件、数据或系统本身遭受了恶意代码感染，除清除恶意代码外，还需要通过对有关恶意代码或行为的分析结果，找出事件根源并彻底清除。此外，还应把所有被攻破的系统和网络设备彻底还原到其正常的任务状态，并恢复被破坏的数据。

7.5 个人隐私及保护

2016 年上半年，微软公司因反对美国政府对用户电子邮件执行所谓的"秘密搜查令"，起诉了美国政府部门，一时间引起轩然大波。

事情的起因是美国政府曾在过去的 18 个月时间内不间断地向微软公司提出"秘密"查询其用户数据的要求，并附加言论禁令，这一举动引起了微软公司的不满，并向西雅图联邦法院提出诉讼。2016 年 9 月，包括苹果、谷歌、亚马逊在内的多家公司都正式宣布将支持微软到底，坚决保护用户数据隐私，此外，美国多家媒体也表示美国政府这一举措严重侵犯公民的言论自由权，也纷纷加入了声援微软公司的队伍中，组成了一支强大的"反对者联盟"。

是什么让苹果和微软公司态度如此强硬？又因为什么令他们可以得到众多科技界知名人士、媒体，甚至是公民的支持？归根到底是一个词——"个人隐私"。

然而随着互联网、大数据的爆发，数据泄露事件频发，不断威胁用户"个人隐私"。据目前数据显示：2016 年上半年的数据泄露总数增长了 15%。在全球范围内，2016 年上半年已曝光的数据泄露事件高达 974 起，数据泄露记录总数超过了 5.54 亿条之多。

7.5.1 什么是个人隐私

个人隐私（privacy of individual）是指公民个人生活中不愿为他人（一定范围以外的人）公开或知悉的秘密，如个人日记、身体缺陷等。隐私权是自然人享有的对其个人的、与公共利益无关的个人信息、私人活动和私有领域进行支配的一种人格权。中国公民依法享有不愿公开或不愿让他人知悉的不危害社会的个人秘密的权利。

个人隐私信息包括姓名、手机号码、用户密码、身份证号码、身份证或其他身份证明、照片、常用地址、通信地址、位置信息、通话记录、订单信息及交易状态、支付信息、提现记录、评价信息、日志信息、设备信息、IP 地址等。

2011 年至今，已有 11.27 亿用户隐私信息被泄露，包括基本信息、设备信息、账户信息、隐私信息、社会关系信息和网络行为信息等。隐私泄露如今越来越严重，互联网时代，一个黑客可以直接植入代码控制你的手机、你的电脑，甚至你的银行卡。隐私泄露，不仅仅是一个人的问题，更是一个行业乃至一个国家甚至是世界的问题。

7.5.2 个人信息滥用情况类别

中国社会科学院发布的"法治蓝皮书"指出，随着信息处理和存储技术的不断发展，我国个人信息滥用问题日趋严重，社会对个人信息保护立法的需求越来越迫切。我国个人信息滥用情况大致归纳为如下类别。

第一种是过度收集个人信息。有关机构超出所办理业务的需要，收集大量非必要或完全无关的个人信息。比如，一些商家在办理积分卡时，要求客户提供身份证号码、工作机构、受教育程度、婚姻状况、子女状况等信息；一些银行要求申办信用卡的客户提供个人党派信息、配偶资料乃至联系人资料等。

第二种是擅自披露个人信息。有关机构未获法律授权、未经本人许可或者超出必要限度地披露他人个人信息。比如，一些地方对行人、非机动车交通违法人员的姓名、家庭住址、工作单位以及违法行为进行公示；有些银行通过网站、有关媒体披露欠款者的姓名、证件号码、通信地址等信息；有的学校在校园网上公示师生缺勤的原因，或者擅自公布贫困生的详细情况。

第三种是擅自提供个人信息。有关机构在未经法律授权或者本人同意的情况下，将所掌握的个人信息提供给其他机构。比如，银行、保险公司、航空公司等机构之间未经客户授权或者超出授权范围共享客户信息。

7.5.3 个人信息泄露的危害

个人信息虽然在自己看来没有多高的价值，但是泄露信息潜在的风险却是难以估量的。

1. 源源不断的垃圾短信

央视连续两年在 3.15 晚会上将垃圾短信进行曝光，以伪基站作为发送中心，向基站覆盖区域内的移动用户发送短信，这一发短信系统每 10 分钟可以发送 1.5 万条短信。

2. 接二连三的骚扰电话

陌生人经常打过来电话，有推销保险的，有推销装修的，有推销婴儿用品的。用户可能还在纳闷他们怎么知道自己的电话之时，其实其信息早已被非法卖掉了。

3. 铺天盖地的垃圾邮件

电子邮箱可能每天都会收到十几封以推销为主，乱七八糟的广告垃圾邮件，并且删也删不完。

4. 冒名办卡透支欠款

有人通过买来某人的个人信息，办了身份证，在网上骗取银行的信用，从银行办理出各种各样的信用卡，恶意透支消费，然后银行可能直接将欠费的催款单寄给了身份证的主人。

5. 从天而降的案件事故

不法分子利用你的个人信息办个什么身份，干些坏事，如果犯了什么案或发生什么事故，公安机关或交通管理部门可能会依据身份信息找到你的头上，就算查清楚也会把你搞得精疲力竭。

6. 前来诈骗的不法公司

最可恶的是不法公司找到你头上来诈骗你。因为他们知道了你的个人信息，编出些耸人听闻的消息，甚至对你的朋友、同学或亲戚知根知底，还能报出姓名与单位，在你心神不宁之时，可能做出错误判断，在慌乱中上了骗子的当。

7. 冒充公安要求转账

一些胆大妄为的不法分子，敢于冒充公安局的名义，报出你的个人信息，然后说最近经常发生诈骗案件，提醒你某个账户不安全，要你转账，还告诉你一个公安的咨询电话，你一打那个电话还会得到确认，然后你信以为真，转账了。虽然上当人不多，但时有耳闻。

8. 乘虚而入的坑蒙拐骗

因为了解了你的个人信息，那些躲在暗处的人会费尽心机地想法子对你坑蒙拐骗。

9. 不翼而飞的账户钱款

有些不法分子办一张你的身份证，然后挂失你的银行账户或信用卡账户，然后重新补办你的卡，再设置个密码，盗窃你的钱款。

10. 无端受毁的个人名誉

个人信息被泄露后，冒用你的名义所干的一切坏事都归到你的名下了，哪怕最后费心周折得个清白，但再怎么说你的个人名誉还是受到了破坏。

正如上述所罗列的个人信息泄露危害，日常生活中的各种垃圾信息以及诈骗手段都是源于个人信息在不经意间的泄露，那么如何保护个人隐私呢？

7.5.4　如何保护个人隐私

当今社会日益发达，诈骗和盗窃的手段日新月异，个人信息的泄露是被人广泛利用的一种方式，保护好个人信息就是给自己的生命财产安全加上了一道防火墙。那么如何在日常生活中保护好自己的个人信息呢？

1. 合理保护个人隐私信息

保护好身份证号码、银行卡号、密码及其他隐私信息，不要随意把这些信息以任何方式告诉任何人；如果必须要用到这些个人信息时，注明详细用途，并说明其他用途无效。

浏览网页时，不要浏览一些随时会跳到其他网页的网页，需要登录填写信息时，一定要仔细留心，填写信息如果过于隐秘，还是不要继续浏览了。

2. 及时清除旧手机的数据信息

在处置不用的旧手机时，很多用户仅仅只是将手机恢复了出厂设置，或者只是采取了简单的删除资料的方式。但这些被删除的信息完全可以通过数据恢复工具还原，使旧手机上个人信息存在泄露的隐患。甚至有不法分子专门从事此行业，将二手手机里的信息恢复出来，然后进行打包出售。

3. 合理清理信息垃圾

在网上购物时一定会填写姓名、地址等信息，虽然这些不能够避免让商家和运输者知道，但是在取快递时应该尽量用黑笔涂抹掉自己的信息再把纸壳子扔掉，保护个人信息。

除了快递单外，机票、车票上也印有购票者的姓名、身份证号等。甚至常人容易忽略的购物小票上也包含了部分姓名、银行卡号、消费记录等信息，随手扔掉可能会落入不法分子手中，导致个人信息泄露。对于这些已经废弃的包含个人信息的资料，有条件可以绞碎处理，不行就涂掉，一定要妥善处理。

4. 谨防钓鱼网站

通过网络购买商品时，要仔细查看登录的网站域名是否正确，谨慎点击商家从即时通信工具上发送的支付链接；谨慎对待手机上收到的中奖、积分兑换等信息，切勿轻易点击短信中附带的不明网址，否则极易误入钓鱼网站，更不要在陌生网站随意填写个人资料，造成个人隐私泄露。

在网上购物时需要注意是否是品牌官网，尤其是需要输入信用卡和个人信息之前，不确定的网站或有风险的链接不要进入，避免信息泄露。

5. 不用公共热点

热点和网络的普及，给大家提供了便利，像很多店铺、大商场里都会设置专门的热点供大家使用，其实这些并不是十分安全的，大家联网时一定要考虑清楚。

6. 保护好私人计算机和手机安全

可以通过安装防火墙、使用复杂密码等方式，来阻止他人访问你的个人计算机和手机；离开时一定要关机。不用的计算机和手机不要随意丢弃，一定要妥善处置，报废的手机、计算机一定要清空内存并反复读取覆盖原有信息；在安装软件时，有可能附带不安全的插件或者其他安装包，有些软件安装时需要访问地理位置、信息等，需要多加注意。

7. 不在社交平台中随意透露个人信息

在社交平台中，很多人都喜欢晒自己的生活日常。例如，有的家长喜欢在朋友圈晒孩子的照片，甚至会不小心泄露了孩子的姓名、学校等，有的人喜欢在朋友圈晒火车票、登机牌，却忘了将姓名、身份证号等进行马赛克处理，这些都是比较常见的泄露个人信息的行为。

8. 慎重参加网络调查、抽奖活动

网络上经常会碰到各种问卷调查、购物抽奖或申请免费试用等活动，这些活动一般都会要求网民填写详细联系方式和家庭住址等个人信息。大家在参与此类活动前，要选择信誉可靠的网站，不要贸然填写个人资料从而导致信息泄露。

现在商业的手法多种多样，加关注就可以获取物品，这些其实可能存在风险，会侵害个人信息，因此不要随意加陌生的好友，防止有人故意偷取我们的个人信息。

9. 阅读账单要仔细

阅读银行对账单、账单及信用卡报告时一定要仔细，确认没有可疑交易，一旦发现异常交易信息，及时反馈并修改相关密码。

10. 发现问题要报警

如果发现有人利用你的个人信息损害你的任何权益，必须立刻报警并要求销毁所有关于你的个人信息，避免进一步扩散。

7.6 政策法规

2016 年 12 月 27 日，经中央网络安全和信息化领导小组批准，国家互联网信息办公室发

布《国家网络空间安全战略》，全面部署了今后 10 年乃至更长时间的网络安全工作。

7.6.1　我国的战略目标

以总体国家安全观为指导，贯彻落实创新、协调、绿色、开放、共享的发展理念，增强风险意识和危机意识，统筹国内、国际两个大局，统筹发展安全两件大事，积极防御、有效应对，推进网络空间和平、安全、开放、合作、有序，维护国家主权、安全、发展利益，实现建设网络强国的战略目标。

和平：信息技术滥用得到有效遏制，网络空间军备竞赛等威胁国际和平的活动得到有效控制，网络空间冲突得到有效防范。

安全：网络安全风险得到有效控制，国家网络安全保障体系健全完善，核心技术装备安全可控，网络和信息系统运行稳定可靠。网络安全人才满足需求，全社会的网络安全意识、基本防护技能和利用网络的信心大幅提升。

开放：信息技术标准、政策和市场开放、透明，产品流通和信息传播更加顺畅，数字鸿沟日益弥合。不分大小、强弱、贫富，世界各国特别是发展中国家都能分享发展机遇、共享发展成果、公平参与网络空间治理。

合作：世界各国在技术交流、打击网络恐怖和网络犯罪等领域的合作更加密切，多边、民主、透明的国际互联网治理体系健全完善，以合作共赢为核心的网络空间命运共同体逐步形成。

有序：公众在网络空间的知情权、参与权、表达权、监督权等合法权益得到充分保障，网络空间个人隐私获得有效保护，人权受到充分尊重。网络空间的国内和国际法律体系、标准规范逐步建立，网络空间实现依法有效治理，网络环境诚信、文明、健康，信息自由流动与维护国家安全、公共利益实现有机统一。

7.6.2　我国网络安全法律法规

如今网络空间已经深入人们的生活，成为联系世界各地的桥梁纽带。但也产生了许多的问题。国家为保障网络安全以及维护国家的主权，相继制定了一系列网络安全法律法规，规范网络空间的秩序，并让网络价值最大化。

全国人民代表大会及其常务委员会通过的法律规范涉及网络安全的有《中华人民共和国宪法》《中华人民共和国网络安全法》《中华人民共和国保守国家秘密法》《中华人民共和国国家安全法》《中华人民共和国刑法》《互联网新闻信息服务管理规定》《中华人民共和国治安管理处罚法》《公安机关互联网安全监督检查规定》《中华人民共和国电子签名法》《全国人民代表大会常务委员会关于维护互联网安全的决定》《全国人民代表大会关于加强网络信息保护的决定》和《公共互联网网络安全突发事件应急预案》等。

1.《中华人民共和国网络安全法》

2017 年 6 月 1 日，《中华人民共和国网络安全法》正式实施，作为我国第一部全面规范网络空间安全管理方面问题的基础性法律，其是我国网络空间法治建设的重要里程碑，是依法治网、化解网络风险的法律重器，是让互联网在法治轨道上健康运行的重要保障。

2.《互联网新闻信息服务管理规定》

《互联网新闻信息服务管理规定》最初于 2005 年 9 月 25 日实施，由于个别组织和个人在通过新媒体方式提供新闻信息服务时，存在肆意篡改、嫁接、虚构新闻信息等情况，2017 年 5 月 2 日国家互联网信息办公室对外公布新版本，正式实施时间是 2017 年 6 月 1 日。

3.《公安机关互联网安全监督检查规定》

2018 年 11 月 1 日，《公安机关互联网安全监督检查规定》实施。根据规定，公安机关应当根据网络安全防范需要和网络安全风险隐患的具体情况，对互联网服务提供者和互联网使用单位开展监督检查。

4.《公共互联网网络安全突发事件应急预案》

2017 年 11 月 23 日，工业和信息化部印发《公共互联网网络安全突发事件应急预案》。要求部应急办和各省（自治区、直辖市）通信管理局应当及时汇总分析突发事件隐患和预警信息。

7.6.3 网络安全行为规范

法律是一条永不能跨越的界线，一旦因诱惑而越界半步，很有可能越陷越深。实际上，通过违法犯罪而取得私利本质上是一种弱者的行为，真正的强者是能和他人在同样的合法规则下竞争而获得胜利的人。如何杜绝网络安全隐患规范网络行为呢？

1. 为了保障互联网的运行安全，对有下列行为之一，构成犯罪的，依照刑法有关规定追究刑事责任

（1）侵入国家事务、国防建设、尖端科学技术领域的计算机信息系统。

（2）故意制作、传播计算机病毒等破坏性程序，攻击计算机系统及通信网络，致使计算机系统及通信网络遭受损害。

（3）违反国家规定，擅自中断计算机网络或者通信服务，造成计算机网络或者通信系统不能正常运行。

2. 为了维护国家安全和社会稳定，对有下列行为之一，构成犯罪的，依照刑法有关规定追究刑事责任

（1）利用互联网造谣、诽谤或者发表、传播其他有害信息，煽动颠覆国家政权、推翻社会主义制度，或者煽动分裂国家、破坏国家统一。

（2）通过互联网窃取、泄露国家秘密、情报或者军事秘密。

（3）利用互联网煽动民族仇恨、民族歧视，破坏民族团结。

（4）利用互联网组织邪教组织、联络邪教组织成员，破坏国家法律、行政法规实施。

3. 为了维护社会主义市场经济秩序和社会管理秩序，对有下列行为之一，构成犯罪的，依照刑法有关规定追究刑事责任

（1）利用互联网销售伪劣产品或者对商品、服务作虚假宣传。

（2）利用互联网损害他人商业信誉和商品声誉。

（3）利用互联网侵犯他人知识产权。

（4）利用互联网编造并传播影响证券、期货交易或者其他扰乱金融秩序的虚假信息。

（5）在互联网上建立淫秽网站、网页，提供淫秽站点链接服务，或者传播淫秽书刊、影片、音像、图片。

4. 为了保护个人、法人和其他组织的人身、财产等合法权利，对有下列行为之一，构成犯罪的，依照刑法有关规定追究刑事责任

（1）利用互联网侮辱他人或者捏造事实诽谤他人。

（2）非法截获、篡改、删除他人电子邮件或者其他数据资料，侵犯公民通信自由和通信秘密。

（3）利用互联网进行盗窃、诈骗、敲诈勒索。

通过以上四点可以知道，国家对于网络管理这一方面颁布了一系列相关的法律法规来约束人们的行为，遏制网络安全隐患的发生，更好地发展互联网，维护了网络的安全，同时也维护了法律的公平与公正。

本章小结

本章的教学内容从网络空间安全的由来、网络空间安全的含义及特点、网络空间面临的威胁、实现网络空间安全的措施、个人隐私及个人隐私保护和政策法规等方面对网络空间安全做了论述，既有防火墙、黑客、木马和病毒等专业词汇，也有对国家政策法规的解读，既有网络空间安全的防范措施，又有个人隐私保护的方法，最后论述了实现网络空间安全等行为规范。

网络空间安全应该是计算机专业学生学习的一门专业课，相对来说难度还是很大的，但随着信息技术、网络技术的发展，维护网络空间安全是每个人的责任，因此大学生有必要了解网络空间安全的基本知识。

思考与练习

1. 填空题

（1）网络安全的基本特征主要包括保密性、_____、可用性。

（2）网络安全是指网络系统的硬件、_____及其系统中的数据受到保护，不因偶然的或者恶意的原因而遭到破坏、更改或泄露，系统连续、可靠、正常地运行，网络服务不中断。

（3）网络安全的_____性是指保证信息不能被非授权访问，即使非授权用户得到信息也无法知晓信息内容，因而不能使用。

（4）网络安全的_____性是指保障信息资源随时可提供服务的能力特性，即授权用户根据需要可以随时访问所需信息。

（5）网络安全的＿＿＿＿性是指数据未经授权不能进行改变的特性，即信息在存储或传输过程中保持不被修改、不被破坏和丢失的特性。

（6）网络安全威胁中有意避开系统访问控制机制，对网络设备及资源进行非正常使用，这种行为属于＿＿＿＿。

（7）网络安全威胁中将有价值的和高度机密的信息暴露给无权访问该信息的人，这种行为属于＿＿＿＿。

（8）正是由于病毒的＿＿＿＿性，计算机病毒得以在用户没有察觉的情况下扩散到上百万台计算机中。

（9）计算机病毒具有＿＿＿＿、隐蔽性、潜伏性、多态性和破坏性等特征。

（10）蠕虫病毒采取的传播方式一般为＿＿＿＿、恶意网页。

（11）木马程序一般由两部分组成：＿＿＿＿程序和客户端程序。

（12）病毒是一种能进行自我＿＿＿＿的代码，它可以像生物病毒一样传染别的完好的程序。

（13）防火墙是位于两个网络之间，一端是＿＿＿＿，另一端是外部网络。

（14）网络空间安全威胁与＿＿＿＿、经济安全、文化安全、社会安全、军事安全等领域相互交融、相互影响，已成为当前面临的最复杂、最现实、最严峻的非传统安全问题之一。

（15）网络攻击方法中，通过控制大量网络主机，同时向某个既定目标发动攻击，导致被攻击主机系统瘫痪，这种方法被称为＿＿＿＿。

（16）网络攻击方法中，＿＿＿＿指在未经授权的情况下，攻击者利用系统安全漏洞非法访问、读取、删改系统文件，达到破坏系统目的的方法。

（17）口令猜测中，＿＿＿＿攻击利用用户口令长度过短的缺陷，通过计算工具尝试所有可能的字母组合方式，可以碰撞出用户口令。

（18）＿＿＿＿是通过欺骗性的电子邮件和网站，伪装成可信网站或网页，骗取用户个人敏感信息，获取不正当利益的攻击方法。

（19）从法律层次，我国政府在 1997 年颁布的新法规＿＿＿＿，首次定义了计算机犯罪。

（20）《中华人民共和国网络安全法》是我国网络安全领域的基本法，已于 2016 年 11 月审议通过，＿＿＿＿年 6 月 1 日起实施。

2. 选择题

（1）在短时间内向网络中的某台服务器发送大量无效连接请求，导致合法用户暂时无法访问服务器的攻击行为是破坏了（　　）。

　　　　A）机密性　　　　B）完整性　　　　C）可用性　　　　D）可控性

（2）网络安全威胁不包括（　　）。

　　　　A）窃听　　　　　B）伪造　　　　　C）身份认证　　　　D）拒绝服务攻击

（3）网上银行系统的一次转账操作过程中发生了转账金额被非法篡改的行为，这破坏了信息安全的（　　）属性。

　　　　A）保密性　　　　B）完整性　　　　C）不可否认性　　　D）可用性

（4）确保授权用户或者实体对于信息及资源的正常使用不会被异常拒绝，允许其可靠而且及时地访问信息及资源的特性是（　　）。

    A）完整性　　　　　B）可用性　　　　　C）可靠性　　　　　D）保密性

（5）关于网络安全的说法错误的是（　　）。

    A）包括技术和管理两个主要方面

    B）策略是信息安全的基础

    C）采取充分措施，可以实现绝对安全

    D）保密性、完整性和可用性是信息安全的目标

（6）计算机病毒是（　　）。

    A）编制有错误的计算机程序

    B）设计不完善的计算机程序

    C）已被破坏的计算机程序

    D）以危害系统为目的的特殊的计算机程序

（7）以下关于计算机病毒的特征说法正确的是（　　）。

    A）计算机病毒只具有破坏性，没有其他特征

    B）计算机病毒具有破坏性，不具有传染性

    C）破坏性和传染性是计算机病毒的两大主要特征

    D）计算机病毒只具有传染性，不具有破坏性

（8）计算机病毒是一段可运行的程序，它一般（　　）保存在磁盘中。

    A）作为一个文件　　　　　　　　　B）作为一段数据

    C）不作为单独文件　　　　　　　　D）作为一段资料

（9）病毒防治要从防毒、查毒、（　　）三方面来进行。

    A）解毒　　　　　B）隔离　　　　　C）反击　　　　　D）重起

（10）根治针对操作系统安全漏洞的蠕虫病毒的技术措施是（　　）。

    A）防火墙隔离　　　　　　　　　　B）安装安全补丁程序

    C）专用病毒查杀工具　　　　　　　D）部署网络入侵检测系统

（11）下列能够有效地防御未知的新病毒对信息系统造成破坏的安全措施是（　　）。

    A）防火墙隔离　　　　　　　　　　B）安装安全补丁程序

    C）专用病毒查杀工具　　　　　　　D）部署网络入侵检测系统

（12）以下不属于计算机病毒的防治策略的是（　　）。

    A）防毒能力　　　　B）查毒能力　　　　C）解毒能力　　　　D）禁毒能力

（13）下列措施中，（　　）不是减少病毒的传染和造成的损失的好办法。

    A）重要的文件要及时、定期备份，使备份能反映出系统的最新状态

    B）外来的文件要经过病毒检测才能使用，不要使用盗版软件

    C）不与外界进行任何交流，所有软件都自行开发

    D）定期用防病毒软件对系统进行查毒、杀毒

（14）计算机病毒会通过各种渠道从已被感染的计算机扩散到未被感染的计算机，此特征

为计算机病毒的（　　　）。

　　　　A）潜伏性　　　　B）传染性　　　　C）欺骗性　　　　D）持久性

（15）下面关于防火墙的说法中，正确的是（　　　）。

　　　　A）防火墙可以解决来自内部网络的攻击

　　　　B）防火墙可以防止受病毒感染的文件的传输

　　　　C）防火墙会削弱计算机网络系统的性能

　　　　D）防火墙可以防止错误配置引起的安全威胁

（16）避免对系统非法访问的主要方法是（　　　）。

　　　　A）加强管理　　　B）身份认证　　　C）访问控制　　　D）访问分配权限

（17）以下关于 VPN 说法正确的是（　　　）。

　　　　A）VPN 指的是用户自己租用线路，和公共网络物理上完全隔离的、安全的线路

　　　　B）VPN 指的是用户通过公用网络建立的临时的、安全的连接

　　　　C）VPN 不能做到信息认证和身份认证

　　　　D）VPN 只能提供身份认证、不能提供加密数据的功能

（18）属于黑客常用的手段的是（　　　）。

　　　　A）口令设置　　　B）邮件群发　　　C）窃取情报　　　D）IP 欺骗

（19）逻辑上，防火墙是（　　　）。

　　　　A）过滤器　　　　B）限制器　　　　C）分析器　　　　D）以上都对

（20）根据《计算机信息系统国际联网保密管理规定》，涉及国家秘密的计算机信息系统，不得直接或间接地与国际互联网或其他公共信息网络相连接，必须实行（　　　）。

　　　　A）逻辑隔离　　　B）物理隔离　　　C）安装防火墙　　　D）VLAN 划分

第 8 章
云计算

 本章导读

　　随着计算机技术和互联网技术的飞速发展，数据存储量也在飞速增长。Google 是世界上访问量最大的网站之一，2008 年，Google 每天处理的数据就已达平均 20 PB，相当于 20 000 TB，传统的计算机技术根本满足不了其业务发展的需求。全世界这个规模的公司还有很多，从几十年前开始人们就迫切地需要一项新的技术来从事数据计算，因此就产生了云计算。本章主要讲述云计算的概念、特点、关键技术及发展应用。

8.1 云计算概述

云计算（cloud computing）通俗地讲是通过互联网提供的硬件和软件服务的统称，它的服务范围可以从远程服务器提供的云存储空间到云中的基础设施以及云中的计算机软件服务等等，使用云计算的公司可以通过互联网来访问数据中心。

8.1.1 你身边的云计算

实际上，云计算已经在不知不觉地影响着人们的生活，尤其是近几年一个个典型的案例迅速出现在人们的生活中，甚至已经开始改变人们的生活。

例如，手机用户使用智能手机拍摄的照片可以上传到 Google 或 Apple 的云端，用户可以在手机出问题或需要时从其他设备到云端访问这些照片。

几个典型的实例如下。

1. 云计算助力天猫"双十一"

近几年，每年的"双十一"已经不仅仅是"光棍节"，在诸多商家的推动下，已变成了众多消费者的"节日"。

2018 年 11 月 11 日，又是一年一度的"双十一"，根据阿里巴巴天猫网站的统计数据，从这天的零点开始，一个个消费的数字不断刷新了人们的想象力。24 小时内，来自世界各地尤其是中国的购买者无时差地在网上交易，阿里巴巴天猫的"双十一"最终交易额锁定在 2 135 亿元人民币，首次突破 2 000 亿元大关，与 2017 年的 1 682 亿元相比增长约 27%，如果与 2009 年的 5 200 万元相比，增长了约 4 100 倍。

在中国经济承受下行压力、社会消费能力受到质疑的情况下，这一数字着实惊人。天猫"双十一"总成交额在开场后第 2 分 05 秒即突破 100 亿元，刷新 2017 年创下的最快破百亿纪录；用不到 1 小时 17 分就超过 2015 年双十一全天的成交额；用不到 15 小时 50 分，成交总额就超越 2017 年双十一全天的成交额。

物流订单于 23 点 18 分 9 秒突破 10 亿，而 10 亿物流订单大致相当于美国 20 天的包裹量，英国 4 个月的包裹量。

这个过程既磨炼了阿里巴巴的云计算技术，也让阿里巴巴的云计算平台阿里云成为全世界领先的云计算服务商。在"双十一"这样一个庞大的消费过程中，电商平台的服务器所承受的压力比平时的两倍还多，但这两三年电商平台的服务器都没有崩溃。服务器没有崩溃说明各大电商的购物平台都提前做足了准备，升级了服务器配置，除此之外云计算也是功不可没的，各大电商的云计算系统为整个销售过程提供了强有力的支持，图 8-1 展示了"双十一"快递公司繁忙的场景。

可以说，一个忙碌的"双十一"，忙的不仅是商家，也不仅仅是消费者，更重要的还有服务器和云计算。因此说作为企业网站，拥有功能强大的云计算平台才能顺应互联网产业的蓬勃发展。

2. 阿里云分担 12306 网站流量压力

中国人口众多，乘火车一直是人们出行的一种主要方式。铁路 12306 网站的推出结束了人们到火车站排长队买火车票的历史。然而，由于技术原因，12306 网站推出之初，遇到节假日、春运等出行高峰期，网站承受着巨大的压力，频频出现网站卡死甚至瘫痪的现象。从2015 年起，春运火车票售卖量连年创下新高，而 12306 网站却并没有出现明显的卡滞，这得益于与阿里云的合作。2015 年起，12306 网站和阿里云合作，把使用频次高、资源消耗高、转化率低的余票查询功能从系统自身的后台分离出来，在"云"上独立部署了一套余票查询系统，而将下订单、支付票款这种"小而轻"的核心业务仍然保留在 12306 网站自己的后台系统上，这样的设计思路为 12306 网站减轻了负担，保证了网站的正常运行。12306 网站 App如图 8-2 所示。

图 8-1　"双十一"快递公司繁忙的场景　　　　图 8-2　铁路 12306 网站 App

3. 百度网盘

百度网盘（原百度云）是百度推出的一项云存储服务，用户首次注册即有机会获得 2 TB的空间，已覆盖主流 PC 和手机操作系统，包含 Web 版、Windows 版、Mac 版、Android 版、iPhone 版和 Windows Phone 版。

百度网盘是一款优秀的云服务存储产品。百度网盘支持便捷地查看、上传、下载百度云端各类数据。通过百度网盘存入的文件，不会占用本地的存储空间。百度网盘上传、下载文件过程更稳定，也不会因为网络问题、浏览器问题中途中断，大文件传输更稳定。百度网盘支持免费扩容，超大单文件上传功能，无限流量。

百度网盘为广大用户提供覆盖多终端的跨平台免费数据共享服务，节约大量的开发成本。与传统的存储方式及其他的云存储产品相比，百度网盘有"大、快、安全永固、免费"四大特点，而百度网盘的在线浏览功能、离线下载功能等，则突破了"存储"的单一理念，不仅能够实现文档、音频、视频、图片在 Web 端预览，而且能够自动对文件进行分类，让浏览查找更方便。

百度网盘特色如下。

（1）多元化存储：百度网盘可存储图片、音频、视频等文件数据，还包括日历、通信录、浏览器书签等元素。

（2）场景化服务：相册、文库、音乐、短信、通信录等场景化的百度云盘服务贯穿生活、工作的每个角落。

（3）全平台覆盖：百度网盘数据同步横跨传统终端、手机、平板电脑、电视等。

（4）全方位开放 API（application programming interface，应用程序编程接口）：百度网盘允许用户授权第三方应用使用和编辑个人数据。

百度网盘可以直接用百度账号登录，如果没有百度账号，可以随时注册一个百度账号或使用 QQ、微博、微信的关联账号登录百度网盘。

4. 有道云笔记

有道云笔记（原有道笔记）是网易旗下的有道推出的云笔记软件，有道云笔记拥有 2 GB 容量的初始免费存储空间，能够实时增量式同步，支持多种附件格式。

有道云笔记操作简单，用户下载安装后就可以打开进行使用，非常便捷。有道云笔记是以云存储技术帮助用户建立一个可以轻松访问、安全存储的云笔记空间，解决了个人资料和信息跨平台、跨地点的管理问题。

有道云笔记主要特点如下。

（1）随心记录，随时同步。

（2）文字、手写、录音、拍照多种记录方式。

（3）支持任意附件格式，学习、工作、生活尽在掌握。

（4）云同步，一处记录，各终端查看。

（5）安全稳定的云笔记软件。

（6）云端备份，安全可靠。

8.1.2 什么是云计算

所谓的"云"，只是网络和互联网上的一种比喻说法。在过去，往往用云来表示电信网，到后来也用云来表示互联网和底层基础设施的抽象。随着云计算的飞速发展，狭义的云计算是指 IT 基础设施的交付和使用模式，指用户通过网络以按需、易扩展的方式获得自己所需的资源；而广义的云计算是指服务的交付和使用模式，指通过网络以按需、易扩展的方式获得所需服务，这种服务可以是信息技术和软件平台、互联网应用服务，也可以是其他服务，这就意味着计算能力现在也可作为一种商品通过互联网进行流通。所以说，云计算是基于互联网的相关服务的增加、使用和交付模式，通常涉及通过互联网来提供动态易扩展且经常是虚拟化的资源。

其实云计算并不是一个全新的名称。早在 1961 年，当时的图灵奖得主 John McCarthy 就提出计算能力将作为一种像水、电一样的公用服务提供给用户。

到了 2001 年，在世界搜索引擎大会上 Google 公司的 CEO——Eric Schmidt，首次提出"云计算"的概念。

2004 年，Amazon 推出云计算服务，成为当时世界上少数的几个提供 99.95% 正常运行时间保证的云计算供应商之一。

2007 年，随着 IBM 和 Google 等公司的大力宣传，云计算的概念开始得到了全世界公众和媒体的广泛关注。云计算到目前为止并没有统一的定义。在此列出几个权威机构或组织从不同角度描述的云计算的定义。

根据 Wikipedia（维基百科）的描述，云计算是一种基于互联网的计算新方式，通过互联网上异构、自治的服务为个人和企业用户提供按需即取的计算。

而 Berkeley（伯克利）大学则认为云计算是指 Internet 上以服务发布的应用以及支撑这些服务的数据中心的软件和硬件。

美国国家标准与技术研究院的定义是，云计算是一种按使用量付费的模式，这种模式允许用户通过无所不在的、便捷的、按需获得的网络，接入到一个可动态配置的共享资源池（资源包括网络设备、服务器、存储、应用软件、服务等），只需投入很少的管理工作，或与服务供应商进行很少的交互，就可实现这些配置资源的快速提供。

事实上，云计算是分布式计算（distributed computing）、并行计算（parallel computing）、效用计算（utility computing）、网络存储（network storage technologies）、虚拟化（virtualization）、负载均衡（load balance）、热备份冗余（high available）等传统计算机和网络技术发展融合的产物。

云计算并不仅仅局限于计算，还为用户提供按需即取的服务，这里的服务是指提供计算能力、存储能力以及网络能力的各种服务的组合。正是因为服务的按需即取的特性，也需要对提供各种计算资源、存储资源以及网络资源的资源池进行按需即取式的调控和管理，所以说将"云计算"直接说成"云"更加合适。

云，从最广泛的意义上说，它是一个能够连接到全球性网络资源的平台，云计算的出现改变了整个行业。

8.1.3　云计算的特点

现阶段的应用系统多是按照传统的项目方式建设的，即每建设一套业务应用系统基本上都要购买一整套新的硬件设备（如服务器、存储设备等）和平台系统软件（如数据库、中间件等），这样就带来了大量的硬件资源的浪费（例如：大量的服务器利用率低下、存储利用率不高和管理复杂）以及占用大量的空间、电力的浪费、运维成本的提高等。对于一些高负载和高数据量的应用系统，对硬件资源的要求是按照此应用系统高峰值的需要来进行购买，以满足此应用的需要，但是此应用的高峰期是具有周期性的，如图 8-3 所示，利用率忽高忽低，必将造成极大的资源浪费。

而云计算通过使计算分布在大量的分布式计算机上，而非本地计算机或远程服务器中，企业数据中心的运行将与互联

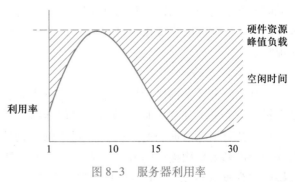

图 8-3　服务器利用率

更相似。这使得企业能够将资源切换到需要的应用上，根据需求访问计算机和存储系统。

云计算的应用就好比是从古老的单台发电机模式转向了电厂集中供电的模式一样，它意味着计算能力也可以作为一种商品进行流通，就像燃气、水电一样，取用方便，费用低廉。最大的不同在于，它是通过互联网进行传输的，一切都是虚拟化的。

具体来说，云计算具有以下特点。

1. 超大规模

云计算具有相当大的规模，Google 云计算服务器 2010 年增加到了 100 万台，而据报道近期已经达到上千万台，Amazon、IBM、微软、Yahoo 等的云平台均拥有几十万台服务器。企业私有云一般拥有成百上千台服务器，"云"能赋予用户前所未有的计算能力。

2. 虚拟化

云计算支持用户在任意位置、使用各种终端获取应用服务。所请求的资源来自"云"，而不是固定的有形的实体。应用在"云"中某处运行，但实际上用户无须了解、也不用担心应用运行的具体位置，只需要一台笔记本电脑或者一个手机，就可以通过网络服务来实现需要的一切，甚至包括超级计算这样的任务。

3. 高可靠性

云计算使用了数据多副本容错、计算节点同构可互换等措施来保障服务的高可靠性，使用云计算比使用本地计算机更可靠。

4. 通用性

云计算不针对特定的应用，在"云"的支撑下可以构造出千变万化的应用，同一个"云"可以同时支撑多个不同的应用运行。

5. 高可扩展性

云计算的规模可以动态伸缩，满足应用和用户规模增长的需要。

6. 按需服务

云计算平台是一个庞大的资源池，可以按需购买，如同购买自来水、电和煤气那样计费。

7. 价格低廉

由于云计算的特殊容错措施，可以采用极其廉价的节点来构成云，"云"的自动化集中式管理使大量企业无须负担日益高昂的数据中心管理成本，"云"的通用性使资源的利用率较之传统系统大幅提升，因此用户可以充分享受"云"的低成本优势，通常只要花费几百美元、几天时间就能完成以前需要数万美元、数月时间才能完成的任务。云计算可以彻底改变人们未来的生活，但同时也要重视环境问题，这样才能真正为人类进步做贡献，而不是简单的技术提升。

8. 潜在的危险性

云计算服务除了提供计算服务外，还必然提供了存储服务。但是云计算服务当前垄断在私人机构（企业）手中，而这些机构仅仅能够提供商业信用。政府机构、商业机构（特别像银行这样持有敏感数据的商业机构）对于选择云计算服务应保持足够的警惕。一旦商业用户大规模使用私人机构提供的云计算服务，无论其技术优势有多强，都不可避免地让这些私人机构以"数据（信息）"的重要性挟制整个社会。另一方面，云计算中的数据对于数据所有者以外的其他用户是保密的，但是对于提供云计算的商业机构而言确实毫无秘密可言。所有这些潜在的危险，是商业机构和政府机构选择云计算服务、特别是国外机构提供的云计算服务时，不得不考虑的一个重要问题。

8.2　云计算的关键技术及类型

从技术层面上看，云计算与大数据是密不可分的，它们的关系就像是一枚硬币的正反面一样。大数据发展的必然就是无法用单台计算机来处理数据，必须采用分布式计算架构，它的特色在于对海量数据的挖掘；但大数据必须要依托云计算的分布式处理、分布式数据库、云存储和虚拟化技术等。

8.2.1　云计算关键技术

云计算的关键技术包括分布式并行计算、分布式存储以及分布式数据管理技术，而Hadoop就是一个实现 Google 云计算系统的开源平台，包括并行计算模型 MapReduce、分布式文件系统 HDFS 以及分布式数据库 HBase。同时 Hadoop 的相关项目也很丰富，包括ZooKeeper、Pig、Chukwa、Hive、hbase、Mahout 等，这些项目都使得 Hadoop 成为一个很大很完备的生态链系统。可使用大量的廉价 PC 通过集群来代替价格昂贵的服务器，使云计算硬件成本大大降低，用户能够按需获取计算能力、存储空间和信息服务。

要实现云计算的诸多功能，具体需要以下的关键技术支持。

1. 编程模型

MapReduce 是 Google 开发的 Java、Python、C++编程模型，它是一种简化的分布式编程模型和高效的任务调度模型，用于大规模数据集（大于 1 TB）的并行运算。严格的编程模型使云计算环境下的编程变得十分简单。MapReduce 模式的思想是将要执行的问题分解成 Map（映射）和 Reduce（化简）的方式，先通过 Map 程序将数据切割成不相关的区块，分配（调度）给大量计算机处理，达到分布式运算的效果，再通过 Reduce 程序将结果汇整输出，如图 8-4 所示。

2. 海量数据分布存储技术

云计算系统由大量服务器组成，同时为大量用户服务，因此云计算系统采用分布式存储的方式存储数据，用冗余存储的方式保证数据的可靠性。云计算系统中广泛使用的数据存储系统是 Google 的 GFS 和 Hadoop 团队开发的 GFS 的开源实现 HDFS。

GFS 的设计思想不同于传统的文件系统，是针对大规模数据处理和 Google 应用特性而设计的。它运行于廉价的普通硬件上，但可以提供容错功能，它可以给大量的用户提供总体性能较高的服务。

3. 海量数据管理技术

云计算需要对分布的、海量的数据进行处理、分析，因此，数据管理技术必须能够高效地管理大量的数据。云计算系统中的数据管理技术主要是 Google 的 BT（BigTable）数据管理

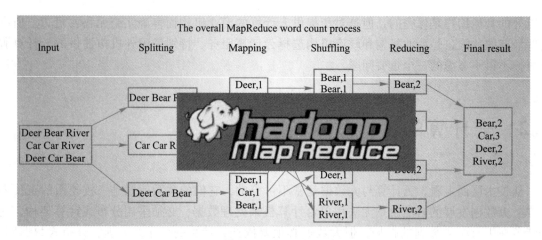

图 8-4 MapReduce

技术和 Hadoop 团队开发的开源数据管理模块 HBase。

BT 是建立在 GFS、Scheduler、Lock Service 和 MapReduce 之上的一个大型的分布式数据库，与传统的关系数据库不同，它把所有数据都作为对象来处理，形成一个巨大的表格，用来分布存储大规模结构化数据。

4. 虚拟化技术

云计算通过虚拟化技术实现软件应用与底层硬件相隔离，它包括将单个资源划分成多个虚拟资源的裂分模式，也包括将多个资源整合成一个虚拟资源的聚合模式。虚拟化技术根据对象可分成存储虚拟化、计算虚拟化、网络虚拟化等，计算虚拟化又分为系统级虚拟化、应用级虚拟化和桌面虚拟化。

5. 云计算平台管理技术

云计算资源规模庞大，服务器数量众多并分布在不同的地点，同时运行着数百种应用，如何有效地管理这些服务器，保证整个系统提供不间断的服务是巨大的挑战。

云计算系统的平台管理技术使大量的服务器协同工作，方便地进行业务部署和开通，快速发现和恢复系统故障，通过自动化、智能化的手段实现大规模系统的可靠运营。

图 8-5 所示为高密度堆叠服务器，高密度服务器可实现低功耗、高性能。

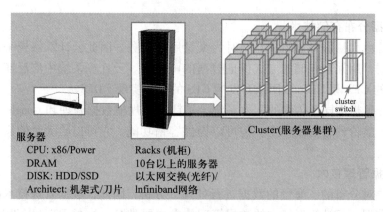

图 8-5 高密度堆叠服务器

云计算与大数据的关系，简单来说：云计算是硬件资源的虚拟化，而大数据是海量数据的高效处理。当然，如果要解释得更形象一点的话，云计算就相当于计算机和操作系统，将大量的硬件资源虚拟化后再进行分配使用。

8.2.2 云计算的服务类型

对于云计算的服务类型来说，一般可分为三个层面，即IaaS、PaaS 和 SaaS。

1. IaaS（infrastructure-as-a-service）：基础设施即服务

位于云计算最底层的是 IaaS，也就是基础设施即服务，云服务提供商把 IT 系统的基础设施层作为服务出租出去，由消费者自己安装操作系统、中间件、数据库和应用程序等。消费者通过 Internet 可以从完善的计算机基础设施获得服务，而不用理会其他如服务器硬件购买、托管、监控、维护等工作。

这里的基础设施包括以下设施。

服务器：IBM 小型机等。

网络：带宽、IP、路由等。

存储设备：CPU、内存、磁盘等。

以前这些资源都是固有资源，但在使用云计算以后，云的服务商可以通过云的方式提供这些资源。

据统计，2017 年，中国 IaaS 市场份额，阿里云以 45.5%排名第一，亚马逊 AWS 排名第五。但在全球市场，亚马逊 AWS 一骑绝尘，市场份额为 47.1%。

2. PaaS（platform-as-a-service）：平台即服务

云计算服务的第二层就是 PaaS，也就是平台即服务，云服务提供商把系统中软件研发的平台软件层作为服务出租出去，消费者自己开发或者安装程序，并运行程序。因此，PaaS 也可以说是 SaaS 模式的一种应用。但是，PaaS 的出现可以加快 SaaS 的发展，尤其是加快 SaaS 应用的开发速度。

这里的平台包括以下几类。

Web 服务器：Tomcat、Jboss、Jetty 等。

数据库服务器：Oracle、MySql 等。

软件应用平台：Struts2、Hibernate、Spring 等。

云服务必须给用户提供一个界面，用户能够通过该界面上传文件、上传视频、上传图片、创建网络相册等等，而这个服务界面实际上就是一个平台，用户可以借助该平台完成各种操作。

3. SaaS（software-as-a-service）：软件即服务

云计算服务的第三层就是 SaaS，也就是软件即服务，云服务提供商把系统中的应用软件层作为服务出租出去，消费者不用自己安装应用软件，直接使用即可，这进一步降低了云服务消费者的技术门槛。这一层是人们在生活中每天都要接触的一层，大多是通过网页浏览器来实现的。

这里的软件包括以下两类。

应用软件：视频播放器、文本编辑器等。

行业软件：ERP、OA 等。

例如：云盘可以提供给用户在线播放视频的功能，也可以通过云盘查看 Word 文档，因为云盘给用户提供了视频软件服务、文件查看服务。

其实不管是 IaaS、PaaS，还是 SaaS，都有一个共同的特点，不管是基于设备、平台还是软件，都是提供服务的。所以说：云计算就是提供服务的。

而云计算资源池化就是把 IaaS、PaaS、SaaS 层的资源（如 CPU、存储设备、网络等）放入到云服务器的资源池中，由云服务器进行集中管理，所以说云计算里所有的服务都是通过资源池里的资源而提供的。

8.2.3 云计算的使用类型

按照云计算提供者与使用者的所属关系为划分标准，云计算又分为三类，即公有云、私有云和混合云，有时也称为云计算的 3 种部署模型。

1. 公有云

公有云的云端资源开放给社会公众使用，是由若干企业和用户共享使用的云环境。在公有云中，云端的所有权、日常管理和操作的主体可以是一个商业组织、学术机构、政府部门或者它们其中的几个联合。该云提供商也同时为其他用户服务，这些用户共享这个云提供商所拥有的资源。公有云是面向一般公众的按需付费的云计算平台，云端可能部署在本地，也可能部署于其他地方。

2. 私有云

私有云的云端资源只给一个单位组织内的用户使用，这是私有云的核心特征。而云端的所有权、日常管理和操作的主体到底属于谁并没有严格的规定，可能是本单位，也可能是第三方机构，还有可能是两者的联合。云端位于本单位内部，也可能托管在其他地方。

3. 混合云

顾名思义，混合云是指公有云与私有云的混合。

混合云中公有云与私有云各自独立，但用标准的或专有的技术将它们组合起来，而这些技术能实现云之间的数据和应用程序的平滑流转。由多个相同类型的云组合在一起属于多云的范畴，比如两个私有云组合在一起，混合云属于多云的一种。由私有云和公有云构成的混合云是目前最流行的，当私有云资源短暂性需求过大时，自动租赁公有云资源来平抑私有云资源的需求峰值。例如，网站在节假日期间点击量巨大，这时就会临时使用公有云资源来应急。

需要说明的是，有时云计算的部署模型又划分出一种社区云。社区云的云端资源专门给固定的几个单位内的用户使用，而这些单位对云端具有相同诉求（如安全要求、云端使命、规章制度、合规性要求等）。云端的所有权、日常管理和操作的主体可能是本社区内的一个或多个单位，也可能是社区外的第三方机构，还可能是两者的联合。云端可能部署在本地，也可能部署于他处。

公有云和私有云的显著差别在于对数据的掌控。采用公有云服务的企业必须将数据托管于云服务商的数据中心，企业对数据的掌控力度自然减弱，一旦数据中心因自然灾害、人为因素或法律规范等各方面因素导致数据丢失，将对企业形成致命伤害。

在到底是选择公有云还是选择私有云这个问题上，安全是首要关心的问题，因为对于任何的业务来说安全无疑是最基本的要求。毕竟大数据时代，企业信息就是企业的生命。若选择一个私有云解决方案，"云"的网络是架设在企业自己的数据中心的设备上，也就是企业内部的物理服务器和网络硬件之上，企业对于这些云中的所有要素都拥有完整的控制权。从安全的角度来看，这样的控制权可以满足企业对敏感和重要数据的保护的需求。

对于没有现成的基础设施和网络支持的小型和新企业来说，私有云的成本极高。相反的，对于大企业和大公司来说，他们有自己的数据中心和网络设施，他们可以利用云计算技术实现云托管从而提高设备利用率的同时减少了大量的资产浪费。

云计算之所以受到大众的关注成为 IT 界耀眼的新星，低成本的特点占据了一定的原因。成本问题上，企业不仅要考虑前期的技术投资成本，还要考虑后期持续支出成本，如运营费用、长期维护和企业软件和应用开支等。

可扩展性也是一定要考虑在内的因素，特别是对于那些业务快速扩张的企业来说，云计算的扩展性是吸引他们非常重要的一个原因。实际上，无论是公有云还是私有云的解决方案，都保证了高度的可扩展性，但只有公有云托管服务的灵活性保证了一个无限扩展的平台，它可以在没有任何风险的条件下保证企业业务的成长和扩展。公有云服务商通常能够在几分钟内完成云的扩展，这段时间对于业务带来的负面影响几乎可以忽略不计。

那么到底公有云和私有云谁是最优解决方案？这里没有一个绝对的解决方案能够满足所有用户的需求，适合所有的用户。公有云还是私有云更能满足你的业务需求，取决于你的业务需求，包括可扩展性、成本、安全性和灵活性等。

8.3 云计算的应用与发展

近些年，云计算在全世界得到了迅猛的发展。先后出现了以亚马逊和阿里云为代表的先入者，它们对培育云计算市场做出了巨大贡献，也有雄厚的人才资源、丰富的细分产品和庞大的数据中心；以微软、谷歌、腾讯与百度等为代表的跟进者；以 Facebook 和网易为代表的黑马公司；以 Saleforce、青云等为代表的创业公司以及以 IBM、甲骨文为代表的传统 IT 企业。

云计算已经广泛地应用在云物联、云安全、云存储、云游戏等云计算领域中。

目前国外的云计算供应商包括 Amazon EC2、Microsoft Azure Cloud、Google Cloud Platform、IBM Cloud 等。

国内的云计算供应商包括阿里云、百度云、腾讯云和网易云等。阿里巴巴不再只是中国云计算市场的一股重要力量，阿里自主研发的飞天操作系统，可以将遍布全球的百万级服务器连成一台超级计算机，以在线公共服务的方式为社会提供计算能力。据美国市场研究机构（Synergy Research Group）的统计数据表示，2018 年第一季度，阿里巴巴已经超越 IBM 成为全球第四大云基础设施及相关服务的提供商，但仍然落后于亚马逊、微软和谷歌。

Amazon 研发了弹性计算云 EC2（Elastic Computing Cloud）和简单存储服务 S3（Simple Storage Service）为企业提供计算和存储服务。最初诞生的两年时间里，Amazon 上的注册开发人员就多达 44 万人，其中包括为数众多的企业级用户。亚马逊的云服务涵盖了 IaaS、PaaS、SaaS 三层，顺应当下云计算、大数据、物联网、人工智能等新技术的发展趋势，亚马逊 AWS 几乎每天都会有新的功能上线，目前拥有超过 1 500 种产品和 2 100 余种第三方模块，为全球 190 个国家的企业提供支持。

数据显示，虽然 AWS 有成百上千个产品，但最主要的支出还是在 EC2（云主机）、EBS（块存储）、RDS（数据库）和 S3（对象存储）这四项，这四项占总服务支出的 85%，其中，EC2 贡献了 58.7%，EBS 贡献了 9.9%，RDS 贡献了 9.3%，S3 贡献了 6.3%。

Google 搜索引擎分布在 30 多个站点，超过数百万台服务器构成的云计算设施的支撑之上，这些设施的数量还在迅猛增长。Google 的一系列成功应用，包括 Google 地球、地图、Gmail、Docs 等也同样使用了这些基础设施。目前，Google 已经允许第三方在 Google 的云计算中通过 Google App Engine 运行大型并行应用程序。

Hadoop 就是模仿了 Google 的实现机制。

阿里云创立于 2009 年，是全球领先的中国最大的云计算及人工智能科技公司，致力于以在线公共服务的方式，提供安全、可靠的计算和数据处理能力，让计算和人工智能成为普惠科技。目前阿里云服务着制造、金融、政务、交通、医疗、电信、能源等众多领域的领军企业，包括中国联通、12306、中石化、中石油、飞利浦、华大基因等大型企业客户以及微博、知乎、锤子科技等明星互联网公司。在天猫双 11 全球狂欢节、12306 春运购票等极富挑战的应用场景中，阿里云保持着良好的运行纪录。

飞天（Apsara）操作系统诞生于 2009 年 2 月，是由阿里云自主研发、服务全球的超大规模通用计算操作系统，为全球 200 多个国家和地区的创新创业企业、政府、机构等提供服务。飞天希望解决人类计算的规模、效率和安全问题。它可以将遍布全球的百万级服务器连成一台超级计算机，以在线公共服务的方式为社会提供计算能力。飞天的革命性在于将云计算的三个方向整合起来：提供足够强大的计算能力，提供通用的计算能力，提供普惠的计算能力。图 8-6 为飞天操作系统的内核。

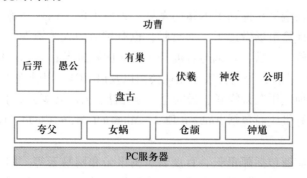

图 8-6　飞天操作系统内核

在飞天操作系统的内核中，每一部分为不同的功能模块，例如：盘古负责分布式存储，伏羲负责任务调度，有巢负责结构化存储与处理，等等。

经过十余年的发展，云计算已开始从培育期走向普及期，越来越多的企业和政府部门等开始拥抱云计算。从以降低成本、提升体验、实现敏捷创新等为特征转向以企业上云为主要特征，这是云计算发展的一大飞跃。

而在我国，云计算发展目前尚处于国家引导发展的初期，政府政策性扶持支撑阶段，云计算数据中心密集地集中在需求大、应用多的环渤海、长三角、珠三角三大经济区。云计算市场的繁荣和企业的快速发展，伴随着创新技术和产品的不断出现。我国已经形成从硬件、网络、管理系统到应用软件全方位的自主核心技术。

在我国，近年来云计算产业规模年均增长率都在 30% 以上，是全球增速最快的市场之一，云计算已从概念普及阶段跨越到稳步发展阶段。

我国的云计算发展具有以下特点。

1. 产业规模保持高速增长

国家《关于促进云计算创新发展培育信息产业新业态的意见》等利好政策将进一步推动云计算快速发展，预计到 2020 年，我国云计算上下游产业规模将超过 3 500 亿元。

2. 产业格局迎来洗牌阶段

2014 年以来，云计算企业纷纷通过并购、融资、合作等手段构建自己的产业体系或生态圈，以增强自己的产业竞争力，弥补产业短板，与合作伙伴一起构筑强大的竞争优势。未来几年，云计算产业有望形成若干个类似于 Wintel 体系的稳固合作体系，在此之前，市场将处于激烈的洗牌阶段。

3. 我国云计算企业全球影响力将扩大

阿里云在美国和香港数据中心进入商用阶段，可以为全球用户提供云计算服务。未来，我国企业有望在全球范围内同亚马逊、微软、Google、IBM 这些国际巨头一同竞争。

4. "混合云"是未来云计算产业的主要应用模式

"混合云"将是未来云计算发展的主要应用模式，从中国市场需求来看，尤其是对国内的大型企业来说，混合云是最务实的方案，既充分利用原有设备的投资，又可以解决现有系统无法支撑突发业务流量和数据隐私方面的问题。

5. 数据中心将按照"几+N"形式布局

与云计算应用的模式相对应，云应用中的"公有云"部分将主要由几个大型甚至超大型数据中心承担，由云服务商提供运营服务，而体现企业核心竞争力的数据及业务将在企业"私有云"之上运行，由企业自己运营。数据中心布局最终将呈现"几+N"的形式。

6. 高密度模块化数据中心是重要趋势

"混合云"中的公有云部分的业务是需要大型数据中心来承担的，数据中心的大型化已成必然趋势，同时在运营和管理方面也对运营商提出了更高的要求，在这种背景下，数据中心进入了一个模块化、智能化的时代。

这里给出几个云计算的应用实例。

实例 1：Decide.com，一个能准确预测价格帮你省钱的网站

在生活中，大家是否有过因不知价格走向，买东西过贵而后悔呢？然而有这样一个网站——美国创业公司 Decide.com，它能够准确预测商品的价格，并且分析未来是会上涨还是下降，甚至对于部分交易，这个网站信心十足地提供退款保证。

为了证明预测的准确性，Decide.com 每天都要选择 10 个交易，如果它预测的价格在两个星期内降价，Decide.com 将会自动通知买方，并支付价格下降的金额（最多 200 美元）。

虽然 Decide.com 和 Farecast.com 功能很形似，但 Decide.com 更具优势，因为 Farecast 仅仅只能预测什么时间购买机票合适，而不能准确地预测价格，另外作为微软 Bing 的一部分的 Farecast，不能提供价格担保。

Decide 董事长兼 CEO Mike Fridgen 在一份声明中称，他很真诚地告诉每一个亲爱的用户，Decide 网站的价格预测不是表面文章，因为所有的价格建议都是来自我们云端专业的数据分析结果。

实例 2：FlightCaster——航班延误预测

FlightCaster 是一家面向商务旅行者提供服务的创业公司，通过比较实时条件和历史数据来预测航班是否会发生延误。

服务使用者在智能手机上的 FlightCaster 黑莓或 iPhone 应用里输入即将到达的航班的航班号。该应用采用一种正处于专利申请中的算法，处理大量数据，其中包括出发地的天气和统计以及那个时间段内所有航班的到达时间。通过比较当前条件和以往的状态，FlightCaster 会持续更新所选航班的延误概率，评估航班准点或延误一个小时或更多时间的概率。提前警告让旅行者可以对延误有预期和计划，在机场正式宣布延误之前预定另一条线路。这让旅行者有了更多潜在的选择。

如果不选择云作为部署方案，创业公司很难开展这项业务，因为它需要庞大的资金来存储用于分析的数据和完成服务所需的计算。

实例 3：阿里云助力爱线下服务器运维

北京众源线下信息科技有限公司创立于 2013 年，是国内领先的全行业 O2O 与大数据解决方案提供商，爱线下是属于北京众源线下信息有限公司投资的一个品牌。爱线下致力于为传统零售与服务行业提供 O2O 解决方案与大数据分析服务，已成功为超市、连锁餐饮、商场等零售与服务企业提供了会员服务、线上营销以及顾客行为数据、消费数据的分析服务与精准营销服务。目前客户覆盖大型连锁超市、连锁餐饮、商场等。互联网产品运行在服务器端，产品运行的可靠稳定是成功的关键，加之部署环境问题纷繁复杂，使中小团队的成长步履维艰。阿里云的出现，帮爱线下解了燃眉之急，让爱线下这个中小团队再无后顾之忧。阿里云通过 ECS 产品、RDS 产品和 OSS 产品解决爱线下不同地区终端用户加载数据的快慢问题以及服务能力弹性伸缩问题。

目前云计算的发展形势正可谓是"如火如荼"，云手机、云电视、云生活……各式各样的云概念铺天盖地地在大家面前涌现，与此同时，大量的云计算公司也开始在应运而生。且不论这些公司的发展如何，从目前看来，云计算已经成为 IT 行业发展的一个大趋势。

随着以移动互联网、物联网、人工智能、大数据、云计算等为代表的信息通信新技术的不断发展和日益融合，云时代也日益凸显出技术融合的特征。

在未来，家里的电视、随身携带的移动电视、手机的屏幕，都可以作为显示器使用，而不必再去购买一台实体计算机带着，云计算会广泛地深入到人们的生活中。

实际上，云计算很快就会改变现在传统终端"机箱+显示器"的模式。

只要有网络，就能随时随地连接到"云"。一个很形象的比喻可以说明这一切——我们家家都要用电，但不是每家都要装一台发电机。只要有网络，这台虚拟计算机便始终在我们的身边。

本章小结

本章从云计算的产生、定义及技术特点等方面对云计算做了全面的论述，内容既有 Hadoop 和 MapReduce 等专业词汇，也有亚马逊和阿里云等全世界耳熟能详的云计算应用，尤其是在云计算的应用和展望方面，列举了大量的国内外实例，为读者理解和掌握云计算的概念提供支持。

云计算应该是计算机专业学生学习的一门专业课，相对来说难度较大，但随着全世界对云计算、大数据和人工智能等知识的了解，云计算已经逐渐走入百姓的千家万户，实际上每个人在使用智能手机的同时很多时候都是在使用云计算，因此大学生有必要对云计算有一个初步的了解。

思考与练习

1. 填空题

（1）云是网络、互联网的一种比喻说法，云计算是通过网络提供可伸缩的廉价的_____计算能力。

（2）云计算与大数据结合，前者强调的是_____能力，后者看重的是存储能力。

（3）云计算中 SaaS 的中文名称是_____。

（4）对提供者而言，云计算可以有三种部署模式，即公有云、私有云和_____。

（5）阿里巴巴自主研发的云计算操作系统的名称是_____操作系统。

2. 选择题

（1）云计算是对（　　）技术的发展与运用。

    A）并行计算　　　　　　　　　　　B）网格计算

    C）分布式计算　　　　　　　　　　D）以上三个选项都是

（2）从研究现状上看，下面不属于云计算特点的是（　　）。

    A）超大规模　　　　　　　　　　　B）虚拟化

    C）私有化　　　　　　　　　　　　D）高可靠性

（3）与 SaaS 不同，把开发环境或者运行平台也作为一种服务提供给用户的云计算形式是（　　）。

    A）软件即服务　　　　　　　　　　B）基于平台服务

    C）基于 Web 服务　　　　　　　　　D）基于管理服务

（4）（　　）是 Google 提出的用于处理海量数据的并行编程模式和大规模数据集的并行运算的软件架构。

  A）GFS   B）MapReduce

  C）Chubby   D）BigTable

（5）微软于 2008 年 10 月推出的云计算操作系统是（　　）。

  A）Google App Engine   B）蓝云

  C）Azure   D）EC2

3. 网上练习

云计算的应用看起来都很庞大，但生活中云计算的例子也比比皆是，在手机或计算机上安装"有道云笔记"和"百度网盘"，详细了解这两种软件的使用办法及给人们生活带来的便利。

第 9 章
大数据

电子课件

近年来，信息技术的迅猛发展，使社交媒体、物联网和移动互联网得到飞速发展，人们在感知、计算、仿真、模拟、传播等活动时，产生了海量数据（即大数据），全球的大数据正呈现井喷式增长。

人们逐渐认识到只有掌握正确的数据，并看透、释放数据背后的隐藏价值，才能够获得源源不断的财富。大数据分析使人们以一种全新方式获得新产品、新服务或独到的见解，同时大数据的检索、分析、挖掘、研判，能使决策更为精准。

本章概述了大数据的基本概念、来源、特征等基本知识，介绍大数据目前的应用场景及大数据发展的机遇与挑战。

9.1 大数据概述

近几年来，"大数据"这个词突然变得很"火"，不仅被纳入阿里巴巴、谷歌等互联网公司的战略规划中，同时在我国国务院和其他国家的政府工作报告中也被多次提及，大数据无疑已成为当今互联网领域的新宠儿。

9.1.1 大数据的概念

1. 从"数据"到"大数据"

人类在计量、记录、预测生产生活过程中，对数据的认知经历了漫长的发展过程，数据一直与人类社会的成长相伴而生。从文明之初的"结绳记事"，到文字发明后的"文以载道"，再到近代科学的"数据建模"。实际上，数据同人类相伴

视频
9-1
你身边的大数据

而生，人类有"与生俱来的数据偏好"，"人类的认识发展史就是对数据的认识史"。数据时代以计算为中心，大数据时代以数据为中心，人们的关注点从数值演变为数据，再演变为当前的大数据。时至今日，"数据"变身"大数据"，开启了一次重大的时代转型。

"大数据"概念的形成，经历了三个标志性事件。

（1）2008年9月，美国《自然》（*Nature*）杂志专刊——The next google（下一个谷歌），第一次正式提出"大数据"概念。

（2）2011年2月1日，《科学》（*Science*）杂志专刊——Dealing with data（处理数据），以社会调查的方式，讨论了科学研究中的大数据问题。第一次综合分析了大数据给人们生活带来的影响，详细描述了人类所面临的"数据困境"。

（3）2011年5月，麦肯锡研究院发布报告——Big data：the next frontier for innovation，competition，and productivity（大数据：创新、竞争与生产力的下一个前沿领域），提出"大数据"时代到来，第一次给大数据做出相对清晰的定义："大数据是指数据规模超过现有数据库工具获取、存储、管理和分析能力的数据集。"

2. 大数据定义

学术界至今无统一公认的定义和解释，不同的数据科学家、数据分析师，从不同的视角对大数据都有不同的理解，对大数据的内涵与外延都进行了具体的表述。比较典型的包括以下几种。

（1）牛津英文字典定义：大数据就是数量非常大，通常给操作与管理带来了显著挑战。

（2）Wikipedia 2014年定义：大数据就是数据太大和复杂，以至于利用现有数据管理工具或传统数据处理程序难以处理。

（3）麦肯锡定义：数据规模超出了典型数据管理工具的现有能力，包括捕获、存储、管理和分析。

扩展阅读
9-1
《大数据时代》简介

（4）《大数据时代》的作者维克托·迈尔-舍恩伯格（Viktor Mayer-Schönberger）和肯尼思·库克耶（Kenneth Cukier）说：大数据是指不用随机分析法（抽样调查）这样的

捷径，而采用所有的数据进行分析处理。大数据就是一种能力，该能力使用信息来发现有价值的洞见和商品以及有显著价值的服务；或者是那种在小规模数据条件下不能够达成，但是在大数据这种情况下能达成的发现见解和创造新价值。

（5）数据科学家托马斯·H·达文波特（Thomas·H·Davenport）说：大数据就是过去这十数年出现的新的且海量的数据类型。

面对这一轮大数据革命，国家高度重视大数据在经济社会发展中的作用，先后发布《国务院关于积极推进"互联网+"行动的指导意见》《促进大数据发展行动纲要》和《大数据白皮书（2016 年）》，提出："实施国家大数据战略，全面推进我国大数据发展和应用，加快数据强国建设。"当前正是利用大数据推进国家治理现代化的宝贵时机。

2015 年 8 月 31 日，国务院印发的《促进大数据发展行动纲要》中指出："大数据是以容量大、类型多、存取速度快、应用价值高为主要特征的数据集合，正快速发展为对数量巨大、来源分散、格式多样的数据进行采集、存储和关联分析，从中发现新知识、创造新价值、提升新能力的新一代信息技术和服务业态。"

《大数据白皮书 2016》称："大数据是新资源、新技术和新理念的混合体。从资源视角看，大数据是新资源，体现了一种全新的资源观；从技术视角看，大数据代表了新一代数据管理与分析技术；从理念的视角看，大数据打开了一种全新的思维角度。"

以上也说明大数据的内涵不断扩大，按此划分为狭义大数据和广义大数据。狭义大数据着眼于数据的性质，具备大数据 4V（volume、variety、velocity、value）特征，可理解为：用现有的一般技术难以管理的大量数据的集合，无法在一定时间范围内用常规软件工具进行捕捉、管理和处理的数据集合，是需要新处理模式才能具有更强的决策力、洞察发现力和流程优化能力的海量、高增长率和多样化的信息资产。

所谓广义大数据，是一个综合性概念，它包括因具备 4V 特征而难以进行管理的数据，还包括对这些数据进行存储、处理、分析的技术以及能够通过分析这些数据获得实用意义和观点的人才和组织，如图 9-1 所示。

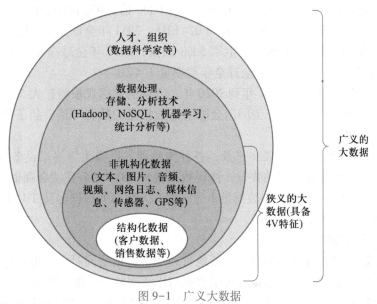

图 9-1 广义大数据

9.1.2 大数据的特征

目前，业界比较认可关于大数据"4V"的特征，包含 volume（数量大）、variety（种类多）、velocity（速度快）和 value（价值高）。

1. volume（数量大）

大数据，即数量大，"大"是其主要特征。从文字记录出现到 21 世纪初，人类累积生成的数据总量，仅相当于现在全世界一两天内创造的数据量，有"一天等于两千年"的说法。根据 IDC（International Data Corporation，国际数据公司）的报告，目前全球数据的增长率为每年 40% 左右，这意味着每两年数据就增加了一倍，这被称为"大数据摩尔定律"。

第 2 章中介绍过，计算机中的数据存储是以字节（Byte）为基本计算单位的，往上分别是千字节 KB（KiloByte）、兆字节 MB（MegaByte）、吉字节 GB（GigaByte）、太字节 TB（TeraByte）、拍字节 PB（PetaByte）、艾字节 EB（ExaByte）、泽字节 ZB（ZettaByte）、尧字节 YB（YottaByte）、珀字节 BB（BrontoByte）、诺字节 NB（NonaByte）、刀字节 DB（DoggaByte）和馈字节 CB（CorydonByte），每级存储单位与其上级单位的换算关系都是 2^{10}（即 1 024）。

目前已知最大的数据存储计算单位是 XB（XeroByte），1 XB = 1 024 CB。

如果用耳熟能详的事物与存储容量作比较，1 B 相当于 1 个英文字母；1 KB 相当于一则短篇故事内容；1 MB 相当于一则短篇小说的文字，一首 MP3 格式的歌曲通常占用几 MB；1 GB 相当于贝多芬第五乐章交响曲的乐谱内容；1 TB 相当于一家大型医院中所有的 X 光图片信息量，美国国会图书馆是世界存储数据量最大的图书馆之一，截至 2011 年 4 月共拥有 235 TB 的数据；1 PB 相当于 50% 的全美学术研究图书馆藏书信息内容；1 EB 相当于 13 亿中国人人手 1 本 500 页书的信息量总和，5 EB 相当于至今全世界人类所讲过的话语；1 ZB 如同全世界海滩上的沙子数量总和；1 YB 相当于 7 000 位人类体内的细胞数总和。

1986 年，全球只有 0.02 EB 也就是约 21 000 TB 的数据量，而到了 2007 年，全球就有 280 EB（约 300 000 000 TB）的数据量，是 1986 年的 14 000 倍。IDC 的报告称，截至 2010 年人类拥有的数字信息总量大概是 1.2 ZB（1 ZB = 1 024 EB），2011 年全球全年数据总量已经达到 1.8 ZB。人类文明开始到 2003 年地球共产生了 5 EB 数据，2012 年全球全年数据总量为 2.7 ZB，是 2003 年以前的 500 多倍，2013 年全球全年数据量 4.4 ZB。

基于 IDC 的报告预测，从 2013 年到 2020 年，人类的数据规模将扩大 50 倍，全球数据量会从 4.4 ZB 猛增到 44 ZB，相当于美国国会图书馆数据量的数百万倍。到了 2025 年，预测全球会有 163 ZB 的数据量。

随着移动互联网及物联网发展和普及，各种传感器、摄像头等终端设备遍布人们工作和生活的各个角落，各种业务形式的普及，使得数据量每 18 ~ 24 个月就会翻倍。全球的数据量正呈现"井喷式"增长，所涉及的数据量十分巨大。大数据处理已经从 TB 级别跃升至 PB 级别，这实际上给数据处理带来了挑战。

2. variety（类型多）

传感器、智能设备在每时每刻源源不断地自动产生数据的同时，人类自身的社会、工作、生活行为也在不断创造数据，大数据与传统数据相比类型复杂、种类繁多。

大数据包括结构化、半结构化和非结构化数据，非结构化数据越来越成为数据的主要部分。

（1）结构化数据。结构化数据是由二维表结构来逻辑表达和实现的数据，严格地遵循数据格式与长度规范，有固定的结构、属性划分和类型等信息，主要通过关系型数据库进行存储和管理，数据记录的每一个属性对应数据表的一个字段。结构化数据主要是指存储在关系数据库中的传统数据，只占数据的 10% 左右。

（2）非结构化数据。与结构化数据相对的是不适于由数据库二维表来表现的非结构化数据，种类繁多，主要包括邮件、音频、视频、微信、微博、社交媒体论坛、位置信息、链接信息、搜索索引、手机呼叫信息、网络日志（包括点击流数据）等，真正诠释了数据的多样性，也对数据的处理能力提出了更高的要求。

（3）半结构化数据。半结构化数据既具有一定的结构，又灵活多变，其实也是非结构化数据的一种。和普通纯文本、图片等相比，半结构化数据具有一定的结构性，但和具有严格理论模型的关系数据库的数据相比，其结构又不固定。如员工简历，处理这类数据可以通过信息抽取、转换等步骤，将其转化为半结构化数据，采用 XML、HTML 等形式表达；或者根据数据的大小，采用非结构化数据存储方式，结合关系数据存储。

据 IDC 的调查报告显示：80% 的数据都是非结构化数据，这些数据每年都按指数增长 60%。大数据就是互联网发展到现今阶段的一种表象或特征而已，没有必要神话它或对它保持敬畏之心，在以云计算为代表的技术创新大幕的衬托下，这些原本看起来很难收集和使用的数据开始容易被利用起来了，通过各行各业的不断创新，大数据会逐步为人类创造更多的价值。

3. velocity（速度快）

速度快即产生和处理速度快。大数据时代，随着现代感测、移动互联网、物联网、计算机技术的发展，数据生成、存储、分析、处理的速度远远超出人们的想象，这是大数据区别于传统数据或小数据的显著特征。

在 1 分钟内，新浪可以产生两万条微博，Twitter 可以产生 10 万条推文，微信可以产生 1 000 万条信息，苹果可以下载 4.7 万次应用，淘宝可以卖出 6 万件商品，百度可以产生 90 万次搜索查询，Facebook 可以产生 600 万次浏览量。Facebook 每天有 18 亿照片上传或被传播，欧洲核子研究中心 CERN 的离子对撞机每秒运行生成的数据高达 40 TB。1 台波音喷气发动机每 30 分钟就会产生 10 TB 的运行数据。实际上，大数据在各行各业的产生速度快得令人难以置信。

大数据处理技术也在飞速发展，例如：过去需要 10 年破译的人体基因 30 亿对碱基数据，现在仅需 15 分钟即可完成。在 2016 年德国法兰克福国际超算大会（ISC）上，获得全球超级计算机 500 强榜单中第一的"神威·太湖之光"，按当时的指标来说，该系统峰值性能达 12.5 亿亿次/秒，其 1 分钟的计算能力，相当于全球 70 亿人同时用计算器不间断计算 32 年，其计算速度是我们无法想象的。

目前，对于数据智能化和实时性的要求越来越高，处理速度通常要达到秒级的快速响应。传统的数据挖掘技术不要求给出实时分析结果，但大数据时代的很多应用都需要基于快速生成的数据给出实时分析结果，用于指导生产和生活实践，两者数据处理要求有着本质不同。

新兴的大数据分析技术通常采用集群处理和独特的内部设计，实现快速分析海量数据。

以 Google 公司的"交互式"数据分析系统 Dremel 为例，它是可扩展的、交互式的实时查询系统，采用多级树状执行过程和列式嵌套数据结构，用于只读嵌套数据的分析。Dremel 有良好的扩展性，可以通过增加机器数量来缩短查询的时间，可以处理数以万亿计的记录，能做到几秒内完成对万亿张表的聚合查询，满足 Google 上万用户操作 PB 级数据的需求，并且可以在 2~3 s 内完成 PB 级别数据的查询。

4. value（价值高）

大数据有巨大的潜在价值，但同其呈几何指数爆发式的增长相比，某一对象或模块数据的价值密度较低，对开发海量数据无疑增加了难度和成本。以小区监控视频为例，一天 24 小时的监控录像，虽然可用的关键数据也许仅为 1~2 秒那一小段的视频，但不得不投入大量资金购买监控设备、网络设备、存储设备，耗费大量的电能和存储空间，来保存连续不断的监控数据。从这点来说大数据的价值密度是比较低的。同样，每天数十亿的搜索申请中，也只有少数固定词条的搜索量会对某些分析研究有用。在大数据时代，数据的价值就像大浪淘金。数据量越大，里面真正有价值的东西相对就越少。

目前的任务就是合理运用大数据，通过数据分析和挖掘，以低成本创造高价值。即利用云计算、智能化开源实现平台等技术，将这些 ZB、PB 级的数据，提取出有价值的信息，然后将信息转化为知识，发现其规律，最终通过知识促成正确的决策和行动。比如，以往出门旅行，确定旅游路线是一个废脑筋的事情，而在大数据时代变得简单起来。可以通过搜集其他人对景点的评价及客流量，自动规划出一条最方便的旅游路线，还能根据以往机票的价格，预测最便宜的购票日期。

据中商产业研究院发布的《2018—2023 年大数据产业发展前景与投资分析报告》数据显示：2016 年，全球大数据产业市场规模为 1 403 亿美元，预计到 2020 年将达到 10 270 亿美元，2014—2020 年间年均复合增长率高达 49%。我国大数据产业市场规模 2016 年为 2 485 亿元，2017 年达到 4 700 亿元，预计 2020 年将近 10 100 亿元。

IBM 提出大数据的 5V 特征，在上述特征的基础上增加了 veracity（真实性）。

大数据的重要性就在于是否可以有用地对决策进行支持，而大数据的真实性，是获得有用思路和准确内容的要素之一，也是决策得以成功制定的根基。

大数据的内容是与真实世界息息相关的，要保证提取的数据有足够的准确性和可信赖度，即要追求数据的高质量。但是即使最优秀的数据清理方法，也无法消除某些数据的不可预测性，例如人的感情和诚实性，经济因素以及其他因素。

斯坦福大学还提出了另外两个特征。

volatility（时效性），即数据集在多长时间内有效。

variability（变化率），即不可预测的数据流及其变化程度。

根据大数据的特征来衡量，符合这几个特征的数据集就是大数据，反之就可能不是。

目前，社会上对大数据有很多误解，最常见的就是认为数据集必须足够大，至少要以 PB 级为基本单位才能称作"大数据"，这种理解过于简单化。其实，一个容量小的数据集，如果足够复杂，也可看作大数据。比如，著名的数据分析师马克·里吉门纳姆在一次演讲中指出，一个人的 DNA 基因序列数据只有 800 MB，属"小数据"，但是在这些基因序列中，有 40 亿条信息片段和大量的模式，无论从数据的多样化还是计算机处理速度的角度看都绝对属于大数据。

　　反之，数据量大不等于就是大数据，单一化、非复杂多变的数据集，其规模再大，也不能称之为大数据。比如，我国每十年进行一次人口普查，统计各地人口的数量、年龄、性别等信息，会获得海量数据。但这些数据产生速度很慢，数据类型也少，通常使用传统的数据处理方式就能够获得想要的结果。所以人口普查数据虽然看上去数据量大，但不能算是大数据。

视频
9-2
到底什么是大数据

9.1.3 大数据的来源

　　在 1965 年，英特尔创始人戈登·摩尔（Gordon Moore）提出了著名的"摩尔定律"，即当价格不变时，集成电路上可容纳的晶体管数目，约每隔 18 ~ 24 个月便会增加一倍，性能也将提升一倍。换言之，每一美元所能买到的计算机性能，将每隔 18 ~ 24 个月翻一倍以上。戈登·摩尔总结出了关于芯片性能每 18 个月倍增的定律，揭示了信息技术进步的速度。

　　在 1998 年，图灵奖获得者杰姆·格雷（Jim Gray）提出著名的"新摩尔定律"，即人类有史以来的数据总量，每过 18 个月就会翻一番。新摩尔定律是关于技术产品生命周期的定律，更多的是被应用到单个新技术的生命周期分析中，指导着高科技公司的发展。

　　从图 9-2 中可以看出，2004 年，全球数据总量是 30 EB；2005 年达到了 50 EB，2006 年达到了 161 EB；到 2015 年，达到了惊人的 7900 EB；到 2020 年，预计将达到 44000 EB。

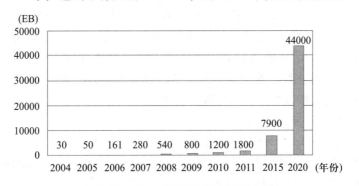

图 9-2　2004—2020 年全球数据总量

　　全世界每秒发送 290 万封电子邮件，一分钟读一篇的话，足够一个人日夜不停地读 5.5 年；每天 Google 需要处理 24 PB 的数据，平均每小时处理 1 PB 数据；每天 YouTube 会上传 2.88 万个小时的视频，足够一个人昼夜不停地观看 3.3 年；每天 Twitter 上发布 5000 万条消息，假设 10 秒就浏览一条消息，足够一个人昼夜不停地浏览 16 年；淘宝网在 2010 年就拥有 3.7 亿会员，每天交易超过数千万笔，单日数据产生量超过 50 TB，存储量为 40 PB；每天网民在 Facebook 上要花费 234 亿分钟，被移动互联网使用者发送和接收的数据高达 44 PB；每天互联网产生的全部内容可以刻满 64 亿张 DVD，而这些数据量随着互联网、物联网、云计算、大数据的进一步发展，会更快地被打破。

　　大数据产生主要来源于哪些方面呢？根据不同的划分方式，会得到不同的分类。按产生数据的主体划分，大数据主要归于互联网及移动互联网、物联网、科学研究的发展及应用带来的数据。

1. 来自"大人群"泛互联网数据

全球已经有大约30亿人接入了互联网，网民数量还在持续增长。互联网发展至今，每个人习惯用智能终端拍照、拍视频、发微博、发微信等，每个人不仅是信息的接受者，也是信息的产生者，每个人都成为数据源。

我们非常熟悉的百度公司数据总量超过了千 PB 级别，占据中国搜索市场70%以上的份额，坐拥庞大的搜索数据。数据涵盖了中文网页、百度推广、百度日志、UGC（user generated content，也就是用户生成内容，用户使用互联网的新方式，即由原来的下载为主变成下载和上传并重）等多个部分。

阿里巴巴公司，保存的数据量超过了百 PB 级别，拥有我国90%以上的电商数据。数据涵盖了点击网页数据、用户浏览数据、交易数据、购物数据等。

腾讯公司总存储数据量经压缩处理以后，仍然超过了百 PB 级别，数据量月增加达到10%，包括大量社交、游戏等领域积累的文本、音频、视频和关系类数据。

2. 传感器设备数据

随着物联网的高速发展，大量传感器设备遍布于人们生活、工作的各个角落，这也会产生海量数据。目前全球有30亿~50亿个传感器，预计到2020年会达到10万亿个，而传感器会24小时昼夜连续不停地产生海量数据，导致信息爆炸。比如：为了保障高铁的运行安全，就要感知异物、滑坡、水淹、变形、地震等异常，所以需要在铁轨周边部署大量传感器。

以上海市公安部门为例，2017年已存储公安业务信息和社会信息270亿条，日均增加5 000万条。"旅馆业单位前台系统"开展大数据应用，按照"实名、实情、实数、实时"的要求，督促做好住宿人员信息的登记和上传工作；交通管理方面，全市41个陆路道口检查站、中心城区高架快速路主线、匝道等安装了"车辆牌照识别系统"，日均采集车辆牌照信息940余万条。这仅仅是上海市的公安部门数据，可想而知全国公共安全大数据会有多大。

3. 科学研究和各行各业大数据

欧洲粒子物理研究中心 CERN 的大型强子对撞机（large hadron collider，LHC），每年需要处理的数据是 100 PB，且年增长 27 PB。又如，石油部门为寻找石油，使用地震勘探的方法来探测地质构造，同样需要用大量传感器来采集地震波型数据。

换个角度看，大数据就是通过各种数据采集器、数据库、开源的数据发布、GPS 信息、网络痕迹（包括购物、搜索历史等）、传感器收集的、用户保存的、用户上传的数据，这些数据不仅有结构化数据还有非结构化的数据，其涵盖范围非常广泛。

不仅数据量巨大，而且数据类型复杂，已经超越了传统数据管理系统、处理模式的能力范围，这样的背景下"大数据"概念才应运而生。换言之，大数据是信息技术及其普适应用发展到一定阶段的"自然现象"。

9.1.4 支撑大数据的要素

前面论述了大数据的定义及特征，那么"庞大"的数据靠什么存储和运算呢？信息技术的发展，计算速度的提高，人工智能水平的提升，这些正是全球大数据高速增长的重要支撑基础。以下从存储、计算、智能这三方面进行介绍，如图9-3所示。

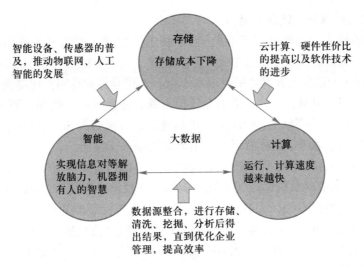

图 9-3 支撑大数据的要素

1. 存储：云存储使存储成本下降

随着计算机硬件能力的提升，存储器保存数据的能力在增强，一根头发丝大小的地方，就能放上万个晶体管。硬件技术的发展基本符合由戈登·摩尔提出的"摩尔定律"，即同一面积芯片上可容纳的晶体管数量，约每隔 18～24 个月便增加一倍，性能增长的同时成本在不断地下降。例如：1955 年，世界上第一款硬盘，IBM 商用硬盘存储器，1 MB 的存储量成本为6 000 多美元；到 2010 年时 1 MB 的存储量成本仅为 0.005 美分；预计到 2020 年时，可以存储一个图书馆的全部信息的 1 TB 硬盘，可能仅仅需要一杯咖啡的钱。

云计算出现后，数据存储服务衍生出了新的商业模式，数据中心的出现降低了公司的计算和存储成本。例如，使用亚马逊的云计算服务，无须自行搭建大规模数据处理环境的前提下，以按用量付费的方式，来使用由计算机集群组成的计算处理环境和大规模数据存储环境。利用这样的云计算环境，即使是资金不太充裕的创业型公司，也可以进行大数据的分析。

2. 计算：云计算和软件技术进步，带来运算速度越来越快

大数据时代必须解决海量数据的高效存储问题，谷歌开发了分布式文件系统（Google file system，GFS），通过网络实现文件在多台计算机上的分布式存储，实现了大规模数据存储。

分布式系统基础架构 Hadoop 的出现，为大数据带来了新的曙光。Hadoop 有两大核心：一个是 Hadoop 分布式文件系统 HDFS（Hadoop distribution file system），是针对 GFS 的开源实现。HDFS 为海量的数据提供了存储，提供了在廉价服务器集群中进行大规模分布式文件存储的能力。另一个是 MapReduce，它为海量的数据提供了并行编程模式，提供了大规模数据集的并行计算，从而大大提高了计算效率。同时，Spark、Storm 等各种各样的技术层出不穷。

海量数据从原始数据源到产生价值，期间会经过存储、清洗、挖掘、分析等多个环节，如果计算的速度不够快，很多功能都是无法实现的。所以，在大数据的发展过程中，计算速度成为非常关键的因素。

3. 智能：机器拥有理解数据的能力

大数据带来的最大价值就是"智能"。信息技术的发展让搜集"大数据"成为可能，有海量数据做支撑，机器训练有了足够多的样本，支撑了人工智能中的"深度学习"。我们看到谷歌的 Alphago 以 4∶1 比分大胜世界围棋冠军李世石。可是你知道吗？比赛前，它已经学习了十万个棋谱，下了三千万盘棋，这个数据是任何人都无法做到的。同样，阿里云小 Ai 成功预测出《我是歌手》的总决赛歌王，iPhone 上的智能化语音机器人 Siri，微信上与大家聊天还能自己作词作曲的微软小冰等，这些背后都是由海量数据来支撑的。

提到无人驾驶、人脸识别、网页搜索等高级应用中用到的神秘兮兮的"深度学习""增强学习"，乃至最具潜力的"对抗学习"及其对应的"深度神经网络""卷积神经网络""对抗神经网络"等都与大数据有关，大数据可以说是人工智能发展的基石。换句话说，大数据让机器变得有"智慧"，同时人工智能进一步提升了处理和理解数据的能力。

结合前面所学内容，可以看出，大数据技术和物联网、云计算是相伴相生的，是相辅相成的。云计算为物联网提供海量数据存储能力，存储物联网的传感器源源不断产生大量的数据；物联网也为云计算技术提供了广阔的应用空间。云计算为大数据提供海量数据存储和管理的能力，为大数据分析提供了技术支撑；同样大数据为云计算提供了用武之地，发挥应用价值。物联网是大数据的重要来源，带来数据产生方式的变革，由人工产生阶段转向自动产生阶段；同时，物联网需要借助于云计算和大数据技术，实现物联网大数据的存储、分析和处理，大数据技术为物联网数据分析提供支撑。三者已经彼此渗透，相互融合，未来会更进一步相互促进，相互影响。

9.1.5 大数据思维

历来的变革都是由思维方式的转变开始的，大数据时代带给人们的是一种全新的思维方式，思维方式的改变在下一代成为社会生产中流砥柱时就会带来产业的颠覆性变革！

在维克托·迈尔·舍恩伯格的《大数据时代：生活、工作与思维的大变革》一书中，概括了大数据及大数据时代思维方式的变革。

1. 大数据的获取，要全样而非抽样

以往由于过去的数据存储和数据处理技术能力的限制，通常在科学分析中只能采用抽样的方法。在大数据时代，科学分析要全体数据，而不是随机样本，让全体数据"发声"。大数据技术的核心就是海量数据的存储和处理，分布式文件系统和分布式数据库技术提供了海量数据存储能力；分布式并行编程框架 MapReduce 提供了强大的海量数据并行处理能力，大数据技术可以在很短时间内迅速得到分析结果。例如，谷歌公司的 Dremel 可以在 2 秒内完成 PB 级别数据的查询。

2. 数据的清洗，要效率而非精确

以往在科学分析中采用抽样分析方法，是针对部分样本进行分析，其分析结果被应用到全集数据后，误差往往会被放大，可能会变成一个很大的误差。为了保证被放大的误差仍然处于可以接受的范围，就必须要确保抽样分析结果的精确性。大数据时代采用全样分析，就不存在误差被放大的问题，大数据时代对数据分析有"秒级响应"的需求，要求在几秒内针对海量数据的实时分析迅速给出结果，否则就丧失数据的价值，首要核心目标已经不是追求

高精确性而是数据分析的效率。

3. 对清洗后的数据进行分析，要相关而非因果

以往的数据分析的目的就是解释事物背后的因果，追究"为什么?"。在大数据时代，因果关系不再那么重要，人们转而追求相关性而非因果性。比如，网购时，往往购买了汽车的行车记录仪以后，购物网还会自动给你推荐与你购买相同物品的其他客户还购买了如汽车防盗锁、坐垫、车饰等相关产品。购物网透漏给你这些商品之间存在相关性，但是并不会告诉你其他客户购买了这些商品的原因。

大数据专家克里斯·安德森曾指出："现在已经是一个有海量数据的时代，只要有足够的数据，数据就能说明问题了，如果你有一拍字节的数据，一切就迎刃而解了。""用数据说话""让数据发声"，已成为人类认识世界的一种全新方法。在大数据背景下，因海量无限、包罗万象的数据存在，让许多看似毫不相干的现象之间发生一定的关联，使人们能够更简捷、清晰地认识事物和把握局势。人们常用"风马牛不相及"这一成语，来形容两件八竿子打不着的事情，现如今，由于大数据、云计算、人工智能技术的发展，"风马牛可相及"的现象完全可能发生。相关关系比因果关系更简单实用，不仅仅是因为它为我们提供新的视角，而且提供的视角都很清晰。下面通过两个经典案例，来看看相关关系。

（1）啤酒与尿布。人们在沃尔玛超市发现特别有趣的现象，尿布与啤酒这两种风马牛不相及的商品被摆放在相同的区域，这一奇怪的举措居然使尿布和啤酒的销量大幅增加了。这是源于超市的管理人员在分析销售数据时，发现一个难以理解的现象：有时候，"啤酒"与"尿布"两件看上去毫无关系的商品，会经常出现在同一个购物篮子中，这两者之间似乎有什么关联。但沃尔玛当时并没有去找这两个销售数据之间联系的原因，而是立即做出决定，将这两样商品摆放在一起，结果两样商品的销售量都大幅增加了。显然，这个决定是十分正确的。

当然，进一步调查发现了这种现象发生的原因是由于在美国有婴儿的家庭中，一般是年轻的父亲去超市购买尿布，在购买尿布的同时，往往会顺便为自己购买啤酒，于是啤酒与尿布就会关联起来，经常会出现在同一个购物篮中。超市将啤酒与尿布摆放在一起，让年轻的父亲可以同时找到这两件商品，很快地完成购物。这一改变，不仅方便了年轻父亲的购物，又增加了商场的销售收入。

一个超市的经营者，要解决的最重要的问题就是让超市利益最大化，达到这个目的就可以了，所以无须像科研人员一样去搞清楚这些问题后面的复杂原因。如果有一辆汽车，对我们来说，更需要学习的是驾驶技术而不是汽车制造及修理。同样，如果你有足够多的销售数据并分析出结果，你需要做的是利用结果去提高盈利而不是搞清楚结果背后的原因。

今天在很多超市里，可以看到商品的摆放位置会经常发生变化，这背后谁又能否认数据分析在起作用，透过数据分析可看到深层数据之间的相互关联。

（2）谷歌与流感。2008 年谷歌推出了"谷歌流感趋势"（GFT），这一工具可以根据汇总的谷歌搜索数据近乎实时地对全球当前的流行疫情进行估测。因为，谷歌的工程师们很早就发现这些搜索词条的汇总数据有助于了解流感疫情。2009 年在 H1N1 爆发几周前，谷歌公司成功地预测了 H1N1 在全美范围的传播，甚至具体到特定的地区和州，并且判断非常及时，令公共卫生官员和计算机专家们倍感震惊。以往，美国疾病控制中心要在流感爆发一两周之后

才可以做到这些。

这不难理解，在流感季节，与流感有关的搜索会明显增加；到了过敏季节，与过敏有关的搜索会显著上升；而到了夏季，与晒伤有关的搜索又会大幅增加。一般人只有有生病的症状时才会主动去查那些与疾病相关的内容，人们的搜索行为本身与流感疫情并无因果关系，但谷歌通过用户搜索日志的汇总信息，及时准确地预测了流感疫情的爆发，这就是相关关系的巨大力量。

大数据是一个信息和知识的资源矿，蕴藏着无限的商机与巨大的收益。美国得克萨斯大学针对数据有效性的一项研究表明，企业通过提升自身数据的使用率和数据质量，能够显著提高企业的经营表现。大数据不仅有商机与收益，而且是"未来的石油"，将成为社会创新发展的动力源。

9.2 大数据处理技术

人们谈到的大数据，并非只是独立存在的数据本身，通常大数据和大数据处理技术密不可分。要想得到数据和信息必然要经过一系列的数据处理过程，对庞大的数据进行剥离、整理、归纳、建模、分析的动作后，才能建立数据分析的维度，然后才可以对不同维度的数据进行分析，最后才能得到想要的数据和信息。

要充分了解大数据处理，就必须知道大数据的处理过程、步骤及各阶段相关的大数据技术。大数据的基本处理流程主要包括大数据采集、导入与预处理、统计与分析、大数据挖掘、数据可视化（结果呈现）等环节。

9.2.1 大数据的采集

大数据时代，人们工作、生活和社会的方方面面，数据是无处不在，且每时每刻都在不断产生数据。分散在各处的数据，需要采用相应的设备和软件进行采集。大数据的采集通常采用多种数据库来接收终端数据（包括智能硬件端、多种传感器端、网页端、移动 App 应用端等），并且可以使用这些数据库进行简单的查询和处理工作。数据库包括传统关系型数据库（如 MySQL、Oracle）、非关系型数据库 NoSQL（如 Redis、MongoDB 等）。

常用的数据采集方式主要有以下几种类型。

1. 数据抓取

通过程序从现有的网络资源中提取相关信息，录入到数据库中。大体上可以分为网址抓取和内容抓取。网址抓取是指快速抓取到所需的网址信息；内容抓取是指通过分析网页源代码，精准抓取到网页中散乱分布的内容数据，能在多级多页等复杂页面中完成内容抓取。

2. 数据导入

数据导入是指将指定的数据源导入数据库中，通常支持的数据源包括数据库（SQL Server、Oracle、MySQL、Access 等传统关系数据库）、数据库文件、Excel 表格、XML 文档、文本文件等。

3. 物联网传感设备的自动信息采集

大数据的采集和感知技术的发展是紧密联系的，人们依赖着无数的数码传感器，随时可以测量和传递有关位置、运动、震动、温度、湿度乃至空气中化学物质的变化等信息，并产生海量的数据信息。

在大数据的采集过程中，主要面对的挑战是并发数高，可能会对成千上万的数据同时进行访问和操作。

9.2.2　导入与预处理

采集到的数据通常无法直接用于后续的数据分析。因为对于来源众多，类型多样的数据而言，避免不了数据出现缺失和语义模糊等问题，无法直接进行数据挖掘和挖掘结果差强人意，就需要一个被称为"数据预处理"过程，把数据变成一个可用的状态，产生了数据预处理技术。数据预处理有很多方法，包括数据清洗、数据集成、数据变换、数据归约等，大大提高了数据挖掘的质量，减少数据挖掘所需要的时间。

数据清理主要是达到数据格式标准化、异常数据清除、数据错误纠正、重复数据清除等目标。数据集成是将多个数据源中的数据整合起来并统一存储，建立数据仓库。数据变换是通过平滑聚集、数据概化、规范化等方式将数据转换成适用于数据挖掘的形式。数据归约是指在对挖掘任务和数据本身内容理解的基础上，寻找依赖于发现目标的数据的有用特征，以缩减数据规模，从而在尽可能保持数据原貌的前提下，最大限度地精简数据量。

在大数据导入与处理过程中主要面对的挑战是每一秒的导入量经常会达到百兆甚至千兆级别，导入的数据量大。

9.2.3　统计与分析

统计与分析主要是利用分布式数据库或分布式计算集群，对存储于其内的海量数据进行普通的分析和分类汇总，以满足大多数常见的分析需求，通常使用 R 语言实现。

R 语言是用于统计分析、绘图的语言和操作环境，属于 GNU 系统（GNU 是一个自由的操作系统）的一个自由、免费、源代码开放的软件，是一个用于统计计算和统计制图的优秀工具。R 提供一些集成的统计工具，大量提供各种数学计算、统计计算的函数，从而使用户能灵活机动地进行数据分析，甚至创造出符合需要的统计计算新方法。

在大数据的统计与分析过程中，主要面对的挑战是分析所涉及的数据量太大，其对系统资源，特别是 I/O 会有极大的占用。

9.2.4　数据挖掘

大数据的价值不在于存储数据本身，而在于如何挖掘出数据背后的价值。数据挖掘是识别出海量数据中有效的、新颖的、潜在有用的、最终可理解的模式的非平凡过程，简单说就是从海量数据中找出有用的知识。通过对提供的数据进行分析，查找特定类型的模式和趋势，最终创建模型。数据挖掘常用分析方法有分类、聚类、关联规则、预测模型等。

分类是一种重要的数据分析形式，目的是根据数据集的特点，把未知类别的样本映射到给定类别，常用的典型算法有朴素贝叶斯算法、K 最近邻算法 KNN、支持向量机算法 SVM、AdaBoost 算法、C4.5 算法、CART 算法。

聚类分析方法目的是将数据集内具有相似特征属性的数据聚集在一起，同一个数据群中的数据特征要尽可能相似，不同的数据群中的数据特征要有明显区别。常用的算法有 BIRCH 算法、K-means 算法、期望最大化算法（EM 算法）。

关联规则指搜索系统中的所有数据，找出所有能把一组事件或数据项与另一组事件和数据项联系起来的规则，以获得预先未知的和被隐藏的不能通过数据库的逻辑操作和统计的方法得出的信息，常用的算法有 Apriori 算法、FP-Growth 算法。

预测模型是一种统计和数据挖掘的方法，包括可以在结构化与非结构化数据中使用，以确定未来结果的算法和技术，可为预测、优化、预报和模拟等许多业务系统使用。代表性的预测模型是序贯模式挖掘 SPMGC 算法。

常用的数据挖掘工具有 Mahout、Spark MLlib。

在整个大数据的处理过程中，一个比较完整的大数据处理流程依次要进行大数据的采集、大数据的导入与预处理、大数据的统计分析和大数据挖掘，每一步都是做好大数据的关键基础。

9.2.5 数据可视化

最后采用可视化工具为用户呈现结果。在整个数据处理过程中还必须注意隐私保护和数据安全问题。因此，从数据分析全流程的角度，大数据技术主要包括数据的采集与预处理，数据存储和管理，数据处理与分析，数据安全和隐私保护等几个层面的内容。

常用的数据可视化软件有 Excel、ECharts、Processing、NodeXL。

9.3 大数据的应用

大数据作为一种新兴的生产要素、企业资本、社会财富，能够无穷尽地重复循环利用，"数据可以治国，还可以强国。"大数据正在推动范式、产业的发展模式、国家的治理方式等发生转型与变革。

9.3.1 大数据带来的变革

1. 大数据让政府治理更智慧、精准、透明

大数据让政府可以智慧治理，精准预测，风险预警，舆情监测，迈向"数据驱动"的精准治理方式。

我国有 8 亿网民，传统方式和网络渠道共同构成了现在反映民意、了解民意、沟通民意的新途径。2018 年 4 月 19 日，中共中央总书记、国家主席、中央军委主席、中央网络安全和信息化领导小组组长习近平在北京主持召开网络安全和信息化工作座谈会并发表重要讲话。讲话中提到"网民来自老百姓，老百姓上了网，民意也就上了网。"基于大数据分析网民搜索

反腐关键词，会反映出各地区的腐败轻重程度、廉洁指数、市民抱怨度以及对政府的满意度等。大数据成为政府反腐倡廉的"第三只眼"，让政府治理更加透明化，打造阳光政府。

建立"用数据说话、用数据决策、用数据管理、用数据创新"的管理机制，实现基于数据的科学决策，将推动政府管理理念和社会治理模式进步，加快建设与社会主义市场经济体制和中国特色社会主义事业发展相适应的法治政府、创新政府、廉洁政府和服务型政府，逐步实现政府治理能力现代化。

2. 大数据让经济治理更有效

经济治理领域是大数据创新应用的沃土，大数据是提高经济治理质量的有效手段。判断经济形势可以通过把海量的微观主体的行为进行加总分析，从而推导出宏观大趋势的好坏。银行通过贷款对象的大数据特征可以推测出对方违约的可能性，从而减少可能的损失，降低银行坏账率。大数据与物联网技术相结合，可以推动企业做出最优决策，帮助企业提高生产效率。

例如，我们熟悉的支付宝"芝麻信用"。"芝麻信用分"授权开通后，每个支付宝用户都可以看到自己的芝麻信用分，分数越高代表信用程度越好，违约可能性越低。如果"芝麻信用分"高，可以无押金租车、住酒店，签证无须财产证明。反之，如果"芝麻信用分"低，可能会找不到工作，租不到房子，贷不到款，会四处碰壁。

3. 大数据让公共服务更智慧

在公共服务领域，基于大数据的智能服务系统将会极大提升人们的生活体验。人们享受的一切公共服务将在数字空间中以新的模式重新构建，包括智慧家居、智慧医疗、智慧城市、智慧旅游、智慧教育、智慧服务、智慧社区、智慧景区等一系列智能服务。

例如：基于大数据技术，未来机器的诊疗准确率甚至可能超过人类历史上最有名的名医。利用认知计算技术缩短治疗方案制定周期，在医疗、医药行业可以帮助做复杂疾病的诊断和数据分析，等等。未来，给你看病的，和你讨论病情的也许是一个机器人。

4. 大数据让商业创新更迅猛

未来，数据密集型的产业将成为发展最快的产业。拥有数据最多的公司将迅速崛起为这个时代的领军公司。因为人们无时无刻不在产生数据，而这些数据又反映了人的需求、爱好等信息，倘若公司分析了所有人的爱好信息，那么推出的产品不就能受到绝大部分人的青睐吗？

2012 年，Netflix 准备推出自制剧，不过在决定拍什么、怎么拍上，Netflix 推出了自己的秘密武器——大数据，借鉴大数据分析和数据挖掘手段。首先，从社交媒体，如微博、微信等获取各种元数据，收集该网站上用户每天产生的行为，如收藏、推荐、回放、暂停等，还包括用户的搜索请求，对目标粉丝文化的详尽分析，受众人群的活跃度及消费能力，习惯评估（衣食住行娱），粉丝对其心仪偶像的各种喜好和期望等。然后，分析出凯文·史派西、大卫·芬奇和"BBC 出品"这三种元素结合在一起的电视剧产品将会大火。最后，融合三者拍摄了一部《纸牌屋》，结果大获成功，成为 2013 年全球最火的美剧。Netflix 首次在世界上运用大数据，详细了解观众行为，而投其所好地投资生产出收视率高的影视娱乐产品。

9.3.2 大数据的应用场景

大数据无处不在，在各行各业已产生显著的社会效益和经济效益，对人们的工作、生活和学习产生广泛深远的影响。各行各业都已经融入了大数据处理和分析的印迹，以下从新零售、金融、教育、医疗、农业、环境等行业，展现大数据的应用场景。

1. 新零售行业大数据应用

传统零售行业大数据应用会关注两个层面：一个层面是零售行业，通过搜集客户的消费喜好和趋势数据，进行商品的精准营销，降低营销成本。例如，记录客户的购买习惯，在客户即将用完之前，通过精准广告的方式或者网上商城提供定期送货的方式，提醒客户进行购买。第二个层面是依据客户已购买的产品，为客户提供可能购买的其他相关产品，同样属于精准营销。例如，通过客户购买记录，了解客户关联产品的购买喜好，可将与洗衣服相关的产品如洗衣粉、皂粉、衣领净等产品放到一起进行销售，提高相关产品销售额。零售行业可以使用大数据进行分析，可预测未来的消费趋势，可进货热销商品或处理过季商品。

2016 年 10 月的阿里云栖大会上，阿里巴巴马云在演讲中第一次提出了新零售，"未来的十年、二十年，没有电子商务这一说，只有新零售。"零售行业的新零售模式不同于以往。新零售，指个人、企业以互联网为依托，通过运用大数据、人工智能等先进技术手段并运用心理学知识，对商品的生产、流通与销售全过程进行升级改造，进而重塑业态结构与生态圈，并与线上服务、线下体验以及现代物流进行深度融合的零售新模式。

未来电子商务平台即将消失，线上线下和物流结合在一起，才会产生新零售。线上是指云平台，线下是指销售门店或生产商，而新物流消灭库存，减少囤货量。

2. 金融行业大数据应用

金融行业拥有丰富的数据，应用场景较为广泛，典型的应用场景包括银行大数据应用场景、证券大数据应用场景、保险大数据应用场景等。

银行大数据应用场景基本集中在用户经营、风险控制、产品设计和决策支持等方面。而其大数据可以分为交易数据、客户数据、信用数据、资产数据等，可以利用数据挖掘分析出一些交易数据背后的商业价值。比如，通过银行卡刷卡记录，寻找财富管理人群，可了解其消费习惯，为这些高端财富人群提供定制适合的财富管理方案，吸收其成为财富管理客户，可以增加存款和理财产品销售。

证券行业拥有的数据类型有个人数据信息、资产数据、交易数据、收益数据等，证券公司可以利用这些数据建立业务场景，筛选目标客户，为用户提供适合的产品，提高单个客户收入。例如，借助于对客户交易习惯和行为数据分析，对客户采用不同的策略，可以买公司提供的理财产品，可以主动推送融资服务，可以为客户提供投资咨询，帮助证券公司获得更多的收益。另外，证券交易市场中的股票市场行情的实时分析与预测，一直是数据分析领域里面的重要应用，它符合大数据的四大特征，即交易量大、频率高、数据种类多、价值高。

保险行业应用场景主要是围绕产品和客户进行的，用数据来提升保险产品的精算水平，提高利润水平和投资收益。典型的有利用用户行为数据、外部行为数据及位置数据，进行数据分析，了解客户需求，从而拓展新用户并推荐产品。

金融行业中，大数据在高频交易或实时行情预测、社交情绪分析和信贷风险分析三大金融创新领域发挥重大作用。

3. 教育行业大数据应用

从学校层面，学校大数据应用具体包括教务管理（招生分析、就业分析、住宿分析、图书馆分析、资产数据统计分析），教学创新（教学质量评估、上网行为分析、学生成绩分析、学生特长能力分析），应用创新（学生轨迹分析、学生画像、学生舆情监控），科研支撑（科研成果分析统计、科研项目研究、科研经费跟踪研究，对整个科研情况有全面的了解和掌握）。

信息技术已在教学、考试、师生互动、学生学习、智慧校园、校园安全、家校关系等方面的教育领域有了越来越广泛的应用，出现众多相关的网络软件和 App。大数据在教育领域已有了非常多的应用，如慕课、在线课程、翻转课堂等，涌现出大量的大数据工具。大数据时代背景下，通过收集学习者学习方面的信息，利用数据挖掘分析技术，构建教育领域相关模型，来探索教育变量之间的相关关系，来预测学生在学习中的进步情况以及未来的表现和潜在的问题，从而为教育教学决策以及学习者学习状况提供有效支持以及反馈。

不仅如此，未来以个性化为主导的学习终端及 App 将会更多地融入学习资源云平台，针对每个学生的不同兴趣、爱好、特长和专业等方面，推送相关领域的前沿技术、资讯、资源乃至未来职业发展规划方向等，并贯穿每个人终身学习的全过程。这样，无论是教育管理部门，还是校长、教师、学生和家长，都可得到针对不同应用的个性化分析报告，真正做到因人而异、因材施教的个性化教育指导。通过大数据分析可以优化教育机制，真正达到线上线下师生的紧密互动，做出更科学的决策，这将带来潜在的教育革命。

4. 生物医疗行业大数据应用

大数据可以帮助人们在生物医学领域，实现流行病预测、智慧医疗、健康管理，同时还可以帮助人们解读 DNA，了解更多的生命奥秘。

通过构建大数据平台来收集不同病例和治疗方案以及病人的基本特征，建立针对疾病特点的数据库，帮助医生进行疾病诊断。在医疗行业拥有大量的病例、病理报告，治愈方案、药物报告等数据，整理和分析这些数据将会极大地辅助医生提出治疗方案，帮助病人早日康复。

随着基因技术的发展成熟，基于病人的基因序列特点进行分类，建立医疗行业的病人分类数据库。在诊断病人时，有利于医生通过参考疾病数据库快速确诊病人病情。在制定治疗方案时，依据病人的基因特点，调取相似基因、年龄、人种、身体情况的有效治疗方案，有利于制定出适合病人的治疗方案，帮助更多的人快速及时准确进行治疗。同时，这些数据也有利于医药行业开发出更有效的药物和医疗器械。例如，乔布斯患胰腺癌从患病至离世长达 8 年，生存期大大高于平均水平，那是因为医生凭借乔布斯自身整个基因密码信息的数据文档，基于乔布斯的特定基因组成及大数据，按所需效果制定用药计划，并调整医疗方案，有效延长了他的生存期。

Watson 超级计算机已经被运用到超过 35 个国家 17 个产业领域。例如，在医疗保健方面，它可以作为一种线上工具协助医疗专家进行疾病的诊断。医生可以输入一系列的症状和病史，基于 Watson 的诊断反馈，来做出最终的诊断并制定相关的治疗计划。利用 Watson 超级计算机，医疗机构可以规范医疗费用，医疗、医药行业可以帮助做复杂疾病的诊断和数据分析，利用认知计算技术缩短治疗方案制定周期，帮助分析疾病风险，保证理赔过程的合规性、合理性，防止滥用和欺诈。有朝一日，基于大数据技术、人工智能的发展与成熟，机器的诊疗准确率甚至可能超过人类历史上最有名的名医。未来医疗的发展，很有可能会破解生命密码，今天的疑难杂症，到那时根本不在话下。

医疗行业的大数据应用一直在进行，未来发展必然会打通、打破孤岛数据，将这些数据统一采集起来，纳入统一的大数据平台，可进行大规模的应用，为人类健康造福。

5. 农业大数据应用

政府可以借助于大数据提供的消费能力和趋势报告，为农业生产进行合理引导，依据未来商业需求的预测来进行产品生产及精准细化管理，使农民可以合理种植和养殖农产品，避免产能过剩造成不必要的资源和财富浪费，同时帮助政府实现农业的精细化管理和科学决策。

大数据时代的精准农业是根据农作物的生长环境、长势状况、市场动态变化等因素，以最节约的投入达到同等或更高的收入，取得最好的经济效益及环境效益。农业受自然环境变化的影响因素大，如土壤条件、天气、降雨量、温度、霜期等都直接影响农业生产的最终产出。但是，通过运用相关技术，如卫星遥感技术、卫星定位技术、大数据技术等，可以将农作物叶绿素含量、生物量、叶面积指数、氮含量等各种参数变量与不同模型相结合，预测农作物的长势及产量，确定农作物施肥和撒药的最佳时间和最佳剂量；结合健康农作物生长规律，寻找病虫的危害程度等，实现精准细化的管理。另外，天气是影响农业非常大的决定因素，通过大数据的分析将会更精准预测未来的天气，可以帮助农民提前做好自然灾害的预防工作，减少损失，大数据帮助农业创造巨大的商业价值。

6. 环境大数据应用

随着大数据获取技术的进步，特别是物联网技术的广泛应用，各种环保传感器（如监测 PM2.5 或其他污染气体的传感器）技术日益发展，成本也在降低，实现了自动监测。同样，水、大气辐射源、污染源等的监测，还包括空中的卫星遥感监测、无人机航拍等都实现了自动的连续在线监测，监测站点也越来越密集。

各地环境大数据中心越来越多，除了技术的发展和应用，国家对生态环境的保护、环境污染的治理越来越重视，这对于环境监测起到了极大的推动作用。多年积累了大量的生态环境数据，而且每天都在不间断地收集大量的实时数据，这些数据都汇集到环保部门的系统平台，进行分析处理，监测环境变化。

例如：企业污染源的实时监控，在排污的排放末端（例如烟囱口、废水排放口）安装监测仪器，监测水质或废弃的污染物含量。现在还安装视频监控，将污水处理厂的进水口、出水口，工厂的河流上游和下游，进行水质的实时在线监测，监控数据会通过加密的高速传输技术，实时发送到部署在环保局的污染源在线监控系统。环保工作人员通过这个系统能够实时检查这些企业的污染排污情况，环保部门可以在第一时间发现违规的排污行为，立刻采取远程或者现场执法行动。

9.4 中国大数据发展的机遇与挑战

大数据时代的到来，让"数据驱动"成为新的全球大趋势。

2012 年，美国投入 2 亿美元启动资金启动"大数据研发计划"，开放多门类政府数据，培养和储备"数据科学家"。

欧盟公布的《数据价值链战略计划》，预计到 2020 年大数据技术将为欧盟创造 9 570 亿欧元 GDP，增加就业人数 380 万。

2013 年日本公布了新 IT 战略《创建最尖端 IT 国家宣言》，宣言全面阐述了 2013~2020 年期间以发展开放公共数据和大数据为核心的日本新 IT 国家战略，提出要把日本建设成为一个具有"世界最高水准的广泛运用信息产业技术的社会"。

2012 年，联合国"全球脉动"（Global Pulse）计划发布《大数据开发：机遇与挑战》报告，阐述了各国特别是发展中国家在运用大数据促进社会发展方面所面临的历史机遇和挑战，并为正确运用大数据提出了策略建议。

世界各国都在为迎接大数据时代做准备，纷纷利用大数据提升国家治理能力，由大数据引发的一场世界变革正在悄然发生，"得数据者得天下"已成为全球的普遍共识，推动政府从"权威治理"向"数据治理"转变。

9.4.1 中国大数据发展的机遇

国家竞争的焦点将从资本、土地、人口、资源转向数据空间，全球竞争版图将分为数据强国与数据弱国两大阵营。值得振奋的是，中国具备成为数据强国的优势条件。

1. 政府助力，政策优先

从政策的角度出发，我国大数据产业政策目前还在持续加码，产业发展有望持续向好，并长期享受政策红利。我国政府不断颁布利好大数据产业的政策。

2014 年 3 月，"大数据"首次写进了政府工作报告，大数据正式作为一种新兴产业，得到了国家层面的大力支持。

2015 年 7 月 1 日，国务院办公厅印发重要政策文件《关于运用大数据加强对市场主体服务和监管的若干意见》，提出：提高政府运用大数据能力，增强政府服务和监管的有效性；推动简政放权和政府职能转变，促进市场主体依法诚信经营；提高政府服务水平和监管效率，降低服务和监管成本；实现政府监管和社会监督有机结合，构建全方位的市场监管体系。

2015 年 8 月 31 日，国务院印发《关于促进大数据发展的行动纲要》，提出：推动大数据发展和应用在未来 5~10 年在社会治理、经济运行、民生服务、创新、产业生态实现长足发展。

2015 年 10 月 29 日，党的十八届五中全会通过的"十三五"规划建议提出，要"实施国家大数据战略，推进数据资源开放共享。"这是大数据第一次写入党的全会决议，标志着大数据战略正式上升为国家战略。

2016 年政策细化落地，国家发改委、环保部、工信部、国家林业局、农业部等均推出了关于大数据的发展意见和方案。

2016 年，"十三五"规划把大数据作为基础性战略资源，全面实施促进大数据发展行动，加快推动数据资源共享开放和开发应用，助力产业转型升级和社会治理创新。

根据《国务院关于印发政务信息资源共享管理暂行办法的通知》《国务院关于印发"十三五"国家信息化规划的通知》等有关要求，国务院办公厅发布《政务信息系统整合共享实施方案》，明确了加快推进政务信息系统整合共享的"十件大事"。2017 年，大数据产业的发展从理论研究正加速进入应用时代，大数据产业相关的政策内容已经从全面、总体的指导规划向各大行业、细分领域逐渐延伸，物联网、云计算、人工智能、5G 技术与大数据的联系越来越紧密，应用越来越广泛。

2018 年《政府工作报告》提出：实施大数据发展行动，注重用互联网、大数据等提升监管效能。

2019 年 2 月 11 日，为进一步加强科学数据管理，保障科学数据安全，为提高科学数据开放共享水平提供制度规范，中国科学院印发《中国科学院科学数据管理与开放共享办法（试行）》，指出："科学数据是国家科技创新发展和经济社会发展的重要基础性战略资源。随着信息社会的发展，科技创新越来越依赖于大量、系统、高可信度的科学数据。"

2. 需求带动，快速发展

全球数据量大约每两年翻一番，预计到 2020 年，全球数据总量比 2010 年增长近 30 倍。我国是一个数据大国，拥有丰富的数据资源，IDC 预计到 2020 年中国的数据总量将达到 8.4 ZB，占全球数据量的 24%，中国将成为世界上第一数据大国和"世界数据中心"。从需求的角度来看，在大数据时代全球各领域不断增长的数据已成为蕴含巨大商业价值的数字资产，而不断增大的数据开发需求将有望带动大数据产业持续快速发展。

大数据市场空间扩大的同时，其产业规模也有望迎来快速增长。据前瞻产业研究院发布的《中国大数据产业发展前景与投资战略规划分析报告》统计数据显示，2015 年我国大数据产业规模已达 2 800 亿元，截至 2017 年我国大数据产业规模增长至 4 700 亿元，规模增速进一步提高至 30.6%，初步测算 2018 年我国大数据产业规模达 6 200 亿元左右，同比增长 31.9%，并预测在 2020 年我国大数据产业规模增长突破万亿元，达到 10 100 亿元，同比增长 26.3%。

根据工信部发布的《大数据产业发展规划（2016—2020 年）》，到 2020 年，我国将基本形成技术先进、应用繁荣、保障有力的大数据产业体系。在来自政策、技术以及市场等各方面的力量推进之下，大数据产业的发展潜力绝不能小觑。

3. 技术"领先"，核心不足

我国大数据领域技术创新速度和能力水平处于国际领先地位。

在技术全面性上，平台类、管理类、应用类技术均具有大面积落地案例和研究。

在应用规模方面，完成大数据领域的最大集群公开能力测试，达到了万台节点。

在效率能力方面，大数据产品在国际大数据技术能力竞争平台上也取得了前几名的好成绩。

在知识产权方面，2018 年我国大数据领域专利公开量约占全球的 40%，位居世界第二。

但我国大数据技术大部分为基于国外开源产品的二次改造，国产核心技术能力严重不足，核心技术能力亟待加强。

4. 应用广泛，脚踏实地

随着大数据工具的门槛降低以及企业数据意识的不断提升，越来越多的行业开始尝到大数据带来的"甜头"。无论是从新增企业数量、融资规模还是应用热度来说，中国大数据的应用和发展有广阔的市场空间，在电商、广告、搜索、金融、医疗、教育、电信、创新创业、城市化等方面，大数据正在得到越来越广泛深入的应用。国内在数据处理分析、语音识别、视频识别、商业智能软件、数据中心建设和维护、IT 咨询等领域都已有代表性企业，可初步构成获取、存储、处理、应用的大数据产业链。行业应用"脱虚向实"趋势明显，与实体经济的融合更加深入。

5. 基础雄厚，有望称强

国家竞争的焦点将从资本、土地、人口、资源转向数据空间，全球竞争版图将分为数据强国与数据弱国两大阵营，中国具备成为数据强国的优势条件。大数据产生和发展主要依靠三个条件，包括数据的产生能力、数据的存储能力和数据处理能力。我国移动互联网用户数已达 8.17 亿，网民通过手机接入互联网的比例高达 98.6%。我国国土面积广、经济体量大，可以产生其他国家难以企及的海量数据资源。

我国部分互联网公司在大数据应用方面已经处于全球领先水平，百度、腾讯、阿里等骨干互联网企业已建立了世界上规模最大的大数据平台，单集群规模达到上万台，并在分布式系统、超大规模数据仓库、深度学习等关键技术上有所突破，能够保障数据的存储和数据的处理。对此，业内人士还预期称，我国大数据产业正在从起步阶段步入黄金期，2020 年我国有望成为世界第一数据资源大国。

9.4.2　中国大数据发展面临的挑战

虽说自大数据上升为国家战略后，该产业和应用得到了快速发展，给了我们机遇，但面向数字中国、智慧社会等建设的更高要求，大数据行业仍还存在一些差距，尤其是数据开放度低、技术薄弱、人才缺失、行业应用不深入等难题需要解决。

1. 数据孤岛情况严重，数据整合不足

政府部门之间、企业之间、政府和企业之间由于信息不对称、制度法律不具体、共享渠道缺乏等多重因素，大量数据存在"不愿开放、不敢开放、不能开放、不会开放"的问题，海量的数据分散于各个部门、各个层级，彼此分割，形成一个个"信息孤岛"，潜在价值大量被淹没，且对社会、公众开放严重不够。

2. 技术创新滞后

大数据发展形态较为单一，据《大数据产业发展规划（2016—2020 年）》指出，我国在新型计算平台、分布式计算架构、大数据处理、分析和呈现方面与国外仍存在较大差距，核心的数据"基础设施"大量依赖进口，对开源技术和相关生态系统影响力弱。由于大数据企业在完成产品开发后，可以近乎零成本无限制地复制，因此拥有核心技术的大企业，很容易将技术优势转化为市场优势，即凭借具体的信息产品赢得海量用户获得垄断地位。当前，从大数据技术与产品的供给侧看，我国虽然在局部技术实现了单点突破，但大数据领域系统性、平台级核心技术创新仍不多见。我国发展大数据具有强劲的应用市场优势，但是目前大部分企业认识不到位，用的都是国外的数据采集、数据处理、数据分析、数据可视化技术，自主核心技术突破还有待时日。

3. 产业垄断与恶性竞争现象频发

由于资源型产业门槛低、利润高，新兴的大数据企业往往首先将目光盯在获取数据资源上面。大量依托数据资源优势的企业诞生，为大数据产业带来了低附加值的垄断经济模式，使得依靠技术壁垒打江山的企业不得不面对残酷的市场竞争，放缓了技术研发的步伐。同时，数据垄断问题也愈发明显。少数互联网巨头企业拥有巨大数据，不但对产业发展不利，甚至存在巨大的数据聚集隐患。

4. 人才缺失

大数据人才培育机制薄弱，数据分析型、复合型人才短缺，大数据行业选才的标准也在不断变化，也促使人才跟不上时代的脚步。据相关数据披露，未来 3 至 5 年中国需要 180 万数据人才，但截至目前中国大数据从业人员只有约 30 万人，人才缺口现状巨大。

5. 行业应用参差不齐，存在重存储轻应用的现象

互联网、金融和电信三大领域的大数据应用在各行业总规模中所占比重超过 70%；健康医疗领域和交通领域虽然近年不断"上架"新应用，但实际上行业规模占比仍相对较小；而在其他众多民生领域，大数据应用仍处于浅层次信息化层面，行业发展水平参差不齐。由于缺乏统一的大数据产业分类统计体系和产业运行监测手段，各地大数据产业的定位相似，同质化竞争加剧，大数据应用场景不够丰富，且规模巨大，易造成巨大的资源浪费。

6. 数据安全管理薄弱

大数据技术为经济社会发展带来创新活力的同时，也使数据安全、个人信息保护乃至大数据平台安全等面临新威胁与新风险。海量多源数据在大数据平台汇聚，来自多个用户的数据可能存储在同一个数据池中，并分别被不同用户使用，极易引发数据泄露风险。

由此可见，虽说大数据产业已经从初步阶段迈入新的发展阶段，但其终究也不可避免任何行业都会遇到的难题。

未来大数据技术将会沿着工具平台云化部署、多业务场景统一处理、专有高性能硬件适配几个方面进行突破，大数据新技术会持续快速发展；随着同态加密、差分隐私、零知识证明、量子账本等关键技术的性能提升和门槛降低，随着区块链、安全多方计算等工具与数据流通场景进一步紧密结合，数据共享及流通将有望再前进一大步；随着欧盟《通用数据保护条例》（GDPR）的颁布和正式实施，个人信息保护的重视程度被提到了前所未有的高度，数据服务合规性将成为行业关注重点；企业将越来越重视数据资产管理方法论体系建设，即从架构、标准、研发、质量、安全、分析到应用进行统一，从而实现技术到业务价值的转化和变现。

本章小结

本章着重阐述了大数据的概念、特征、来源、技术支撑及大数据思维等基本知识，概述了大数据的应用场景、大数据带来的变革，简要介绍数据处理流程和大数据应用中我国的机

遇和挑战，使学生了解大数据的基础知识，培养学生的大数据素养。

思考与练习

1. 简答题

（1）新摩尔定律的含义是什么？

（2）大数据有哪些特征？

（3）大数据处理的流程包括哪些？

2. 填空题

（1）大数据的简单算法与小数据的复杂算法相比更_____。

（2）大数据与三个重大的思维转变有关，其中由不再探求难以捉摸的因果关系，转而关注事物的_____。

（3）大数据公司的多样性表明了_____的转移。

（4）在大数据时代，需要设立一个不一样的隐私保护模式，这个模式应该更着重于_____为其行为承担责任。

（5）大数据时代，是要让数据自己"发声"，没必要知道为什么，只需要知道_____。

（6）大数据不是要教机器像人一样思考，相反，它是把_____运用到海量的数据上来预测事情发生的可能性。

（7）建立在相关关系分析法基础上的预测是大数据的_____。

（8）云计算与大数据结合，前者强调的是_____能力，后者看重的是存储能力。

3. 选择题

（1）大数据的核心就是（　　）。

    A）告知与许可 　　　　　B）预测 　　　　　C）匿名化 　　　　　D）规模化

（2）大数据的起源是（　　）。

    A）金融 　　　　　B）电信 　　　　　C）互联网 　　　　　D）公共管理

（3）大数据应用需依托的新技术有（　　）。

    A）大规模存储与计算 　　　　　　　　B）数据分析处理

    C）智能化 　　　　　　　　　　　　D）以上三个选项都是

（4）大数据最显著的特征是（　　）。

    A）数据规模大 　　　　　　　　　　B）数据类型多样

    C）数据处理速度快 　　　　　　　　D）数据价值密度高

（5）大数据是指不采用随机分析法（即抽样调查）这样的捷径，而采用（　　）分析处理的方法。

    A）所有数据 　　　　　　　　　　　B）绝大部分数据

    C）适量数据 　　　　　　　　　　　D）少量数据

（6）当前大数据技术的基础是由（　　）首先提出的。

A）微软　　　　　　B）百度　　　　　　C）谷歌　　　　　　D）阿里巴巴

（7）美国海军军官莫里通过对前人航海日志的分析，绘制了新的航海路线图，标明了大风与洋流可能发生的地点。这体现了大数据分析理念中的（　　　）。

A）在数据基础上倾向于全体数据而不是抽样数据

B）在分析方法上更注重相关分析而不是因果分析

C）在分析效果上更追究效率而不是绝对精确

D）在数据规模上强调相对数据而不是绝对数据

（8）相比依赖于小数据和精确性的时代，大数据因为更强调数据的（　　　），帮助人们进一步接近事实的真相。

A）安全性　　　　　　　　　　　　B）完整性

C）混杂性　　　　　　　　　　　　D）完整性和混杂性

（9）与大数据密切相关的技术是（　　　）。

A）蓝牙　　　　　　B）云计算　　　　　　C）博弈论　　　　　　D）WiFi

（10）智能健康手环的应用开发，体现了（　　　）的数据采集技术的应用。

A）统计报表　　　　　　B）网络爬虫　　　　　　C）API 接口　　　　　　D）传感器

第 10 章
人工智能

本章导读

电子课件

　　2018 年 10 月 31 日，中共中央政治局就人工智能发展现状和趋势举行第九次集体学习。习近平总书记在学习时强调，人工智能是新一轮科技革命和产业变革的重要驱动力量，加快发展新一代人工智能是事关我国能否抓住新一轮科技革命和产业变革机遇的战略问题。人工智能是一个庞杂的学科体系，从概念上讲，一切为复制生物智能而做出的努力都可纳入其中。本章介绍人工智能的基本概念、实现人工智能的关键技术、人工智能的应用领域等知识，使读者建立起对于人工智能的总体认识以及清楚人工智能时代我们应该怎么办。

10.1 人们身边的人工智能

人工智能是计算机科学的一个分支，它希望生产出一种能与人类智能相似的机器人，它具有像人一样的自主学习、判断推理、独立思考、统筹规划等行为方式，这种机器人透过"智能"的实质，对人的意识、思维进行模拟。但很多人一直以为人工智能对于我们似乎没有什么深刻的意义，就是人形的机器人，和我们平时的生活也并不搭边，离我们十分遥远。其实，人工智能不单单是人形机器人，它离我们非常近，涉及的方面很宽泛，它充满了我们生活的各个角落，我们现在每天的生活都跟它息息相关。比如智能手机上的语音助手、扫地机器人、智能化搜索、脸部识别、指纹识别、视网膜识别等都属于人工智能领域的应用。

1. 个人助手

智能手机已经成了人手一个的必需品，Siri、美图秀秀、今日头条、Google Now、手机淘宝，相信多数人都使用过，其实智能手机已经被人工智能技术所包围，iPhone 手机上的人工智能应用如图 10-1 所示。手机助手是智能手机的同步管理工具，可以给用户提供海量的游戏、软件、音乐、小说、视频、图片，通过手机助手可以轻松下载、安装、管理手机资源，拥有海量资源一键安装、应用程序方便管理等功能。

图 10-1 iPhone 手机上的人工智能应用

Siri 是苹果手机的个人助手，如果你跟它说"尽快回家"，它会打开导航为你设置出规避拥堵的路线。Siri 用的技术是基于人工智能以及云计算，通过与用户交互获取用户需求，将自然语言转化为"真实含义"，交由知识库分析、检索所需结果，最终再转换为自然语言回答给用户。

短短数秒之内，Siri 就能将用户需求转化为多种不同的表述方式并完成在海量数据中的搜索。

Google Now 是谷歌语音助手，它看上去更像是谷歌搜索的延伸。通过用户定制卡片，可以即时显示用户关心的内容，如新闻、体育比赛、交通、天气等，它并不像 Siri 那样拟人化地与用户聊天，但可以精准地识别问题，提供广泛的搜索答案。

度秘（英文名：Duer）是百度的智能语音助手，界面如图 10-2 所示。用户可以使用语音、文字或图片，以一对一的形式与度秘进行沟通。依托于百度强大的搜索及智能交互技术，度秘可以在对话中清晰地理解用户的多种需求，进而在广泛索引真实世界的服务和信息的基础上，为用户提供各种优质服务。该应用与 App 很相似，底部三个主要功能栏，分别是消息、机器人、个人。消息中可以看见根据自己的信息推送的一些相关资讯，个人中心就是钱包、订单一类的功能，机器人中可以看见度秘的 9 个主要功能，点进去之后可以进入一个聊天窗口的界面。

DuerOS 作为一个开放的系统，能够赋予手机、智能家居、可穿戴设备以及车载等多个场景，今后，搭载 DuerOS 系统的智能设备都能够直接与你开口对话，让你以最简单的方式获取所求。

"小 Q"是来自腾讯的一个智能助手，界面如图 10-3 所示。直接加他为好友，就可以随时和他聊天了。小 Q 聪明好学，你可以教他说话，也可以请他帮忙查询邮编、手机号或成语解释、英语翻译等。小 Q 助手整体界面简洁大方，进入应用之后没有多余的窗口，主界面就是一个聊天窗口，可以直接输入文字或语音。

图 10-2　度秘

微软小娜（Cortana）是微软发布的全球第一款个人智能助理，如图 10-4 所示。她"能够了解用户的喜好和习惯"，"帮助用户进行日程安排、问题回答等"。一般用户能提出的大多要求小娜都可以一一完成，不管是设置提醒，找回家路线，还是看新闻、笑话等，足以胜任日常需求。

图 10-3　小 Q

图 10-4　微软小娜

手机用户与微软小娜的智能交互，不是简单地基于存储式的问答，而是对话。它会记录用户的行为和使用习惯，利用云计算、搜索引擎和数据分析，读取和"学习"包括手机中的文本文件、电子邮件、图片、视频等数据，来理解用户的语义和语境，从而实现人机交互。点开小娜，首页就显示推送的新闻资讯、天气、电影等相关内容的节选，用户可以直接点击浏览。而在此内容的下方就是聊天输入窗口，点击即可进入聊天界面，在这里用户可以选择文字和语音两种输入模式。

2. 谷歌搜索、百度搜索

谷歌搜索是谷歌公司的主要产品，拥有网站、图像、新闻组和目录服务四个功能模块，提供常规搜索和高级搜索两种功能。Google 搜索引擎以它简单、干净的页面设计和最有关的搜索结果赢得了因特网使用者的认同。谷歌搜索在表面上只是一款搜索引擎，但其引擎的机理和很多人工智能程序相同，谷歌正在围绕一个巨大平台打造人工智能引擎，而不再仅仅是一家搜索公司。或许很多谷歌用户都能感受到，谷歌搜索正变得越来越"聪明"，越来越"懂你"，而赋予其这种能力的，正是人工智能。

百度搜索是一款有 7 亿用户在使用的手机"搜索+资讯"客户端，"有事搜一搜，没事看一看"，依托百度网页、百度图片、百度新闻、百度知道、百度百科、百度地图、百度音乐、百度视频等专业垂直搜索频道，方便用户随时随地使用百度搜索服务，支持文字、图像、语音多种模式智能搜索。

人工智能技术让搜索引擎变得更聪明了，利用人工智能技术在语音识别、自然语言理解、知识图谱、个性化推荐、网页排序等领域的长足进步，谷歌、百度等主流搜索引擎正从单纯的网页搜索和网页导航工具，转变成为世界上最大的知识引擎和个人助理。

3. 无人驾驶汽车

无人驾驶汽车是智能汽车的一种，也称为轮式移动机器人，如图 10-5 所示，主要通过车载传感系统感知道路环境，并根据感知所获得的道路、车辆位置和障碍物信息，控制车辆的转向和速度，依靠车内的以计算机系统为主的智能驾驶仪来实现无人驾驶的目的。从 20 世纪 70 年代开始，美国、英国、德国、中国等国家开始进行无人驾驶汽车的研究，在可行性和实用化方面都取得了突破性的进展。

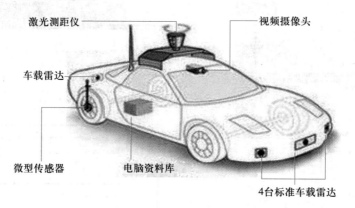

图 10-5　无人驾驶汽车

2014 年下半年，特斯拉就开始在销售电动汽车的同时，向车主提供可选配的名为 Autopilot 的辅助驾驶软件。严格地来说，特斯拉的 Autopilot 提供的还只是"半自动"的辅助驾驶功能，车辆在路面行驶时，仍需要驾驶员对潜在危险保持警觉并随时准备接管汽车操控。2016 年 5 月 7 日，一辆开启 Autopilot 模式的特斯拉电动汽车没有对驶近自己的大货车做出任何反应，径直撞向了大货车尾部的拖车并导致驾驶员死亡。美国国家公路交通安全管理局（NHTSA）出具调查报告，认为特斯拉的 Autopilot 系统不应对此次事故负责，因为该系统的设计初衷是需要人类驾驶员来监控路况并应对复杂情况，可惜驾驶员什么都没有做。

将无人驾驶汽车看作是一台轮式智能机器人，这个移动的机器人利用传感器、雷达、摄像机、激光测距仪、GPS 等获得路况信息，再交由系统分析，获得应对措施，再传达至汽车的各项零部件……从而实现辨别各种障碍并合理避让，按路线行驶而不至于迷路等。

4. 在线翻译助手

一般是指在线翻译工具，如百度翻译、阿里翻译或 Google 翻译等。这类翻译工具的作用是利用计算机程序将一种自然语言（源语言）转换为另一种自然语言（目标语言），除具备中英、英中、英英翻译功能外，还具有阿尔巴尼亚语、阿拉伯语、阿塞拜疆语、爱尔兰语、爱沙尼亚语、白俄罗斯语、丹麦语、德语、俄语、法语等多国家语言的翻译功能。

谷歌在线翻译助手是一款在线翻译软件，软件小巧，采用谷歌在线翻译，尽可能按人性化方式进行编译，支持热键，方便在隐藏模式下也可快速打开使用，含在线翻译窗口，尽可能方便用户的使用，界面简单，支持自动检测原语言功能。

百度发布的基于融合统计和深度学习方法的在线翻译系统，可以借助海量计算机模拟的神经元，以"让人们最平等、便捷地获取信息，找到所求"为使命，致力于帮助用户跨越语言鸿沟，更加高效、快捷、方便地沟通，模仿人脑"理解语言，生成译文"。百度翻译提供多个语种互译服务，覆盖英语、日语、韩语、西班牙语、法语、泰语、阿拉伯语、俄语等热门语种，百度挖掘了海量的双语句子作为系统的"教材"。

5. 机器人

机器人（robot）是自动执行工作的机器装置，诞生于科幻小说。它既可以接受人类指挥，又可以运行预先编排的程序，也可以根据以人工智能技术制定的程序行动，它的任务是协助或取代人类的工作，例如生产业、建筑业或危险的工作。

2017 年 8 月 8 日 21 时 19 分，四川阿坝州九寨沟县发生了 7.0 级地震，曾经五彩瑰丽的九寨沟景区，被这场灾难打翻了"颜料盒"，原本斑斓的色彩仿佛混在一起，变得一片灰暗、浑浊和狼藉。地震发生后的第 25 秒机器人记者就将 540 字配 4 张图片的新闻发在网络上，如图 10-6 所示。该新闻之所以能够在如此快的时间里发出，完全要归功于可以不眠不休工作的人工智能新闻撰写程序。地震发生的瞬间，计算机就从地震台网的数据接口中获得了有关地震的所有数据，然后飞速生成报道全文。25 秒能做什么？当人类记者还处在惊愕中时，机器人已经迅速完成了数据挖掘、数据分析、自动写稿的全过程。一篇自动生成并由人工复核的新闻稿就这样在第一时间快速面世。人工智能的发展，推动新闻业直接从手工业阶段跨越到流水线大工业时代，从内容生产、渠道分发到用户信息反馈，传媒业正在经历有史以来最为震撼的大变革。

图 10-6　写稿机器人

海湾战争后的科威特，就像一座随时可能爆炸的弹药库。在伊科边境一万多平方公里的地区内，16 个国家制造的 25 万颗地雷，85 万发炮弹以及多国部队投下的布雷弹及子母弹的 2 500 万颗子弹，至少有 20%没有爆炸。而且直到现在，在许多国家中甚至还残留有第一次世界大战和第二次世界大战中未爆炸的炸弹和地雷，爆炸物处理机器人的需求量是很大的。

图 10-7　排爆机器人

排除爆炸物机器人有轮式及履带式两种，它们一般体积不大，转向灵活，便于在狭窄的地方工作，操作人员可以在几百米到几公里以外通过无线电或光缆控制其活动，外形如图 10-7 所示。机器人车上一般装有多台彩色 CCD 摄像机用来对爆炸物进行观察；一个多自由度机械手，用它的手爪或夹钳可将爆炸物的引信或雷管拧下来，并把爆炸物运走；车上还装有猎枪，利用激光指示器瞄准后，它可把爆炸物的定时装置及引爆装置击毁；有的机器人还装有高压水枪，可以切割爆炸物。

6. 家庭管家

人工智能系统在各种形式的人机大战中可以轻松击败人类，预示着世界在人工智能浪潮下，在酝酿下一次科技革命，随着人工智能技术的崛起，将彻底地改变每一个行业。真正容易打动家庭用户的是功能相对简单，智能功能只面向一两个有限但明确的使用场景。也就是说，大多数用户会更喜欢一个有一定沟通能力、比较可爱甚至很"萌"的小家电，而不是一个处处缺陷的全功能人形机器人，教育机器人也类似。

如火如荼的服务机器人产业，众多厂商主打面向家庭儿童、老人提供服务的产品，以图灵机器人为例，重点在突破儿童英语对话教育，去年面向儿童领域与奥飞动漫联合推出乐迪机器人，和孩子一起成长。

初创公司奇幻工房（WonderWorkshop）推出的名为达奇（Dash）和达达（Dot）的两个小机器人，可以帮助 5 岁以上的孩子学习编程，开发孩子的动手能力和想象力，但它们的外貌并不像真人，而是几个可爱的几何形体组合。

阿尔法蛋儿童教育陪护机器人是科大讯飞旗下产品，作为人工智能翘楚的科大讯飞公司，在智能语音领域深耕多年，其阿尔法蛋是"说教"结合的智能机器人，使得儿童早教进入人工智能时代，将人工智能带入千家万户。在父母工作繁忙之际，可爱的阿尔法蛋作为儿童玩伴，陪小朋友聊天、唱歌、讲故事，语音识别率达到94%。

陪护机器人"小暄"，它能进行人脸识别，能提供视频聊天、拨打电话、网络监控、远程控制、安保报警等服务。它能陪小孩和老人聊天，在遇到突发事件时能进行心率异常报警、急救语音报警，能定时提醒老人吃药、小孩子打防疫针，还能陪小朋友玩互动益智游戏，辅导小孩子的功课。

Akastudy 公司一直希望能够开发出一款人工智能机器人像大白那样忠实，大白机器人如图 10-8 所示，它可以按照自己的想法去思考，为人们创造出一种交互式的学习环境。这个梦想终于实现了，人们开发出了 Musio，一些人夸张地说"他"是一款具有"毁灭"人类潜质的机器人，这当然是因为 Musio 超强的"学习和适应能力"。

图 10-8　大白机器人

7. 电商零售

对于风雨飘摇中的传统零售业而言，人工智能会超乎想象地加速行业的重新洗牌。

想开一家实体服装店，到底在哪开、开多大、覆盖多少人群、卖多少东西？时装周采购设计师的衣服，买哪些今年会畅销？以前这些都靠零售人的经验做决策，但在信息时代，这些都可以用精准的算法做决策。

深圳一些零售商开始在门店中安装市场上一种新奇的 AI 产品——"人脸识别"系统，来统计真实的人流。一家珠宝公司的市场部负责人说："以前门店的人流量都是靠店长来告诉我，他们怎么说我就得怎么信。现在不用了，我们可以根据真实的数据来更改营销策略，提高成单率。"

据了解，京东商城几乎全部实现系统自动预测、补货、下单、入仓、上架，京东几百个仓库之间货品的调配，所有指令全部由机器下单。以前这样的工作大概需要几百个采销人员，未来采销业务的人工智能应用将成为大趋势，普及到全平台。

2017 年 3 月 19 日，苏州，一场百度开发者技术交流会，主讲嘉宾在开始演讲前用外卖软件定了 200 份咖啡。半小时的演讲结束，送外卖的 15 名骑士将 200 份咖啡准时送达会场。

传统方式，冲一杯咖啡需要 3 分钟，200 份需要 10 个小时，但若是在苏州 90 多家店同步制作，对物流又是一个恐怖的考验。

以最短时间内完成制作、全部送到会场为目的，外卖软件背后的人工智能技术就开始了推演，通过人工智能来进行最合理最优化的派单，哪些门店制作哪些品类，大数据测算分别估计耗时，需要分派几个骑士在什么时间到达，什么路线最优且不堵车……最终人工智能结合现实环境的数字推演，帮助商家解决复杂的服务场景的决策。目前，百度开放云汇聚了百度所有对外开放的技术、平台和服务，提供产品孵化、研发支持、运维托管、统计分析、分发推广、换量变现等全方位服务和支持。根据客户信息定制个性化产品推荐，还能提供修改订单、退货和退款等服务，通过平台化、接口化和标准化的方式，为开发者提供服务。

8. 机器视觉

机器视觉是人工智能正在快速发展的一个分支，就是用机器代替人眼来做测量和判断。机器视觉系统是通过图像摄取装置将被摄取目标转换成图像信号，传送给专用的图像处理系统，得到被摄目标的形态信息，转变成数字化信号，进而根据判别的结果来控制现场的设备动作。它综合了光学、机械、电子、计算机软硬件等方面的技术，涉及计算机、图像处理、模式识别、人工智能、信号处理、光机电一体化等多个领域。

人脸识别，这几乎是目前应用最广泛的一种机器视觉技术，是人工智能大家庭中的重要分支。就拿瑞为信息来说，他们在零售业务上主要有两种"人脸识别"产品：一种可以安装在超市、商场、门店等入口，统计每天进入门店的人数、大致年龄和性别等；另一种可以安装在货架上，分析客户的关注点和消费习惯等。"这样就能实时识别 VIP 客户，并推送至店员手机，VIP 历史入店信息及购买记录一目了然。另外，也能通过大数据分析挖掘回头客，提升客户提袋率和 VIP 转化率。"

无锡警方利用智能视频侦查系统对嫌疑人的信息进行实时分析，给出最可能的线索建议，将犯罪嫌疑人的轨迹锁定，实现了 3 秒钟锁定嫌疑人、25 分钟破案的超高效办案奇迹，为案件的侦破节约宝贵的时间。其强大的交互能力，还能与办案民警进行自然语言方式的沟通，真正成为办案人员的专家助手。利用静态超大库人脸识别分析系统，警方也多次帮助迷途老人成功找到亲属，安全归家。

前面提到的无人驾驶汽车就是借助机器视觉技术对行车环境进行感知，可获取各种车内、外的静态信息和动态信息，帮助系统做出决策判断。通过机器视觉可以"看到"：道路信息（车道线、道路边沿、交通指示标志和信号灯等车外的静态信息），路况信息（行车前方障碍物、行人、车辆等车外的动态信息），车内信息（驾驶员的状态、异常驾驶行为），通过提醒驾驶员可能发生的不安全行为，避免车辆发生安全事故。

10.2 人工智能的起源及发展阶段

说起人工智能的发展，要把时针拨回到 1950 年，一位名叫马文·明斯基（后被人称为"人工智能之父"）的大四学生与他的同学邓恩·埃德蒙一起，建造了世界上第一台神经网络计算机，这也被看作是人工智能的一个起点。

10.2.1 人工智能的起源

马文·明斯基以及艾伦·图灵（如图 10-9 所示），开创了世界历史上人工智能的新纪元，"图灵测试"的提出翻开了历史全新的一页。

1. 图灵测试

1950 年，被称为"计算机之父"的艾伦·图灵发表了划时代的论文《计算机器与智能》，首次提出了一个举世瞩目的对人工智能的评价准则——这便是历史中大名鼎鼎的"图灵测试"，其示意图如图 10-10 所示。而就在这一年，图灵还大胆预言了真正具备智能的机器的可行性。

图 10-9 艾伦·图灵

图 10-10 图灵测试示意图

按照图灵的设想：在测试者与被测试者隔开的情况下（被测试者分别是一个人和一台机器），由测试者通过一些装置向被测试者随意提问。经过 5 分钟的交流后，如果有超过 30% 的测试者不能区分出哪个是人、哪个是机器的回答，那么这台机器就通过了测试，并被认为具有人类水准的智能。

2014 年 6 月 8 日，英国皇家学会举办了一场"图灵测试。"俄罗斯的一个团队有一款名为尤金·古斯特曼（Eugene Goostman）的计算机程序模拟了 13 岁的男孩儿，并成功骗过了 33% 的人类测试者，如图 10-11 所示。雷丁大学教授凯文·沃维克（Kevin Warwick）说："在人工智能领域，没有一项测试的标志性和争议性能超过图灵测试。有一台超级计算机成功让人类相信它是一个 13 岁的男孩儿，从而成为有史以来首台通过图灵测试的机器。"

图 10-11 通过图灵测试的尤金·古斯特曼（Eugene Goostman）

他还说："过去已经有研究者宣称自己研发的计算机和软件通过了图灵测试，但是都是预先设置了对话的主题，而此次 Eugene Goostman 的测试，并未事先确定话题，因此可以宣布，这是人类历史上第一次计算机真正通过图灵测试，这将成为历史上最令人振奋的一刻。"

虽然图灵测试对"智能"的定义用了替换概念："计算机在智力行为上表现得和人无法区分"，但是作为人工智能哲学领域的第一个严肃提案，它让人们开始相信"思考的机器"是可能的，人工智能从此具备了必要的理论基础，开始踏上科学舞台。

彼时，专注于工程应用领域的冯·诺依曼，完成了离散变量自动电子计算机的设计，给计算机的性能带来了革命性突破，图灵的理论终于有了物化为实际实体的可能。"图灵测试"

给"可计算性"下的严格的数学定义，才使人工智能开启了人类历史上的新篇章。

2. 人工智能的诞生

1956 年 8 月，在美国汉诺斯小镇宁静的达特茅斯学院（图 10-12 所示为达特茅斯会址），约翰·麦卡锡（John McCarthy，Lisp 语言发明者、图灵奖得主）、马文·明斯基（Marvin Minsky，人工智能与认知学专家）、克劳德·香农（Claude Shannon，信息论的创始人）、艾伦·纽厄尔（Allen Newell，计算机科学家）、赫伯特·西蒙（Herbert Simon，诺贝尔经济学奖得主）等聚在一起进行了一场头脑风暴讨论会。这几位年轻的学者讨论的是当时计算机尚未解决甚至尚未开展研究的问题：用机器来模仿人类学习以及其他方面的智能。会议将他们讨论的内容定义为人工智能（artificial intelligence）、自然语言处理和神经网络等。也正是在这场会议上，人工智能这个词首次被提出，并逐渐成为一门学科。

图 10-12　达特茅斯会址

就在这次会议后不久，麦卡锡从达特茅斯搬到了麻省理工学院（Massachusetts Institute of Technology）。同年，明斯基也搬到了这里，之后两人共同创建了世界上第一座人工智能实验室——MIT AI LAB（麻省理工学院人工智能实验室）。值得注意的是，达特茅斯会议正式确立了 AI 这一术语，并且开始从

学术角度对 AI 展开了严肃而精专的研究。在那之后不久，最早的一批人工智能学者和技术开始涌现。达特茅斯会议被广泛认为是人工智能诞生的标志，从此人工智能走上了快速发展的道路。

10.2.2　人工智能的发展阶段

人工智能是人类所能想象的科技界最具突破性的发明，某种意义上来说，人工智能就像游戏"最终幻想"的名字一样，是人类对于科技界的最终梦想。英国工程物理科学研究理事会的描述：从目前来看，人工智能在提高生产率方面，有着巨大的潜力，最突出的就是帮助公司和人们更有效地利用资源以及简化人类与大量数据交互的方式。人类可以发明类似于人类的机器，这是多么伟大的一种理念！但事实上，人工智能概念从无到有，它的发展磕磕碰碰，人工智能在过去的 60 多年发展中经历过寒冬，也有过春天。

1. 第一次高峰：1956—1974 年

在这段长达十余年的时间里，涌现了大批成功的 AI 程序和新的研究方向，计算机被广泛应用于数学和自然语言领域，用来解决代数、几何和英语问题，这让很多研究学者看到了机器向人工智能发展的信心。在发展热潮中，还催生了搜索式推理、早期神经网络（联结主义）、感知器、自然语言等研究方向。

人工智能的迅速发展与源源不断的资金投入，让学者们对未来充满了希望，人工智能领域一片欣欣向荣。1965 年，赫伯特·西蒙预言："20 年内，机器将能完成人能做到的一切工作。"1970 年，马文·明斯基畅言道："在 3 到 8 年的时间里我们将得到一台具有人类平均智能的机器。"人工智能界普遍认为，按照这样的发展速度，人工智能真的可以代替人类。

2. 第一次低谷：1974—1980 年

20 世纪 70 年代初期，AI 发展遭遇到瓶颈，计算机推导了数十万步也无法证明两个连续函数之和仍是连续函数，计算机在自然语言理解与翻译过程中出现了巨大的失误。美国计算机科学家爱德华·费根鲍姆强调，人工智能必须在知识的指导下实现，这催生了人工智能新领域——专家系统，过度乐观的学术界错估了人工智能发展的速度。

人工智能面临的技术瓶颈主要是三个方面：第一，计算机性能不足，很多程序无法在人工智能领域得到应用；第二，解决的问题的复杂性低，即使是最杰出的 AI 程序如逻辑证明器、感知器、增强学习等，也只能解决它们尝试解决的问题中最简单、非常限定性的任务；第三，数据量严重缺失，囿于计算机的运算能力、计算复杂性与指数爆炸、数据库输入限制、机器视觉发展缓慢、数学模型与手段缺陷等瓶颈，彼时的 AI 程序似乎都只是"玩具"，人工智能遭遇了无法克服的基础性障碍。

由于人工智能项目停滞不前，美国和英国政府于 1973 年停止向没有明确目标的人工智能研究项目拨款。到了 1974 年，已经很难再找到对 AI 项目的资助，人工智能的研究发展一度陷入低迷状态，人工智能遭遇了长达 6 年的科研深渊。

3. 第二次高峰：1980—1987 年

1980 年，卡内基·梅隆大学为数字设备公司制造出了一套名为 XCON 的专家系统，这是一种采用人工智能程序的系统，可以简单地理解为"知识库+推理机"的组合，是一套具有完整专业知识和经验的计算机智能系统，特别是在决策方面能提供有价值的内容，这套系统在 1986 年之前能为公司每年节省下来超过数千万美元经费。

1981 年，日本经济产业省拨款支持第五代计算机项目，美国政府和企业再次在 AI 领域投入数十亿美元研究经费，人工智能迎来了新的发展机遇，衍生出了 Symbolics、Lisp Machines、IntelliCorp、Aion 等公司。在这个时期，"专家系统"重获赏识，"知识处理"逐渐成为 20 世纪 80 年代 AI 研究的焦点，仅专家系统产业的价值就高达 5 亿美元。

4. 第二次低谷：1987—1993 年

到 1987 年时，随着苹果、IBM 不断地推广与普及，其产品的性能已经超过了 Symbolics 等厂家生产的通用机。在明显对比之下，专家系统被认定为老旧且难以维护，对专家系统的追捧似乎一夜之间土崩瓦解，人工智能研究再次遭遇经费危机。

5. 第三次高峰：1993 年至今

20 世纪末，随着 AI 技术尤其是神经网络技术的逐步发展以及人们对 AI 开始抱有客观理性的认知，人工智能技术开始进入平稳发展时期。1997 年 5 月 11 日，"深蓝"成为战胜国际象棋世界冠军卡斯帕罗夫的第一个计算机系统，这成功地打破了人工智能在 20 世纪末的"AI之冬"。计算机性能提升，互联网技术快速普及，杰弗里·辛顿（Geoffrey Hinton）和他的学生开始深度学习的研究，使人工智能进入复苏期。

随着近年来数据爆发式的增长、计算能力的大幅提升以及深度学习算法的发展和成熟，我们也成为历史的见证者，迎来了人工智能的第三次高峰。

10.2.3 从"三盘棋类游戏"看人工智能

虽然 20 世纪 60 年代提出的"实现人类水平的智能"的课题至今都还没有实现，但是经过近 60 年的沉浮前进，人工智能已经构筑了一艘驶向未来的船，在基础设施、算法和技术方向上取得了前所未有的进展，带领着人们冲破时间与空间，看到了更远的未来。其实，人工智能的历史就是三盘棋类游戏的历史，从 20 世纪 60 年代到 90 年代再到今天，从跳棋到国际象棋再到围棋，如图 10-13 所示。

纵观人工智能发展史，人机对弈只是人工智能在公众心目中的地位起起落落的一个缩影。从 IBM 的阿瑟·萨缪尔开发的跳棋程序战胜了一位盲人跳棋高手，到深蓝战胜国际象棋大师卡斯帕罗夫，再到 AlphaGo 战胜围棋世界冠军李世石，为什么处在风口浪尖的偏偏都是人机对弈？为什么会下棋的计算机程序如此风光？

这一方面是因为棋类游戏代表着一大类典型的、有清晰定义和规则、容易评估效果的智能问题；另一方面也是因为具备一定复杂性的棋类游戏通常都会被公众视为人类智慧的代表，一旦突破了人机对弈算法，也就意味着突破了公众对人工智能这项新技术的接受门槛。

"人工智能发展成熟度曲线"的漫画，形象地展示出人们在此前两次人工智能热潮中，从被人工智能在某些领域的惊艳表现震撼，到逐渐认识到当时的人工智能还有各种局限，以至于产生巨大心理落差的有趣过程，如图 10-14 所示。

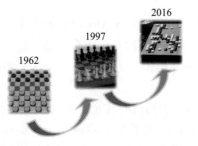

图 10-13 三个时代，三盘人机对弈

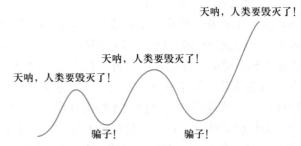

图 10-14 人工智能发展成熟度曲线

前两次人工智能高峰是学术研究主导的，处于宣传层面，而这次人工智能热潮是现实商业需求主导的，是商业模式层面的。前两次人工智能高峰多是学术界在劝说、游说政府和投资人投资，而这次人工智能热高峰多是投资人主动向热点领域的学术项目和创业项目投资。

2016 年，被称为"人工智能元年"，这一年爆发了全球性的人工智能热潮。国际上，以 Google、Microsoft、Facebook 为首的全球三大 AI 巨头都在逐渐将公司的发展重心转移到人工智能方面来。而国内的百度、阿里巴巴、腾讯等企业亦开始承担起发展中国人工智能的责任，并且取得了不错的成绩，这使得我国的人工智能技术在全世界处于领先地位。

百度 CEO 李彦宏曾说："人工智能是百度核心中的核心。"人工智能在现代扮演的角色与当初的工业革命甚为相似，它们都不仅能极大地提高生产效率，而且能使人类站在更高层次，望向更远的未来。

10.2.4　人工智能史上大事件

人工智能发展日新月异，已通过智能客服、智能医生、智能家电等服务场景在诸多行业进行深入而广泛的应用。下面来回顾一下人工智能走过的曲折发展的 60 多年历程中的一些大事件。

1950 年，图灵提出"图灵测试"。

1956 年，"人工智能"概念首次提出。

1959 年，首台工业机器人诞生。美国发明家乔治·德沃尔与约瑟夫·英格伯格发明了首台工业机器人，该机器人借助计算机读取存储程序和信息，发出指令控制一台多自由度的机械。

IBM 公司的计算机专家阿瑟·塞缪尔（Arthur Lee Samuel）创造了"机器学习"一词，塞缪尔基于其理论研究成果所编制的下棋程序是世界上第一个有自主学习功能的游戏程序，曾在跳棋比赛中一举夺魁。

约翰·麦卡锡发表了文章 *Programs with Common Sense*，文章描述的假想程序可以被看成是第一个完整的人工智能系统。

1965 年，专家系统首次亮相。美国科学家爱德华·费根鲍姆等研制出化学分析专家系统程序 DENDRAL，它能够通过分析实验数据来判断未知化合物的分子结构。

1966 年，首台聊天机器人诞生。美国麻省理工学院 AI 实验室的约瑟夫·维森鲍姆（Joseph Weizenbaum）开发了最早的自然语言聊天机器人 ELIZA，能够模仿临床治疗中的心理医生。这是人工智能研究的一个重要方面。不过，它只是用符合语法的方式将问题复述一遍。

1968 年，首台人工智能机器人诞生。美国斯坦福研究所（SRI）研发的机器人 Shakey，能够自主感知、分析环境、规划行为并执行任务，可以根据人的指令发现并抓取积木，这种机器人拥有类似人的感觉，如触觉、听觉等。

1970 年，能够分析语义、理解语言的系统诞生。美国斯坦福大学计算机教授 T·维诺格拉德开发的人机对话系统 SHRDLU，能分析指令，比如理解语义，解释不明确的句子，并通过虚拟方块操作来完成任务。

1973 年，第一个人形机器人诞生。日本早稻田大学造出第一个人形机器人 WABOT-1，这个庞然大物会说日语，能抓握重物，通过视觉和听觉感应器感受环境。后来又更新了设计，研制出了 WABOT-2，能够与人沟通，阅读乐谱并演奏电子琴。

1976 年，专家系统广泛使用。美国斯坦福大学肖特里夫等人发布的医疗咨询系统 MYCIN，可用于对传染性血液病患诊断。这一时期还陆续研制出了用于生产制造、财务会计、金融等各领域的专家系统。

1980 年，专家系统商业化。美国卡内基·梅隆大学为 DEC 公司制造出 XCON 专家系统，在决策方面能提供有价值的内容。

1981 年，第五代计算机项目研发。目标是制造出能够与人对话、翻译语言、解释图像，并能像人一样推理的机器。

1984 年，AAAI（美国人工智能协会）年度会议上，人工智能专家罗杰·单克（Roger Schank）和马文·明斯基警告"AI 之冬"即将到来，预测 AI 泡沫破灭，投资资金也将如 1970 年代中期那样减少。

1997 年 5 月，"深蓝"战胜人类国际象棋冠军。IBM 公司的计算机深蓝战胜了国际象棋世界冠军卡斯帕罗夫。它的运算速度为每秒 2 亿步棋，并存有 70 万份大师对战的棋局数据，可搜寻并估计随后的 12 步棋。

2006~2009 年，ImageNET 数据库建立，最终帮助 AI 认出了猫。伊利诺伊大学香槟分校计算机教授李飞飞发现，整个学术圈和人工智能行业都在苦心研究同一个概念：通过更好的算法来制定决策，但却并不关心数据。她的解决方案是建设更好的数据集。这是一个大型注释图像的数据库，旨在帮助视觉对象识别软件进行研究。2012 年 6 月，人工智能专家吴恩达和谷歌人工智能部门负责人杰夫·迪恩做了一份实验报告，他们给一个大型神经网络展示 1 000 万张未标记的网络图像，然后发现神经网络能够识别出一只猫的形象。

2011 年，"沃森"（Watson）在智力问答比赛中战胜人类。IBM 开发的人工智能程序"沃森"参加了一档智力问答节目"危机边缘"并战胜了人类冠军。

2016 年 3 月，AlphaGo 战胜围棋冠军李世石。AlphaGo 是由英国初创公司 DeepMind 研发的围棋 AI，它以 4:1 的比分赢了人类职业棋手九段李世石。2017 年 5 月，深度学习大热，升级后的 AlphaGo 又在乌镇战胜了当时围棋第一人柯洁九段。随后又推出了 AlphaGo Zero（第四代 AlphaGo），做到了无师自通，甚至还可以通过"左右手互博"提高棋艺。

2018 年 9 月，中国上海举办 2018 世界人工智能大会，本次大会以"人工智能赋能新时代"为主题，以"国际化、高端化、专业化、市场化"为特色，集聚全球人工智能领域最具影响力的科学家和企业家以及相关政府的领导人，围绕人工智能领域的技术前沿、产业趋势和热点问题发表演讲和进行高端对话，打造世界顶尖的人工智能合作交流平台。

10.3　人工智能概念

人工智能是研究、开发用于模拟、延伸和扩展人的智能的理论、方法、技术及应用系统的一门新的技术科学。它的定义可以分为两部分，即"人工"和"智能"。"人工"比较好理解，我们要考虑什么是人力所能制造的，或者人自身的智能程度有没有高到可以创造人工智能的地步。关于什么是"智能"，问题就多了，涉及意识（consciousness）、自我（self）、思维（mind）等问题。人唯一了解的智能是人本身的智能，但是人对自身智能的理解非常有限，对构成人的智能的必要元素也了解有限，所以就很难定义什么是"人工"制造的"智能"了。

人工智能是计算机科学的一个分支，是一个融合计算机科学、统计学、脑神经学和社会科学的前沿综合学科，它可以代替人类实现识别、认知、分析和决策等多种功能，它企图了解智能的实质，并生产出一种新的能以人类智能相似的方式做出反应的智能机器，该领域的研究包括机器人、语言识别、图像识别、自然语言处理和专家系统等。人工智能不是人的智能，但能像人那样思考，也可能超过人的智能。

10.3.1　人工智能的定义

历史上，人工智能的定义历经多次转变，具体使用哪一种定义，通常取决于讨论问题的语境和关注的焦点。这里，简要列举几种历史上有影响的人工智能的定义。

定义 1：人工智能就是让人觉得不可思议的计算机程序。该定义揭示的是大众看待人工智能的视角，直观易懂，但主观性太强，不利于科学讨论。

定义 2：人工智能就是与人类思考方式相似的计算机程序。例如：人工智能是一种使计算机能够思维，使机器具有智力的激动人心的新尝试（Haugeland，1985）；人工智能是那些与人的思维、决策、问题求解和学习等有关活动的自动化（Bellman，1978）。从心理学和生物学出发，科学家们试图弄清楚人的大脑到底是怎么工作的，并希望按照大脑的工作原理构建计算机程序，实现"真正"的人工智能。

定义 3：人工智能就是与人类行为相似的计算机程序。例如：人工智能是一种能够执行需要人的智能的创造性机器的技术（Kurzwell，1990）；人工智能研究如何使计算机做事让人过得更好（Rick 和 Knight，1991）。这是计算机科学界的主流观点，也是一种从实用主义出发，简洁、明了的定义，但缺乏周密的逻辑。

定义 4：人工智能就是会学习的计算机程序。该定义反映的是机器学习特别是深度学习流行后，人工智能世界的技术趋势，虽失之狭隘，但最有时代精神。

定义 5：人工智能就是根据对环境的感知，做出合理的行动，并获得最大收益的计算机程序。这是学术界的教科书式定义，全面均衡，偏重实证。例如：人工智能是一门通过计算过程力图理解和模仿智能行为的学科（Schalkoff，1990）；人工智能是计算机科学中与智能行为的自动化有关的一个分支（Luger 和 Stubblefield，1993）。

维基百科的人工智能词条采用的是斯图亚特·罗素（Stuart Russell）与彼得·诺维格（Peter Norvig）在《人工智能：一种现代的方法》一书中的定义，他们认为：人工智能是有关"智能主体（intelligent agent）的研究与设计"的学问，而"智能主体是指一个可以观察周遭环境并做出行动以达至目标的系统，人工智能是类人行为、类人思考、理性的思考、理性的行动。人工智能的基础是哲学、数学、经济学、神经科学、心理学、计算机工程、控制论、语言学。"

人工智能是研究使计算机来模拟人的某些思维过程和智能行为（如学习、推理、思考、规划等）的学科，主要包括计算机实现智能的原理，制造类似于人脑智能的计算机，使计算机能实现更高层次的应用。人工智能与思维科学的关系是实践和理论的关系，人工智能处于思维科学的技术应用层次，是它的一个应用分支。从思维观点看，人工智能不仅限于逻辑思维，要考虑形象思维、灵感思维才能促进人工智能的突破性的发展，数学常被认为是多种学科的基础科学，数学也进入语言、思维领域，人工智能学科也必须借用数学工具，数学不仅在标准逻辑、模糊数学等范围发挥作用，数学进入人工智能学科，它们将互相促进而更快地发展。

从计算机应用系统的角度出发，人工智能是研究如何制造智能机器或智能系统，来模拟人类智能活动的能力，以延伸人们智能的科学。

10.3.2 人工智能的形态

对人工智能的描述围绕着以下几个中心：强度（有多智能）、广度（解决的是范围狭窄的问题还是广义的问题）、训练（如何学习）、能力（能解决什么问题）和自主性（人工智能是辅助技术还是能够只靠自己行动）。这些每一个中心都有一个范围，而且这个多维空间中的每一个点都代表着理解人工智能系统的目标和能力的一种不同的方式。

约翰·麦卡锡提出：人工智能就是要让机器的行为看起来就像人所表现出的智能行为一样。另一个定义指人工智能是人造机器所表现出来的智能性。总体来讲，对人工智能的定义大多可划分为四类，即机器"像人一样思考""像人一样行动""理性地思考"和"理性地行动"。这里"行动"应广义地理解为采取行动，或制定行动的决策，而不是肢体动作。

1. 弱人工智能

弱人工智能（artificial narrow intelligence，ANI）也称限制领域人工智能（narrow AI）或应用型人工智能（applied AI），指的是专注于完成某个特定的任务，例如语音识别、图像识别和翻译，是擅长单个方面的人工智能，类似高级仿生学。不可能制造出能真正地推理和解决问题的智能机器，也不会有自主意识。今天我们看到的所有人工智能算法和应用都属于弱人工智能的范畴。

AlphaGo 的能力也仅止于围棋，下棋时，如果没有人类的帮助，AlphaGo 连从棋盒里拿出棋子并置于棋盘之上的能力都没有。

2. 强人工智能

强人工智能（artificial general intelligence，AGI）又称通用人工智能或完全人工智能（full AI），有可能制造出真正能推理和解决问题的智能机器，在各方面都能与人类媲美，拥有 AGI 的机器不仅是一种工具，而且本身可拥有"思维"，制造出真正能推理和解决问题的智能机器，这样的机器将被认为有知觉，有自我意识，有和生物一样的各种本能，如生存和安全需求。人类能干的脑力活它基本都能胜任。有知觉和自我意识的 AGI 具有解决问题、制定决策的能力，具有进行思考知识表示的能力、规划能力、学习能力、解决问题、抽象思维能力、用自然语言进行交流沟通的能力以及快速学习的能力等，有自己的价值观和世界观体系，有和生物一样的各种本能，比如生存和安全需求，在某种意义上可以看作一种新的文明。

3. 超人工智能

人类的大脑只开发了 10% 左右，而超人工智能则相当于一个人拥有开发了 100% 的大脑。牛津大学的知名人工智能思想家 Nick Bostrom 认为，超人工智能"在几乎所有领域都比最聪明的人类大脑聪明很多，包括科学创新、通识和社交技能"。假设计算机程序通过不断发展，必须要超越人类的多元思维模式，可以比世界上最聪明、最有天赋的人类还聪明，那么，由此产生的人工智能系统就可以被称为超人工智能（artificial super intelligence，ASI）。我们不知道强于人类的智慧形式将是怎样的一种存在，我们根本无法准确推断，到底计算机程序有没有能力达到这一目标。

人工智能革命是从弱人工智能，通过强人工智能，最终到达超人工智能的旅途。

10.3.3　关于奇点的讨论

未来学家和科幻作者喜欢用"奇点"来表示超人工智能到来的那个神秘时刻。

1. 人工智能与人类智能的区别

人类所有的智能，拆分开来可以分为记忆、计算、感知、模式识别、情感几个方面，人工智能也可以被设计成拥有这几方面的能力，而且有些方面还会超过人类。

人工智能可以根据处理器、内存和外部接口来获得比人强的能力，记忆上可以趋向无穷无尽，计算上可以达到每秒上亿次以上，感知上通过传感器看到红外线、听到超声波。

人类的学习和创造能力在今天的计算能力和深度学习算法上看来，也不是想象的那样难，自我意识、自由意志被认为是人与机器人的最大不同，但意志的本质属于量子级别的效应，暂时无法从根本上了解自由意志的起源和运作方法。

2. 弱人工智能到强人工智能

现在，弱人工智能无处不在，人们能够造一台瞬间算出 10 位数乘法的计算机，能够制造出一台能战胜世界象棋冠军的计算机，能够把人送入太空。只有明白创造一台人类智能水平的计算机是多么不容易，才能真的理解人类的智能是多么不可思议。人类的大脑是人们所知宇宙中最复杂的东西，至今人们都还没完全搞清楚。造一台能分辨出一个动物是猫还是狗的计算机谈何容易，造一台能够读懂 6 岁小朋友的图片书中的文字，并且了解那些词汇意思的计算机极端困难。

计算机科学家的观点：人工智能已经在几乎所有需要思考的领域超过了人类，但是在那些人类和其他动物不需要思考，就能完成的事情上还差得很远。

要想让计算机变得更智能，首先，要抄袭人脑，参考人脑范本做一个复杂的人工神经网络，科学界正在努力逆向工程人脑来理解生物进化是怎么造出这么一个神奇的东西。其次，要模仿生物进化，像模拟小鸟制造飞机那样模拟类似的生物形式。再次，让计算机来解决这些问题，总的思路是建造一台能进行两项任务的计算机——研究人工智能和修改自己的代码，这样就不只能改进自己的构架了，直接把计算机科学家提高计算机的智能就变成了计算机自己的任务。

3. 强人工智能到超人工智能

总有一天人们会造出和人类智能相当的强人工智能计算机，到了这个时候，人工智能不会停下来考虑强人工智能之于人脑的种种优势，人工智能只会在人类水平这个节点做短暂的停留，然后就会开始大踏步向超人类级别的智能走去。因为硬件上运算速度呈几何级的速度增长，容量和存储空间也迅速提升远超人类，而且不断拉开距离。

4. 奇点何时来

早在计算机刚被发明出来后不久，学界就有对于"思维机器"可能存在风险的忧虑了。冯·诺依曼首次提出，随着技术的加速进步以及人类生活方式的转变，人类历史似乎即将面临某个本性"奇点"，自此人类文明将很难延续。尽管对于奇点

以及它究竟何时到来尚有许多争议，但一些严肃的问题已经被提了出来：一旦奇点来临，人们的经济、社会乃至人类发展的进程，将会发生怎样的巨变？第一台超智能机器会不会是人类的最后一项发明，进而导致人类命运的激进变化？

早在谷歌 AlphaGo 在公众中掀起 AI 热潮之前，霍金也通过媒体告诉大家："完全人工智能的研发可能意味着人类的末日。"

不过另一些人持怀疑态度。李开复认为，目前的这种深度学习技术只能算作"弱人工智能"，本质上仅仅是一个特别好用的工具而已。"弱人工智能"到能和人类相提并论的"强人工智能"的路都尚未走通，更何况要走通"强人工智能"到"超人工智能"之路。

过去 20 年人们已经造出了"深蓝"在国际象棋中击败了卡斯帕罗夫，AlphaGo 击败了世界上最好的围棋棋手之一李世石，但所有这些成功都是有限的，人们还没能创造出可以解决多种多样不同类型问题的通用人工智能。尽管 AlphaGo 通过分析数千局比赛然后又进行更多的自我对弈而"学会"了下围棋，但这同样的程序却不能用来掌握国际象棋。目前离真正的通用智能还很远——真正的通用智能能灵活地无监督地学习，或能足够灵活地选择自己想要学习的内容。

《人工智能时代》的作者、计算机科学家、连续创业家、未来学家杰瑞·卡普兰（Jerry Kaplan）的观点是：超人工智能诞生并威胁人类这件事发生的概率是非常小的。其实，人们现在做的只是在制造工具，以自动完成此前需要人类参与才能完成的工作任务。之所以会有"人工智能威胁论"的疑问，根本上是因为大众习惯于把人工智能人格化，这是问题的根源。

10.4 人工智能的技术及算法基础

人工智能属于自然科学和社会科学的交叉，它的研究范畴包含自然语言处理、知识表现、智能搜索、自动推理、统筹规划、机器学习、知识获取、感知问题、模式识别、自动程序设计、神经网络、复杂系统、遗传算法等。总的说来，人工智能研究的一个主要目标是使机器能够胜任一些通常需要人类智能才能完成的复杂工作。

目前神经网络、机器学习和深度学习拥有相当高的出现频率，它们可以被看作是人工智能三个不同的层次：神经网络位于底层，它是建立实现人工智能的计算机结构；机器学习是中层，它是可以在神经网络上运行的一个程序，可训练计算机在数据中寻找特定的答案；深度学习处在顶层，这是一种在最近 10 年里才流行起来的特定类型的机器学习，而它的流行主要得益于大数据。

10.4.1 机器学习

1. 机器学习的概念

机器学习是英文名称 machine learning（简称 ML）的直译，machine 一般指计算机，是让机器"学习"的技术，这里使用了拟人的手法，是指用某些算法指导计算机利用已知数据得出适当的模型，并利用此模型对新的情境给出判断的过程。机器怎么可能像人类一样"学习"呢？从广义上来说，机器学习是一种能够赋予机器学习的能力以此让它完成直接编程无法完成的功能的方法。但从实践的意义上来说，机器学习是一种通过利用数据，训练出模型，然后使用模型预测的一种方法。

传统的机器学习是一种归纳法，主要是通过一些特征样本，试图从样本中发现一些规律，提取特征值，然后把这些特征放到各种机器学习模型中，实现对新的数据和行为进行智能识别和预测。不过它的缺点是需要人工整理好大量的、尽量覆盖全的样本，无疑是一个巨大的工作。机器学习方法就是计算机利用已有的数据（经验），得出了某种模型（规律），并利用此模型预测未来的一种方法。

下面就以小朋友学识字为例来讲解什么是机器学习。

一个小朋友学认字时，一定为每个汉字总结出了某种规律性的东西，比如教小朋友分辨"一""二""三"，我们会说，一笔是"一"，两笔是"二"，三笔是"三"，这个规律好记又好用。但是，"口"也是三笔，可它却不是"三"。我们通常会说，围成个方框儿的是"口"，排成横排的是"三"。很快，小朋友就发现，"田"也是个方框儿，可它不是"口"，我们这时会说，方框里有个"十"的是"田"。再往后，我们就会教小朋友，"田"上面出头是"由"，下面出头是"甲"，上下都出头是"申"。慢慢地小朋友的大脑在接受许多遍相似图像的刺激后，就会为每个汉字总结出了某种规律性的东西，下次大脑再看到符合这种规律的图案，就知道是什么字了，并进而学会几千个汉字的，这叫决策树的机器学习方法，计算机学习"由甲申"三个字的决策树如图 10-15 所示。

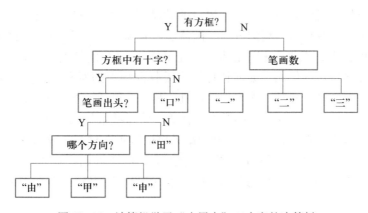

图 10-15　计算机学习"由甲申"三个字的决策树

其实，要教计算机认字，差不多也是同样的道理。假如你想让计算机学习如何过马路，在传统编程方式下，你需要给他一套非常具体的规则，告诉它如何左右看，等待车辆，使用斑马线等等，然后让它尝试。而在面对机器学习时，你只需向它展示 10 000 部安全横穿马路的视频就行了。计算机用来学习的、反复看的视频叫"训练数据集"；"训练数据集"中，一类数据区别于另一类数据的不同方面的属性或特质，叫作"特征"；计算机在"大脑"中总结规律的过程，叫"建模"；计算机在"大脑"中总结出的规律，就是我们常说的"模型"；而计算机通过反复看视频，总结出规律，然后学会过马路的过程，就叫"机器学习"。

让我们把机器学习的过程与人类对历史经验归纳的过程做个比对。人类在成长、生活过程中积累了很多的历史与经验。人类定期地对这些经验进行"归纳"，获得了生活的"规律"。当人类遇到未知的问题或者需要对未来进行"推测"时，人类使用这些"规律"，对未知问题与未来进行"推测"，从而指导自己的生活和工作。机器学习中的"训练"与"预测"过程可以对应到人类的"归纳"和"推测"过程。通过这样的对应，可以发现，机器学习的思想并不复杂，仅仅是对人类在生活中学习成长的一个模拟。由于机器学习不是基于编程形成的结果，因此它的处理过程不是因果的逻辑，而是通过归纳思想得出的相关性结论，机器学习与人类思考的类比如图 10-16 所示。

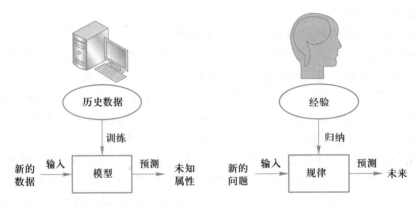

图 10-16　机器学习与人类思考的类比

通过上面的分析，机器学习的一个主要目的就是把人类思考归纳经验的过程转化为计算机通过对数据的处理计算得出模型的过程，机器学习强调"学习"而不是程序，通过复杂的算法来分析大量的数据，识别数据中的模式，它能考虑更多的情况，执行更加复杂的计算，并做出预测，不需要特定的代码。如何让计算机吸收视频中的所有信息是一大难点，在过去的几十年里，研究者尝试过各种办法来教计算机，其中就包括增强学习和遗传算法。

首先，需要在计算机中存储历史的数据。接着，将这些数据通过机器学习算法进行处理，这个过程在机器学习中叫作"训练"，处理的结果可以被用来对新的数据进行预测，这个结果一般称为"模型"。对新数据的预测过程在机器学习中叫作"预测"。"训练"与"预测"是机器学习的两个过程，"模型"则是过程的中间输出结果，"训练"产生"模型"，"模型"指导"预测"。

2. 机器学习的相关学科

其实，机器学习与模式识别、统计学习、数据挖掘、计算机视觉、语音识别和自然语言处理等领域有着很深的联系。

机器学习与其他领域的处理技术的结合，形成了计算机视觉、语音识别、自然语言处理等交叉学科。因此，一般说数据挖掘时，可以等同于说机器学习，机器学习与相关学科如图 10-17 所示。

（1）模式识别。模式识别等同于机器学习，两者的主要区别在于前者是从工业界发展起来的概念，后者则主要源自计算机学科。在著名的《模式识别与机器学习》（Pattern Recognition and Machine Learning）这本书中说"模式识别源自工业界，而机器学习来自于计算机学科。

图 10-17　机器学习与相关学科

不过，它们中的活动可以被视为同一个领域的两个方面，同时在过去的 10 年间，它们都有了长足的发展。"

　　（2）数据挖掘。数据挖掘等于机器学习+数据库。数据挖掘是耳熟能详的概念，一般是指从大量的数据中通过算法搜索隐藏于其中信息的过程。前面讲过，在美国沃尔玛超市里，尿布和啤酒赫然摆在一起出售，这个奇怪的举措却使尿布和啤酒的销量双双增加。这不是一个笑话，沃尔玛拥有世界上最大的数据仓库系统，为了能够准确了解顾客在其门店的购买习惯，沃尔玛对其顾客的购物行为进行购物篮分析，一个意外的发现是："跟尿布一起购买最多的商品竟是啤酒！"这就是通过统计、在线分析处理、情报检索、机器学习、专家系统（依靠过去的经验法则）和模式识别等诸多方法来实现数据挖掘。

　　（3）统计学习。统计学习近似等于机器学习。由万普尼克（Vapnik）建立的一套机器学习理论，使用统计的方法，因此有别于归纳学习等其他机器学习方法，是与机器学习高度重叠的学科。但是在某种程度上两者是有分别的，这个分别在于：统计学习者重点关注的是统计模型的发展与优化，偏数学，而机器学习者更关注的是能够解决问题，偏实践，因此机器学习研究者会重点研究学习算法在计算机上执行的效率与准确性的提升。

　　（4）计算机视觉。计算机视觉等于图像处理+机器学习。计算机视觉是一门研究如何使机器"看"的科学，更进一步说，就是指用摄影机和计算机代替人眼对目标进行识别、跟踪和测量等，并进一步做图形处理，使计算机处理成为更适合人眼观察或传送给仪器检测的图像。图像处理技术用于将图像处理为适合进入机器学习模型中的输入，机器学习则负责从图像中识别出相关的模式。计算机视觉相关的应用非常多，例如百度识图、手写字符识别、车牌识别等。这个领域是应用前景非常广阔的，同时也是研究的热门方向。

　　（5）语音识别。语音识别等于语音处理+机器学习。语音识别就是音频处理技术与机器学习的结合。语音识别技术一般不会单独使用，一般会结合自然语言处理的相关技术。人们预计，未来 10 年内，语音识别技术将进入工业、家电、通信、汽车电子、医疗、家庭服务、消费电子产品等各个领域。

　　（6）自然语言处理。自然语言处理等于文本处理+机器学习。它研究能实现人与计算机之间用自然语言进行有效通信的各种理论和方法。自然语言处理是一门融语言学、计算机科学、数学于一体的科学。作为唯一由人类自身创造的符号，自然语言处理一直是机器学习界不断研究的方向。按照百度机器学习专家余凯的说法"听与看，说白了就是阿猫和阿狗都会的，而只有语言才是人类独有的。"如何利用机器学习技术进行自然语言的深度理解，一直是工业和学术界关注的焦点。

可以看出机器学习在众多领域的外延和应用，机器学习技术的发展促使了很多智能领域的进步，改善着人们的生活。

3. 机器学习的应用

2010 年以前，机器学习在车牌识别、网络攻击防范、手写字符识别等方面发挥了巨大的作用，随着大数据概念的兴起，机器学习的应用都与大数据高度耦合，几乎可以认为大数据是机器学习应用的最佳场景。究竟是什么原因导致大数据具有这些魔力的呢？简单来说，就是机器学习技术。正是基于机器学习技术的应用，数据才能发挥其魔力。最经典的是 Google 利用大数据预测了 H1N1 在美国某小镇的爆发，百度预测 2014 年世界杯，从淘汰赛到决赛全部预测正确。

大数据的核心是利用数据的价值，机器学习是利用数据价值的关键技术，对于大数据而言，机器学习是不可或缺的。大数据的价值在于数据分析以及分析基础上的数据挖掘和智能决策，大数据的拥有者只有基于大数据建立有效的模型和工具，才能充分发挥大数据的价值。对于机器学习而言，越多的数据会越可能提升模型的精确性，复杂的机器学习算法的计算时间也迫切需要分布式计算与内存计算这样的关键技术。因此，机器学习的兴盛也离不开大数据的帮助，大数据与机器学习两者是互相促进，相依相存的关系。

机器学习正开始改变人们的工作与生活，而它在行业中的应用才具有真正的革命性。2017 年成为机器学习技术影响人类世界的元年，机器学习开始进入商业化阶段。

10.4.2 神经网络

通过上面的介绍大致知晓了机器学习，那么机器学习里面究竟有多少经典的算法呢？机器学习中的算法有很多，经典代表算法包括回归算法、神经网络、SVM（支持向量机）、聚类算法、降维算法和推荐算法等，这里只简单介绍神经网络算法。

神经网络最早可以追溯到 1943 年，芝加哥大学的神经生理学家沃伦·麦卡洛和数学家沃尔特·皮特在论文《神经活动内在思想的逻辑微积分》中阐述了神经元的激活是大脑活动的基本单位的理论。20 世纪 50 年代是神经网络研究的黄金期，这个阶段产生的感知器实现了基于苍蝇复眼的视觉模式识别。1959 年，斯坦福大学的研究人员成功开发了神经网络超越理论 MADALINE（多个自适应线性单元），用于减少电话线上回声的数量，以提高语音质量。1982 年，普林斯顿大学教授约翰·霍普菲尔德发明了联想神经网络，它的创新之处在于数据可以双向传播，人们对神经网络产生了极大的兴趣，至此人工神经网络得到了广泛的普及和发展。

神经网络（也称为人工神经网络，artificial neural networks，ANN）算法在构成原理和功能特点等方面模仿动物神经网络行为，但并非动物系统的逼真描述，只是某种模仿、简化和抽象。它不是按给定的程序一步一步地执行运算，而是能够自身适应环境、总结规律，完成某种运算、识别或过程控制，是一种进行分布式并行信息处理的算法数学模型。简单来说，它是一种建造计算机的方式，使其看上去像是一个卡通化的大脑，当中由神经一样的节点连接成网络。这些节点本身都很笨，只能回答最基本的问题，可一旦组合在一起，它们就可以解决复杂问题。更为重要的是，有了正确的算法之后，它们还能拥有学习能力。

神经网络是一种方法，既可以用来做有监督的任务，如分类、视觉识别等，也可以用来做无监督的任务。首先看一个简单的例子，如果想训练一个算法可以使其识别出是"苹果"还是"鸭梨"，这是很简单的一个分类任务。为神经网络提供了大量的人类标记的训练数据，以便神经网络可以进行基本的自我检查。

假设这个标签数据分别由"苹果"和"鸭梨"的图片组成，照片是数据，"苹果"和"鸭梨"是标签。当输入图像数据时，网络将它们分解为最基本的组件（特征值），即边缘、纹理和形状。当图像数据在网络中传递时，这些基本组件被组合以形成更抽象的概念，即曲线和不同的颜色，这些元素在进一步组合时，就开始看起来像"鸭梨"或"苹果"。

因为网络正在寻找两个不同的东西"苹果"和"鸭梨"，网络的最终输出以百分比表示。在早期阶段，神经网络可能会以百分比的形式给出一堆错误的答案，可以使用标记的训练数据进行进一步"监督学习"，网络能够通过称为"BP 反向传播"的过程来进行系统调整，帮助每个神经元在随后的图像在网络中传递时更好地识别数据。这个过程一直反复进行，直到神经网络以更准确的方式识别图像中的苹果和鸭梨，最终以 100% 的正确率预测结果。

在给定一个特定的输入的情况下，一个神经网络可以被训练来产生预期的输出。如果网络能够很好地模拟已知的值的序列，那么就可以使用它来预测未来的结果。

LeNet 是演示神经网络在图像识别领域的一个著名应用程序，是一个基于多个隐层构建的神经网络。LeNet 的效果展示如图 10-18 所示，通过 LeNet 可以识别多种手写数字，并且达到很高的识别精度与拥有较好的鲁棒性。

图 10-18 下方的方形中显示的是输入计算机的图像，方形上方的红色字样"answer"后面显示的是计算机的输出。左边的三条竖直的图像列显示的是神经网络中三个隐藏层的输出，可以看出，随着层次的不断深入，越深的层次处理的细节越低，例如层 3 处理的基本都已经是线的细节了。LeNet 的发明人就是机器学习领域的著名专家 Yann LeCun（燕乐存）。

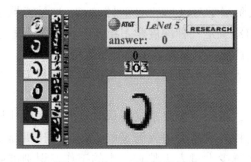

图 10-18　LeNet 的效果展示

神经网络有能力同时考虑多种因素，比如通过产品的市场需求、客户的收入、人口和产品价格，可以预测商品销售；神经网络可以根据用户的基本特征，包括人口、经济状况、地点、购买模式和对产品的态度来进行细分，来预测消费人群；神经网络已成功应用于衍生证券定价和对冲、期货价格预测、汇率预测和股票表现等问题。

20世纪90年代，神经网络的发展进入了一个瓶颈期，其主要原因是尽管有BP算法的加速，神经网络的训练过程仍然很困难，因此支持向量机（SVM）算法取代了神经网络的地位。

10.4.3 深度学习

人工智能的发展经历了"推理期"（即通过赋予机器逻辑推理能力使机器获得智能）和"知识期"（即将人类的知识总结出来教给机器，使机器获得智能）。无论是在"推理期"还是"知识期"，机器都是按照人类设定的规则和知识运作，永远不会超越其创造者。学者们想到，如果机器能自我学习，那么机器超越创造者就将成为可能。

机器学习发展分为两个部分，浅层学习（shallow learning）和深度学习（deep learning）。浅层学习起源20世纪20年代人工神经网络的反向传播算法的发明，使得基于统计的机器学习算法大行其道，虽然这时候的人工神经网络算法也被称为多层感知机，但由于多层网络训练困难，通常都是只有一层隐含层的浅层模型。

神经网络研究领域领军者、泰斗Hinton在2006年提出了神经网络Deep Learning算法，使神经网络的能力大大提高，向支持向量机发出挑战。2006年，Hinton和他的学生Salakhutdinov在顶尖学术刊物《科学》（Scince）上发表了一篇文章，开启了深度学习在学术界和工业界的浪潮。

这篇文章有两个主要的信息：一是很多隐层的人工神经网络具有优异的特征学习能力，学习得到的特征对数据有更本质的刻画，从而有利于可视化或分类；二是深度神经网络在训练上的难度，可以通过"逐层初始化"（layer-wise pre-training）来有效克服，在这篇文章中，逐层初始化是通过无监督学习实现的。

通过这样的发现，不仅降低了神经网络在计算上的难度，同时也说明了深层神经网络在学习上的优异性。从此，神经网络重新成为机器学习界中的主流强大学习技术。同时，具有多个隐藏层的神经网络被称为深度神经网络，基于深度神经网络的学习研究称之为深度学习。

深度学习（deep learning，DL）或阶层学习（hierarchical learning）是机器学习的技术和研究领域之一，含多隐藏层的多层感知器就是一种深度学习结构。深度学习通过组合低层特征形成更加抽象的高层表示属性类别或特征，以发现数据的分布式特征表示。

虽然深度学习这四字听起来颇为高大上，但其理念却非常简单，就是传统的神经网络发展到了多隐藏层的情况。

传统的机器学习是要输入特征样本，而深度学习是试图从海量的数据中让机器自动提取特征，深度学习也是一种机器学习，这种方式需要输入海量的大数据，让机器从中找到弱关联关系，这种方式比传统机器学习方式减少大量人工整理样本的工作，识别准确率也提高了很多，让人工智能在语音识别、自然语言处理、图片识别等领域达到了可用的程度，是革命的进步。

用简单的数学知识就能把机器学习、训练和深度学习的基本思维方式解释清楚。过去解决数学问题，一般是先知道公式（函数），然后输入数据，求出结果。就以$y=ax+b$这种类型的函数为例。比如，已知$y=2x+1$，令$x=1$，可以求出$y=3$。这里x就是"输入"，得到的y

就是"输出"。

更高阶一点的数学能力是知道公式和输出，要把输入值求出来，比如已知 $y=2x+1$，令 $y=5$，求 x。

再进阶一步，就触摸到了机器学习。当不知道 a、b 这些系数，但是知道 y 和 x 的值，需要把 a 和 b 求出来，也就是已知输入和输出，要把函数系数求出来。在 $y=ax+b$ 这个函数里，只需要知道两组 x、y 的值就能确认 a 和 b。

更进一步，假设有一组输入和输出数据，但完全不知道函数的形式，又该怎么办呢？这就需要构造函数。比如，已知 $x=2$，$y=5$，求 $f(x)$。这在输入和输出数据很少的情况下是无法计算的，$f(x)$ 可能是 $2x+1$，也可能是 $x+3$，甚至是 x^2+1 以及无数种其他情况。但是如果 x 和 y 的数量充足，数学家就能通过"逼近计算"方法，不断调整公式权重，近似求得这个函数。

问题来了，现代生产和生活中产生的数据都无比巨大复杂，如果要从中求得蕴含的函数就需要非常"高能"。人类的脑力已经无法胜任，但是可以把这项工作交给计算机。深度学习神经网络模拟了人脑的神经节点，每个节点实际上就是一个函数调节器，无数函数彼此交叉连接起来。通过数学上的矩阵、优化、正则式等各种方法，深度学习过程不断调整着每个函数系数的权重，在数据充分、构造原理合适的情况下，不断演化的函数会越来越准确地拟合大部分数据，于是就可以通过这套函数来预测尚未发生的情况，这个过程就是我们所说的"训练"。

简单地说，深度学习就是把计算机要学习的东西看成一大堆数据，把这些数据丢进一个复杂的、包含多个层级的数据处理网络（深度神经网络），然后检查经过这个网络处理得到的结果数据是不是符合要求——如果符合，就保留这个网络作为目标模型，如果不符合，就一次次地、锲而不舍地调整网络的参数设置，直到输出满足要求为止。

深度学习实现方式源于多层神经网络，把特征表示和学习合二为一，特点是放弃了可解释性，寻找关联性。简单论述一下深度学习的工作原理：一个神经元就是一个分类器，神经元模型就是不停地分类，形成规模效率和网络效率，最终高质量的特征值就奇妙地产生了。

比如前面讲的：机器识"苹果"的实验，神经网络会观察一大堆"苹果"和其他水果的图片，并被告诉是"苹果"或者不是"苹果"。在识别"苹果"的神经网络中有无数的通路，正如人的脑神经一样，每个通路都会输出自己的结果，如果答对了，科学家就会给这条通路加权（可以理解成亮绿灯）；答错了，就降低权重（可以理解成亮红灯）。经过足够多的尝试，如用 10 万张各种"苹果"的图片做测试之后，那些得到加权的神经通路就组成了一个识别装置（一组复杂的函数联结）。然后在没有科学家告诉它识别结果的情况下，也可以识别出新的图片中的"苹果"来，训练数据越多，这个函数集合就越复杂但也越精确。

值得一提的是机器学习同深度学习之间还是有所区别的，机器学习是指计算机的算法能够像人一样，从数据中找到信息，从而学习一些规律。深度学习是利用深度的神经网络，将模型处理得更为复杂，从而使模型对数据的理解更加深入。

随着人工智能的发展，深度学习已经成为一个热词，从计算机视觉到自然语言处理，深度学习技术被应用到了数以百计的实际问题中。诸多案例也已经证明，深度学习能让工作比之前做得更好。

深度学习在制造业、金融行业、零售行业、语音识别和智能语音助手、自动翻译机和即时视觉翻译都有着广泛的应用。

总结起来，20 世纪 50 年代提出人工智能的理念以后，人工智能的发展经历了如下若干阶段，从人工智能的起步期（1956~1980 年）的逻辑推理，到中期以 XCON 专家系统、IBM Deep Blue 战胜国际象棋冠军为代表的专家系统推广阶段（1980~1990 年），这些科研进步确实使人们离机器的智能有点接近了，但还有一大段距离。直到机器学习诞生以后，人工智能界感觉终于找对了方向。基于深度学习的图像识别（识别率 95%）和语音识别（识别率 99%）在某些垂直领域达到了与人相媲美的程度，深度学习使人类第一次如此接近人工智能的梦想。

人工智能的发展可能不仅取决于机器学习，更取决于深度学习，深度学习技术由于深度模拟了人类大脑的构成，在视觉识别与语音识别上显著性地突破了原有机器学习技术的界限，因此极有可能是真正实现人工智能梦想的关键技术。无论是谷歌大脑还是百度大脑，都是通过海量层次的深度学习网络所构成的。也许借助于深度学习技术，在不远的将来，一个具有人类智能的计算机真的有可能实现。

10.5 人工智能的应用领域及发展前景

今天的人工智能到底有多"聪明"？人工智能到底会发展到什么程度？什么样的人工智能会超出人类的控制范围，甚至给人类带来威胁？计算机视觉让人工智能学会"看"，语音识别让人工智能学会"听"，对话系统让人工智能学会"说"，机器翻译让人工智能学会"想"。

10.5.1 人工智能应用领域

过去的 10 年，算法、数据和计算三大要素助推了人工智能的再度崛起，数据是基础，大数据为机器学习装上引擎；算法是核心，将人工智能带到全新高度；计算能力是保障，为算法的实现提供坚实的后盾。互联网存储了 20 多年的数据终于找到了它的历史使命，以机器学习、深度学习为主的浪潮被认为是当前面临的最为重要的技术创新和社会变革的驱动力，以算法为核心的人工智能时代来临。

与互联网、移动互联网一样，人工智能是基础能力。人工智能并不是单一的技术，它将融入现有的生产中，在垂直领域加深数字化的影响，影响到所有和数据相关的领域。深度学习算法使机器拥有自主学习的能力，被应用于语音、图像、自然语言处理等领域，开始纵深发展，带动了一系列的新兴产业。通过人工智能提高生产力以及创造全新的产品和服务，这是经济竞争和经济升级的迫切需求。人工智能底层技术的不断发展，已经让智能机器逐步实现从"认识物理世界"到"个性化场景落地"的跨越。

现在应用型人工智能已经渗透到了各行各业，多种技术组合后打包为产品或服务，改变了不同领域的商业实践，使垂直领域人工智能商业化进程加速，掀起一场智能革命。

根据此前腾讯研究院发布的《中美 AI 创投报告》中整理的中国 AI 渗透行业热度图如图 10-19 所示，列第一位的是医疗行业，列第二位的是汽车行业，第三梯队中包含了教育、制造、交通、电商等实体经济标志性领域。在各行各业引入人工智能是一个渐进的过程。

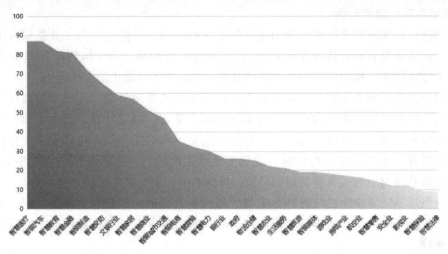

图 10-19　中国 AI 渗透行业热度图

从最基础的感知能力，到对海量数据的分析能力，再到理解与决策，人工智能将逐步改变各领域的生产方式，推进结构转型。根据人工智能当前的技术能力和应用热度，展望了人工智能将如何助力以下实体经济领域。

1. 智能医疗，医疗健康的监测诊断

历史上，重大技术进步都会催生医疗保健水平的飞跃。比如工业革命之后人类发明了抗生素，信息革命后 CT 扫描仪、微创手术仪器等各种诊断仪器都被发明出来。

人工智能在医疗健康领域的应用已经相当广泛，依托深度学习算法，人工智能在提高健康医疗服务的效率和疾病诊断方面具有天然的优势，各种旨在提高医疗服务效率和体验的应用应运而生。

医疗诊断的人工智能主要有两个方向，一是基于计算机视觉通过医学影像诊断疾病；二是基于自然语言处理，"听懂"患者对症状的描述，然后根据疾病数据库里的内容进行对比和深度学习诊断疾病。一些公司已经开始尝试基于海量数据和机器学习为病患量身定制诊疗方案。人工智能将加速医疗保健向医疗预防转变。

2. 智能巡检、安保机器人

近些年随着人力资源成本逐步提高，以人力为主的安保防控体系面临巨大考验，而通过机器人与安防设备的结合，将有效替代安保人员执行高危险性任务，并能够与固定式安防系统构建全天候无缝隙监控。

由于智能巡检机器人在环境应对、性能强大等方面具有人力所不具备的特殊优势，越来越多的智能巡检机器人被应用到安防巡检、电力巡检、轨道巡检等特殊场所，并且轻松完成任务。

智能巡检机器人的特征：标准化高，可以远程监督正规停车，语音提示各种违规违法行为；更加全面，能够自主移动，全方位、无死角地实时监控；效率高，第一时间巡视现场，随时掌握现场动态；更客观，实时上报区域运行情况，无须人工干预；依赖度少，采取定时、定点作业，无经验依赖。

3. 智能汽车、智能制造

智能制造可以实现整个制造业价值链的智能化和创新，是信息化与工业化深度融合的进一步提升。制造业是实体经济的支柱产业，人工智能时代到来，为中国制造 2025 计划进一步深化带来了重大机遇，推动中国制造业转型升级，制造业从自动化走向智能化。

自动驾驶汽车又称无人驾驶、计算机驾驶汽车或轮式移动机器人，是一种通过计算机系统实现无人驾驶的智能汽车。自动驾驶汽车依靠深度学习、视觉计算、雷达、监控装置和全球定位系统协同合作，让计算机可以在没有任何人类主动的操作下，自动安全地操作机动车辆。当自动驾驶汽车在公路上行驶时，通过传感器获取的所有信息必须在汽车中完成处理，汽车需要能够自动响应现实世界的周围环境，每辆车都必须生成自己的导航网络。

制造业可以从安置在生产线各环节的传感器收集大量的生产数据，深度学习，并能够精确优化生产过程，降低生产成本，加快生产周期，从而节省人工分析数据的时间成本和资金成本。

通过人工智能实现设计过程、制造过程和制造装备的智能化。智能化将不断赋予制造业新能量，赋予制造业更高效率，甚至带来生产和组织模式的颠覆性变革。

4. 智能零售、仓储物流

零售行业将会是从人工智能发展创新中受益最多的产业之一。在 Amazon Go 的带动下，各类无人零售解决方案层出不穷。随着人口老龄化加剧，便利店人力的成本越来越高，无人零售正处在风口浪尖，无人便利店可以帮助提升经营效率，降低运营成本。

利用传感器、物联网、虚拟现实和增强现实技术，不只是为消费者提供更方便快捷的购物体验，而是基于各种新技术背后的 AI 数据分析，为零售商提供消费者最可能购买的商品的最佳建议，为零售商发现更深层次的消费洞察。

零售商可以利用人工智能简化库存和仓储管理，人工智能将助力零售业以消费者为核心，在时间碎片化、信息获取社交化的大背景下，建立更加灵活便捷的零售场景，提升用户体验。

5. 智能服务

智能服务即通过捕捉用户的原始信息，通过后台积累的数据，构建需求结构模型，进行数据挖掘和商业智能分析，除了可以分析用户的习惯、喜好等显性需求外，还可以进一步挖掘与时空、身份、工作生活状态关联的隐性需求，主动给用户提供精准、高效的服务。这里需要的不仅仅只是传递和反馈数据，更需要系统进行多维度、多层次的感知和主动、深入的辨识。

（1）语音识别和智能语音助手。利用深度神经网络开发出更准确的声学模型，学习新特征，根据自己的需求进行调整，事先预测所有的可能性，比如：苹果的智能语音助手 Siri。

（2）自动翻译机。通过网络利用深度学习等技术准确把握发言的含义，立即翻译成日语或英语等语言，可媲美同声传译的效果，比如：谷歌翻译、百度翻译。

（3）即时视觉翻译。识别照片中的文字，并将文字转成文本、文本翻译成所需的语言。

智能服务并不是为了取代或颠覆人，而是为了将人类从重复性、可替代的工作中解放出来，去完成更高阶的工作，如思考、创新、管理。

6. 智能教育、"自适应"教育

人工智能对教育行业的应用当前还处在初始阶段。语音识别和图像识别与教育相关的场景结合，将应用到个性化教育、自动评分、语音识别测评等场景中。通过语音测评、语义分析提升语言学习效率。人工智能不会取代教师，而是协助教师成为更高效的教育工作者；在算法制定的标准评估下，学生获得量身定制的学习支持，形成面向未来的"自适应"教育。

7. 智能金融、智能客服和金融监管

在整个金融流程中，从前台的客户服务，到中台的金融交易，再到后台的风险防控，人工智能均参与其中。人工智能对整个金融行业的影响将远远超过互联网。随着大数据、人工智能技术的快速发展，金融智能化必将是大势所趋。

从交易数据到客户数据以及两者之间的所有数据，金融行业拥有庞大的数据，通过对海量数据的深度学习分析预测股市，挖掘新的商机，为客户提供个性化服务，乃至预防银行诈骗。

预计，金融将会是人工智能在中国爆发的第一个且最大的领域。目前，人工智能在金融领域的应用场景主要包括智能投顾、征信、风控、金融搜索引擎、智能客服等，采用的方法主要是机器学习、自然语言处理、人脸识别、知识图谱。

目前，一批中国人工智能企业正在蓄势待发改造各行各业。在智能革命的影响下，旧的产业将以新的形态出现并形成新产业。人工智能与实体经济的融合，既是 AI 产业的产业化路径，也是传统产业升级的风向标。

10.5.2 智慧地球及智慧城市

IBM 前首席执行官郭士纳提出一个重要的观点，计算模式每隔 15 年发生一次变革，1965年前后发生的变革以大型机为标志，1980 年前后以个人计算机的普及为标志，1995 年前后则发生了互联网革命，2010 年前后物联网出现……每一次这样的技术变革都引起企业间、产业间甚至国家间竞争格局的重大动荡和变化。

智慧地球（smart planet），也称"智能行星"，是 IBM 公司首席执行官彭明盛 2008 年首次提出的新概念。智慧地球是指把新一代的 IT、互联网技术充分运用到各行各业，把感应器嵌入、装备到全球的医院、电网、铁路、桥梁、隧道、公路、建筑、供水系统、大坝、油气管道，通过互联网形成"物联网"；而后通过超级计算机和云计算，将"物联网"与现有的互联网整合起来，实现人类社会与物理系统的整合，然后在此基础上，人类可以以更加精细和动态的方式管理生产和生活，从而达到"智慧"状态，比如国际上的智慧城市研究和实践。"智慧"的理念被解读为不仅仅是智能，即新一代信息技术的应用，更在于人体智慧的充分参与。

智慧地球有三个特征：感知化（instrumented），利用传感器感知所有物体和环境的状态；互联化（interconnected），利用网络传输信息；智能化（intelligent），利用超级计算机和云端计算技术对生产生活实现智能控制。

智慧地球提出将实体的基础设施与信息基础设施合二为一，在实体基础设施基础上，通过新一代信息技术改变人们交互的方式，提高实时信息处理能力及感应与响应速度，增强业务弹性和连续性，促进社会各项事业的全面和谐发展。而 IBM "智慧的城市" 的行动正成为 IBM "智慧地球" 从理念到实际的现实举措，是 IBM 智慧地球策略中的一个重要方面。

智慧城市就是运用信息和通信技术手段感测、分析、整合城市运行核心系统的各项关键信息，从而对包括民生、环保、公共安全、城市服务、工商业活动在内的各种需求做出智能响应。其实质是利用先进的信息技术，实现城市智慧式管理和运行，进而为城市中的人创造更美好的生活，促进城市的和谐、可持续成长。

推动智慧城市形成的两股力量，一是技术创新层面的技术因素，即以物联网、云计算、移动互联网为代表的新一代信息技术，二是社会创新层面的社会因素，即知识社会环境下逐步形成的开放城市创新生态。此后这一理念被世界各国所接纳，并作为应对金融海啸的经济增长点。同时，发展智慧城市被认为有助于促进城市经济、社会与环境、资源协调可持续发展，缓解 "大城市病"，提高城镇化质量。

大数据和人工智能是建设智慧城市有力的抓手，人工智能正在助力智慧城市进入 2.0 版本。

1. 智慧城市定义

IBM 给出智慧城市（smart city）的定义为：运用信息和通信技术手段感测、分析、整合城市运行核心系统的各项关键信息，从而对包括民生、环保、公共安全、城市服务、工商业活动在内的各种需求做出智能响应。IBM 定义的实质是用先进的信息技术，实现城市智慧式管理和运行，进而为城市中的人创造更美好的生活，促进城市的和谐、可持续成长。

IBM "智慧城市" 的理念把城市本身看成一个生态系统，城市中的市民、交通、能源、商业、通信、水资源构成了一个个的子系统，这些子系统形成一个普遍联系、相互促进、彼此影响的整体，智慧城市全景图如图 10-20 所示。

图 10-20 智慧城市全景图

智慧城市理念问世以来，国内外相关企业、研究机构和专家，纷纷对其进行了定义和研究。归纳起来，主要集中于以下三点。

（1）智慧城市建设必然以信息技术应用为主线。智慧城市可以被认为是城市信息化的高级阶段，必然涉及信息技术的创新应用，而信息技术以物联网、云计算、移动互联和大数据等新兴热点技术为核心和代表。

（2）智慧城市是一个复杂的、相互作用的系统。在这个系统中，信息技术与其他资源要素优化配置并共同发生作用，促使城市更加智慧地运行。

（3）智慧城市是城市发展的新兴模式。智慧城市的服务对象面向政府、企业和个人，它的结果是城市生产、生活方式的变革、提升和完善，终极表现为人类拥有更美好的城市生活。智慧城市的本质在于信息化与城市化的高度融合，是城市信息化向更高阶段发展的表现。

2. 智慧城市的特点

中国化的解释智慧城市的四大基础特征体现为：全面透彻的感知、宽带泛在的互联、智能融合的应用以及以人为本的可持续创新。

（1）全面透彻的感知（instrumented），通过传感技术，实现对城市管理各方面监测和全面感知。智慧城市利用各类随时随地的感知设备和智能化系统，智能识别、立体感知城市环境、状态、位置等信息的全方位变化，对感知数据进行融合、分析和处理，并能与业务流程智能化集成，继而主动做出响应，促进城市各个关键系统和谐高效地运行。

（2）宽带泛在的互联（interconnected），各类宽带有线、无线网络技术的发展为城市中物与物、人与物、人与人的全面互联、互通、互动，为城市各类随时、随地、随需、随意应用提供了基础条件。宽带泛在网络作为智慧城市的"神经网络"，极大地增强了智慧城市作为自适应系统的信息获取、实时反馈、随时随地智能服务的能力。

（3）智能融合的应用（intelligent），现代城市及其管理是一类开放的复杂巨大系统，新一代全面感知技术的应用更增加了城市的海量数据。集大成，成智慧。基于云计算，通过智能融合技术的应用实现对海量数据的存储、计算与分析，并引入综合集成法，通过人的"智慧"参与，提升决策支持和应急指挥的能力。基于云计算平台的大成智慧工程将构成智慧城市的"大脑"。技术的融合与发展还将进一步推动"云"与"端"的结合，推动从个人通信、个人计算到个人制造的发展，推动实现智能融合、随时、随地、随需、随意的应用，进一步彰显个人的参与和用户的力量。

（4）以人为本的可持续创新（innovation），面向知识社会的下一代创新重塑了现代科技以人为本的内涵，也重新定义了创新中用户的角色、应用的价值、协同的内涵和大众的力量。智慧城市的建设尤其注重以人为本、市民参与、社会协同的开放创新空间的塑造以及公共价值与独特价值的创造。注重从市民需求出发，并通过维基、微博、Fab Lab、Living Lab 等工具和方法强化用户的参与，汇聚公众智慧，不断推动用户创新、开放创新、大众创新、协同创新，以人为本实现经济、社会、环境的可持续发展。

3. 智慧城市的构成

智慧城市由以下几部分构成。

（1）智慧技术。

物联网：将越来越多的、被赋予一定智能的设备和设施相互连接的网络，通过各种无线、有线的长距离或短距离通信网络，在确保信息安全的前提下，实现选定范围内实时高效的互联互通。提供在线监测、定位追溯、自动报警、调度指挥、远程控制、安全防范、远程维保、决策支持等管理和服务功能。

物联网在智慧城市中具有重要作用，物联网是智慧城市的一部分，是信息化更广泛深入的应用。智慧城市的本质含义是人工智能（AI）和人的智慧（HI）在城市范围内最大限度的集合。

基于 IPv6 协议的新一代互联网：容量方面 IP 地址数量趋于无限，满足当今社会对互联网地址资源不断增长的需求；速度方面将比现在提高 1 000 ~ 10 000 倍，随心所欲的网络视频传输、大规模数据和图文的即时收发将成为现实；安全方面可解决现有互联网无法判断每一个数据来源的缺陷，其设计的专用安全协议可以通过网络设备对用户接入的合法性进行检查，监控所有数据流向和网络行为，从而更加有效地防范黑客、病毒的攻击，实现更安全的网络管理。

移动宽带：高速数据传输和覆盖全球的宽带多媒体服务，可以提供更高性能、更高分辨率的电影和电视节目。

云计算：通过不断提高"云"的处理能力，减少用户终端的处理负担，最终使用户终端简化为一个单纯的输入输出设备，以较低的成本充分享受"云"的强大计算处理能力。可以借此像用电一样，按需使用共享的资源、软件和信息。

超级计算机：高容量、高速度的计算机，国产首台千万亿次超级计算机——天河一号（全球第五，亚洲第一），计算一秒，相当于 13 亿人连续计算 88 年；而其存储量则相当于 4 个馆藏 2 700 万册的国家图书馆藏书量之和。截至 2018 年 6 月，国产运算速度最快的计算机是神威·太湖之光，其最高运算速度超过每秒 12 亿亿次，它一分钟完成的计算是相当于全球 72 亿人用计算器不间断地计算 32 年。

容量单位：从 KB 到 YB 的海量信息数据搜集和存储、数学模型优化分析和高性能计算技术，实现所有系统的感知、互联互通乃至智能化。

（2）智慧产业。人的智慧与人工智能相结合，进行研发、创造、生产、管理等活动，形成有形或无形智慧产品以满足社会需要的产业，芯片研发、软件开发、系统集成、动漫、创意设计等都属于智慧产业范畴。

（3）智慧服务。智慧服务是通过提升城市建设和管理的规范化、精准化和智能化水平，利用智慧平台，促进建筑的信息化发展，有效促进城市公共资源在全市范围共享，积极推进城市人流、物流、信息流、资金流的协调高效运行，包括为企业、市民提供信息服务；为市民提供其随时、随地、随需可获得的"衣食住行乐财教医"等信息服务；为企业提供方便、快捷的审批、投融资、信用信息等服务。

（4）智慧管理。智慧管理培养一种包容"群体智慧"以及广泛社会生态系统的组织文化和流程，更加多元化的、更加社会性的、更迅速的和更多预测性的协作方式。

（5）智慧民生。智慧民生基于城市政务专网，提供各种行政业务的一站式审批、办理，加强各个委办局的横向业务联系，集中联合审批，提高跨部门行政审批效率，简化办事流程，以人为本，便于利民。包括市民在工作、生活中可获得一站式、互动式、高效率的信息服务；家居生活可实现远程化、智能化管理。

（6）智慧人文。智慧人文包括充分的智慧城市专业人才的支撑，全社会对智慧城市广泛的认知，健全的智慧城市建设的体制机制，丰硕的智慧城市建设成果和文化成果。

4. 智慧城市解决方案

（1）让基础设施智能化。城市存在大量基础设施效率低、效益差、管理困难、老化需要维修等问题。如何提升公共资源的利用效率，降低各类污染，节省能源，就是这一类解决方案的重点了。这里举三个应用的例子说明。

一是开展环保设施建设。这里包括的范围很广阔，比如废水治理设施、废气治理设施、废渣治理设施、粉尘治理设施、噪声治理设施、放射性治理设施等，都可以在物联网应用中找到解决的方案。比较简单的硬件应用，比如新型智能垃圾箱，通过在垃圾箱上装配电子芯片，实时采集并传送数据，一方面有效改善垃圾乱扔导致的污染现象，另一方面也可以科学规划垃圾回收车的路线与频次。

二是能源设施绿色节能。随着国内 NB-IoT 网络的建设，智能水表、电表、路灯等都得到了极大发展，在方便了管理的同时，有助于城市在发展过程中解决能源方面的危机。在韩国的首尔，借助智能电网，减少了约 10% 的能源消耗。在澳大利亚的纽卡斯尔，智能电表帮助用户节省约了 15% 的日常用电。

扩展阅读
10-4
NB-IoT 简介

三是监控设施组网互联。在智慧城市建设中，在城市电网、铁路、桥梁、隧道、公路、建筑等基础设施中嵌入监控感应器，包括射频识别、摄像头、GPS、红外感应器、激光扫描器等，将城市内物体的位置、状态等信息捕捉后再经互联网、移动互联网等的传输以实现互联互通，建立起人与人、人与物、物与物的全面交互。

（2）让社会管理精细化。政府在治理城市过程中，对于数据的需求，对于管理流程电子化、安全预警的需求都是非常旺盛的。在这样的背景下，电子政务便应运而生了。

一方面政府有通过政务改革释放活力的需求，通过电子化办公，提升办公效率，减少审批时间。另一方面政府又将"互联网+"融入各类改革全过程的需求，借助于各类互联网工具，实现"实体+网上""线上+线下""网上+掌上"等多种形式相结合的审批服务，提升便民服务效率，不断激发和释放市场活力。

（3）统筹各产业发展。城市与各类产业是一个密切相连的有机体，物联网在垂直行业的应用是与"智慧城市"平行展开的。比如智慧农业能否与城市中的市场、物流、用户直供等服务连接；非常热门的"新零售"盘活了夫妻店的同时，也带动了物流业的发展；车联网也一定需要城市相关部门的支持，将一系列的私家车、公交车、共享单车、共享汽车云化统一，才能把智慧出行系统化。

（4）让公共服务均等化。一是便民服务。智慧城市可以便捷市民交通出行、旅游等各方面生活，从而提升政府城市管理的准确度，提升政府城市规划决策的专业性和透明度。比如美国，就会在城市电子地图内标注曾发生犯罪的位置，帮助市民和旅游人员规避危险，帮助政府相关机构打击犯罪。

二是教育、医疗的公平透明化。世界各国在工业化和城市化进程中都面临着社会阶层资源不公平的问题。而智慧城市通过一系列技术与模式创新，将宽带网络、金融、商贸、医疗、教育等公共服务均等化推向一个新的高度，推进宽带网络服务普及，平衡商贸金融便民服务。

比如教育服务共享（在线职业培训、学位教育），通过互联网获得学习机会，并实现远程教学，打破教育资源稀缺和地理位置限制的问题。比如医疗服务共享（在线会诊、培训），医疗人员通过互联网对病人进行远程会诊，同样可以实现在线医疗技能培训。

5. 智慧城市的整体框架

IBM 公司首席执行官彭明盛认为，智能技术正在应用于生活的各个方面，如智慧交通、智慧电力、智慧医疗、智慧基础设施，并共同构成智慧城市，这使地球变得越来越智能化。

基于对智慧城市内涵的确定，拟定智慧城市的总体框架如图 10-21 所示，可以概括为信息感知与传输平台、数据管理与服务平台、信息共享与服务平台、经营管理与服务系统、决策支持与服务系统以及运维保障体系等 6 个组成部分。下面分别予以说明。

（1）智慧城市信息感知与传输平台。信息感知与传输平台主要包括信息感知设施与信息传输设施两个部分。信息感知设施是指位于城市信息化体系前端的信息采集设施与技术，如遥感技术、射频识别技术（RFID）、GPS 终端、传感器以及摄像头视频采集终端等信息采集技术与设备。信息传输设施主要是指有线及无线网络传输设施，包括通信光纤网络、3G 无线通信网络、重点区域的 WLAN 网络、微型传感网等以及相关的服务器、网络终端设备等。

（2）智慧城市数据管理与服务平台。数据管理与服务平台主要包括数据集成管理与数据信息服务两个方面。数据集成管理主要是指借助于数据仓库技术，分类管理组成智慧城市的数据库系统，涉及基础地理数据库、历史数据库、资源和环境数据库、旅游管理相关专题数据库、遥感影像数据库、视频资料库以及面向应用的主题数据库；在数据集成管理的基础上，借助云计算技术，可以通过共享与服务平台为智慧城市经营管理与服务系统及决策支持与服务系统提供数据信息与计算服务。

（3）智慧城市信息共享与服务平台。智慧城市的信息共享与服务平台是基于 SOA（面向服务的架构）和云计算的共享服务中心，平台集成遥感技术（RS）、地理信息系统（GIS）、全球定位系统（GPS）、虚拟现实技术（VR），面向智慧城市的经营管理与服务系统及决策支持与服务系统提供技术及信息服务，可以实现整个城市的信息管理、流程管理、应用请求响应、应用服务提供等任务。

（4）智慧城市经营管理与服务系统。智慧城市经营管理与服务系统包括智慧政府、智慧商务、智慧社区、智慧服务等四个方面。智慧政务是电子政务的进一步发展，主要涵盖政务管理信息化及城市经营网络化，涉及城市资源管理、规划管理、环境保护、旅游经营等各种智能；类似地，智慧商务是电子商务的智能化发展，主要实现企业生产管理的信息化及商业活动的网络化；而智慧社区是数字社区的进一步深化，实现市民日常生活的信息化与行为决策的网络化；智慧服务则是面向广大民众开展智能化服务，涉及科普教育的信息化与信息获取的网络化。

（5）智慧城市决策支持系统。决策支持与服务系统，主要是在上述四个城市经营管理与服务系统的基础上，结合专家知识、数据挖掘、知识发现、情景分析、决策模型等，对城市经营管理中的重大事件进行综合决策，为综合决策提供技术和信息支撑，满足智慧城市的智能化经营管理需求，实现城市可持续发展。

（6）智慧城市运维保障体系。为了智慧城市建设的有序开展，应当在政策、机制、资金、技术、人才、安全等 6 个方面予以保障，建立与健全智慧城市建设的运维保障体系，为城市

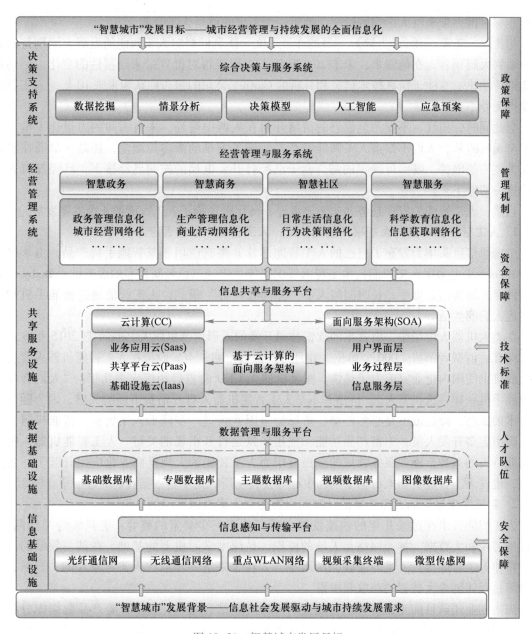

图 10-21　智慧城市发展目标

管理与服务的信息化保驾护航。

10.5.3　人工智能的发展趋势

今天的人工智能到底有多"聪明"？人工智能到底会发展到什么程度？什么样的人工智能会超出人类的控制范围，甚至给人类带来威胁？

比尔·盖茨在一篇给大学毕业生的寄语中把当今时代称为"一个非常好的时代"，在庆幸自己在 20 岁时就有机会参与到那场改变世界的数字革命的同时，直言如果在今天寻找和当年一样能够对世界带来巨大影响的机会，他第一个考虑的就是人工智能。

与比尔·盖茨一样，《失控》一书的作者凯文·凯利同样对人工智能的发展充满期待并做出一系列大胆预言。在他看来，未来 10~20 年人工智能将对世界带来颠覆性的变化，一切都将变得智能化。专注于信息技术研究和分析的 Gartner 公司的报告则认为未来 10 年，人工智能将变得无处不在。

与此同时，担忧、不安乃至惶恐的情绪开始在人群中蔓延，来自未知的力量让人坐立不安但又无所适从，人们不知道人工智能究竟是装满了灾难的潘多拉魔盒，还是一部通往更高级人类文明的电梯。唯一可确定的是，盒子已经打开，电梯的按钮已经按下，已经没有人可以让这一切停下来。

当然，人工智能的发展趋势并非无迹可寻，马化腾预测了人工智能的 4 个主要发展趋势。

1. 人工智能技术进入大规模商业化阶段，人工智能产品全面进入消费市场

中国通信巨头华为发布了自己的人工智能芯片并将其应用于其智能手机产品，由苹果推出的 iPhone X 也采用人工智能技术实现面部识别等功能，三星最新发布的语音助手 Bixby 已经从软件层升级为语音助手，长时间陷入了"你问我回答"模式，人工智能通过智能手机变得更贴近人们的生活。

在类人机器人市场中，由日本的软银公司开发的人形情感机器人 Pepper 自 2015 年 6 月起每月向普通消费者销售 1 000 个单位，并且每次都被抢购一空。隐藏在人工智能机器人背后的巨大商机也使国内企业家陷入了热情。图灵机器人 CEO 俞志晨相信未来几年："人们会像挑选智能手机一样挑选机器人。"价格并不是人工智能机器人打开消费市场的关键，因为随着行业技术的成熟，降低成本是必然趋势，市场竞争因素将进一步降低人工价格。智能机器人产品，吸引更多开发人员，丰富产品功能和使用场景是打开市场的关键。人工智能机器人吸引了商业巨头的兴趣，商业服务领域的全面应用为人工智能的大规模商业化应用开辟了一条新途径，也许人工智能机器人占据了购物中心等公共场所，而不是占据我们的起居室。

2. 基于深度学习的人工智能的认知能力将达到人类专家顾问的水平

人工智能技术在过去几年的快速发展主要归功于三个要素的整合：更强大的神经网络、低成本芯片和大数据。神经网络是人脑的模拟，是深度学习机器的基础。在某一领域的深度学习将使人工智能接近人类专家顾问的水平，并在未来进一步取代人类专家顾问。当然，这种学习过程伴随着大数据的获取和积累。

国内创业团队目前正在将人工智能技术与保险业结合起来，基于保险产品数据库分析和计算知识地图，收集保险语料库，为人工智能问答系统制作数据储备，最后连接用户和保险产品。对于仍然受销售渠道驱动的中国保险市场来说，这显然是一个颠覆性的消息，这可能意味着销售人员的大规模失业。

关于人工智能的学习能力，凯文·凯利曾经生动地总结道："使用人工智能的人越多，人工智能越聪明。人工智能越聪明，人们使用得越多。"就像人类专家顾问的水平一样，在很大程度上，根据服务客户的经验，人工智能的经验是数据和处理数据的经验。随着越来越多的人使用人工智能专家顾问，人工智能有望在未来 2~5 年内达到人类专家顾问的水平。

3. 人工智能实用主义趋于重要，未来将成为可购买的智能服务

事实上，当大多数人谈论人工智能时，首先想到的问题是："它能做什么？""它可以在哪里使用?""人类可以解决哪些问题?"在人工智能技术应用方面,中国互联网公司似乎更加务实。专注于人工智能的百度将人工智能技术应用于其所有产品和服务,阿里巴巴也致力于将技术推向"普惠"。

人工智能与不同行业的结合使其实用主义倾向越来越明显,使人工智能逐渐成为可购买的商品。吴恩达博士将人工智能与未来的电力进行了比较。"电力"已成为今天可以按需购买的商品,任何人都可以花钱将电力带回家,你可以用电来看电视,可以用电来煮饭、洗衣服,以后可以用购买的人工智能来创建一个智能家居系统,这也是同样的道理。凯文·凯利之前做过类似的预判,他说未来我们可能会从亚马逊或中国公司购买智能服务。

毕竟,人工智能是一个务实的事情。越来越多的医疗机构使用人工智能来诊断疾病,越来越多的汽车制造商正在使用人工智能技术来开发无人驾驶汽车,越来越多的普通人正在使用人工智能来做出诸如投资、保险等决策,这意味着人工智能将真正进入实用阶段。

4. 人工智能技术将严重影响劳动密集型产业,改变全球经济生态

科技界一方面受益于人工智能技术,一方面担心人工智能技术的发展威胁到人类的生存发展。包括比尔·盖茨、埃隆·马斯克、斯蒂芬·霍金和其他人已经警告过人工智能的发展。虽然现在要担心人工智能取代甚至摧毁人类还为时尚早,但毫无疑问,人工智能正在窃取各行各业工人的工作。

可能由人工智能引起的大规模失业是目前最紧迫的问题。阿里巴巴董事会主席马云在2017年的大数据峰会上说:"如果我们继续以前的教学方法,我可以保证我们的孩子30年后找不到工作。"阿里巴巴在电子商务领域的反对者,京东董事会主席刘强东发誓说:"五年后,交付将是机器人。"未来2~5年人工智能引发的大规模失业将首先从劳动密集型产业开始。例如,在制造业中,在主要依赖劳动力的阶段,其商业模式基本上是为了获得劳动力的剩余价值。当技术成本低于雇用劳动力成本时,很明显劳动力将被无情地消除,制造企业的商业模式也将发生变化。例如,在物流行业,大多数企业已经实现了无人机仓库管理和机器人自动分拣货物,无人驾驶运载工具、无人机可能取代一些物流和配送人员。

就目前的中国情况而言,它正处于从劳动密集型产业向技术密集型产业转型的过程中,不可避免地受到人工智能技术的影响。世界经济论坛2016年的调查数据预测,到2020年,机器人技术和人工智能的兴起将导致全球15个主要工业化国家的510万个工作岗位流失,其中大多数是基于低成本的劳动密集型工作岗位。

这绝非危言耸听。人工智能终将改变世界,而由其导致的大规模失业和全球经济结构的调整,显然也属于"改变"的一部分,你我都将亲眼看到这一切的发生。

10.5.4 物联网、云计算、大数据和人工智能的关系

前几章中介绍了物联网、云计算、大数据和人工智能,近几年火爆全世界的词汇,似乎不相同,但又似乎相互关联,它们到底是什么样的关系呢?

1. 关于物联网

物联网通过智能感知、识别技术与普适计算等通信感知技术,广泛应用于网络的融合中,用户端延伸和扩展到了任何物品与物品之间,进行信息交换和通信,也就是物物相息,它是指各类传感器和现有的互联网相互衔接的一项新技术。

2. 关于云计算

云计算是基于互联网的相关服务的增加、使用和交付模式。云计算通常涉及通过互联网来提供动态易扩展且经常是虚拟化的资源，云只是互联网上的一种比喻说法。云计算甚至可以让你体验每秒 10 万亿次的运算能力，拥有这么强大的计算能力可以模拟核爆炸、预测气候变化和市场发展趋势等。用户通过计算机、笔记本电脑、手机等方式接入数据中心，按自己的需求进行运算。

3. 关于大数据

大数据指的是需要新处理模式才能具有更强的决策力、洞察力和流程优化能力的海量、高增长率和多样化的信息资产。从各种各样类型的数据中，快速获得有价值信息的能力，就是大数据技术。明白这一点至关重要，也正是这一点促使该技术具备走向众多企业的潜力。

4. 关于人工智能

人工智能是研究使用计算机来模拟人的某些思维过程和智能行为（如学习、推理、思考、规划等）的学科，主要包括计算机实现智能的原理，制造类似于人脑智能的计算机，使计算机能实现更高层次的应用。人工智能涉及的范围已远远超出了计算机科学的范畴，人工智能与思维科学的关系是实践和理论的关系，人工智能是处于思维科学的技术应用层次，是它的一个应用分支。

从思维观点看，人工智能不仅限于逻辑思维，要考虑形象思维、灵感思维才能促进人工智能的突破性的发展，数学常被认为是多种学科的基础科学，数学也进入语言、思维领域，人工智能学科也必须借用数学工具，数学不仅在标准逻辑、模糊数学等范围发挥作用，数学进入人工智能学科，它们将互相促进而更快地发展。

5. 云计算与大数据

从技术上看，大数据与云计算的关系就像一枚硬币的正反面一样密不可分。大数据必然无法用单台的计算机进行处理，必须采用分布式计算架构。它的特色在于对海量数据的挖掘，但它必须依托云计算的分布式处理、分布式数据库、云存储和虚拟化技术。

在云计算的发展过程中，云计算逐渐发现自己除了资源层面的管理，还能够进行应用层面的管理。而大数据应用成为越来越重要的应用之一，云计算也可以把大数据放入 PaaS 层管理起来，大数据也发现自己越来越需要大量的计算资源，而且想什么时候要就什么时候要，想要多少就要多少，于是两者相遇、相识、相知，走在了一起。

而作为大数据，当数据量很少时，数据处理其实不需要云计算，一台机器就能够解决。然而数据量大了以后，一台机器就没有办法了。所以大数据想了一个方式，就是聚合多台机器的力量，众人拾柴火焰高，看能不能通过多台机器齐心协力，把事情很快地搞定，这就用到了云计算。

6. 人工智能与大数据

如果把人工智能看成一个嗷嗷待哺拥有无限潜力的婴儿，某一领域专业的海量的深度的数据就是喂养这个天才的奶粉。奶粉的数量决定了婴儿是否能长大，而奶粉的质量则决定了婴儿后续的智力发育水平。

与以前的众多数据分析技术相比，人工智能技术立足于神经网络，同时发展出多层神经网络，从而可以进行深度机器学习。与以前传统的算法相比，这一算法并无多余的假设前提

（比如线性建模需要假设数据之间的线性关系），而是完全利用输入的数据自行模拟和构建相应的模型结构。这一算法的特点决定了它是更为灵活的且可以根据不同的训练数据而拥有自优化的能力。

但这一显著的优点带来的便是显著增加的运算量。在计算机运算能力取得突破以前，这样的算法几乎没有实际应用的价值。十几年前，人们尝试用神经网络运算一组并不海量的数据，整整等待三天都不会有结果。但今天的情况却大大不同了，高速并行运算、海量数据、更优化的算法共同促成了人工智能发展的突破。这一突破，如果在 30 年以后回头来看，将会是不亚于互联网对人类产生深远影响的另一项技术，它所释放的力量将再次彻底改变人们的生活。

7. 人工智能与云计算

人工智能是程序算法和大数据结合的产物，作为 SaaS 平台进入云计算。而云计算是程序的算法部分，物联网是收集大数据的根系的一部分。可以简单地认为：人工智能＝云计算＋大数据（一部分来自物联网）。随着物联网在生活中的铺开，它将成为大数据最大、最精准的来源。

8. 物联网、大数据、云计算、人工智能间的关系

物联网是互联网的应用拓展，与其说物联网是网络，不如说物联网是业务和应用。因此，应用创新是物联网发展的核心，以用户体验为核心的创新是物联网发展的灵魂。

云计算相当于人的大脑，是物联网的神经中枢。云计算是基于互联网的相关服务的增加、使用和交付模式，通常涉及通过互联网来提供动态易扩展且经常是虚拟化的资源。

大数据相当于人的大脑从小学到大学记忆和存储的海量知识，这些知识只有通过消化、吸收、再造才能创造出更大的价值。

人工智能打个比喻为一个人吸收了人类大量的知识（数据），不断地深度学习、进化成为一方高人。人工智能离不开大数据，更是基于云计算平台完成深度学习进化。

简单总结：通过物联网产生、收集海量的数据存储于云平台，再通过大数据分析，甚至更高形式的人工智能为人类的生产活动及生活所需提供更好的服务。这必将是第四次工业革命进化的方向。

现在已进入物联网、大数据、云计算、人工智能时代，我们必须弄清楚它们的本质，抓住机遇，跟上趋势，创新发展，才能在高科技的发展大潮中立于不败之地。

10.6　我国关于人工智能的相关政策

近年来，中国政府对人工智能重视程度不断提高，持续从各方面支持和促进人工智能发展。国务院印发《新一代人工智能发展规划》，标志着人工智能的发展成为国家战略，实体经济是发展的根基，是国民经济的基础，也是中国走向未来的基石。推动人工智能与实体经济结合，是加快实体经济转型升级的必然发展方向。

我国人工智能产业政策体系已基本成型，通过出台有针对性的具体政策，一方面可以促

使人工智能技术快速应用，加速人工智能应用市场成型；另一方面，还有助于产学研快速整合，形成完备的人工智能产业生态，有利于人工智能产业在未来做大做强。

1. 国务院加快智能制造产品研发和产业化

2015 年 5 月 20 日，国务院印发《中国制造 2025》，部署全面推进实施制造强国战略，其中"智能制造"被定位为中国制造的主攻方向，而这里智能的概念，其实可以看作人工智能在制造业的具象体现。加快机械、航空、船舶、汽车、轻工、纺织、食品、电子等行业生产设备的智能化改造，提高精准制造、敏捷制造能力。统筹布局和推动智能交通工具、智能工程机械、服务机器人、智能家电、智能照明电器、可穿戴设备等产品研发和产业化。

2. 国务院提出大力发展智能制造以及人工智能新兴产业鼓励智能化创新

2015 年 7 月 5 日，国务院印发《国务院关于积极推进"互联网+"行动的指导意见》，提出大力发展智能制造，以智能工厂为发展方向，开展智能制造试点示范，加快推动云计算、物联网、智能工业机器人、增材制造等技术在生产过程中的应用，推进生产装备智能化升级、工艺流程改造和基础数据共享。着力在工控系统、智能感知元器件、工业云平台、操作系统和工业软件等核心环节取得突破，加强工业大数据的开发与利用，有效支撑制造业智能化转型，构建开放、共享、协作的智能制造产业生态，其中人工智能是重点布局的第 11 个领域。

3. 国务院将人工智能列入"十三五"纲要

2016 年 3 月，《国民经济和社会发展第十三个五年规划纲要（草案）》发布，国务院提出，要重点突破新兴领域的人工智能技术，人工智能概念进入"十三五"重大工程。

4. 工信部、国家发改委、财政部聚焦智能工业型机器人和服务型机器人的发展

2016 年 4 月，工信部、国家发改委、财政部联合发布《机器人产业发展规划（2016—2020 年）》，为"十三五"期间我国机器人产业发展描绘了清晰的蓝图。

《机器人产业发展规划（2016—2020 年）》中也提出，国家将给予一些支持，要建立机器人的创新中心，国家也会支持，同时也会鼓励银行、基金向有关的机器人技术和机器人的发展提供支持。

5. 发改委、科技部、工信部和网信办将建设人工智能资源库

2016 年 5 月 23 日，发改委、科技部、工信部和网信办联合印发《"互联网+"人工智能三年行动实施方案》，提出到 2018 年"中国将基本建立人工智能产业体系、创新服务体系和标准化体系，培育若干全球领先的人工智能骨干企业，形成千亿级的人工智能市场应用规模"。

6. 国务院"十三五"科技创新规划：研发人工智能支持智能产业发展

2016 年 7 月 28 日，国务院印发《"十三五"国家科技创新规划》（以下简称《规划》）将智能制造和机器人列为"科技创新 2030 项目"重大工程之一。《规划》指出，要重点发展大数据驱动的类人智能技术方法；突破以人为中心的人机物融合理论方法和关键技术，研制相关设备、工具和平台；在基于大数据分析的类人智能方向取得重要突破，实现类人视觉、类人听觉、类人语言和类人思维，支撑智能产业的发展。

7. 国家发改委将人工智能纳入"互联网+"建设专项

2016 年 9 月 1 日，《国家发展改革委办公厅关于请组织申报"互联网+"领域创新能力建设专项的通知》发布，国家发改委将人工智能纳入"互联网+"建设专项，其中提到了人工智能的发展应用问题，为构建"互联网+"领域创新网络，促进人工智能技术的发展，建立深度学习技术及应用国家工程实验室、类脑智能技术及应用国家工程实验室、虚拟现实/增强现实技术及应用国家工程实验室，将人工智能技术纳入专项建设内容。

8. 国务院支持人工智能领域软硬件开发及规模化应用

2016 年 12 月 19 日，国务院印发《"十三五"国家战略性新兴产业发展规划的通知》，要求发展人工智能。培育人工智能产业生态，促进人工智能在经济社会重点领域推广应用，打造国际领先的技术体系。

推动类脑研究等基础理论和技术研究，加快基于人工智能的计算机视听觉、生物特征识别、新型人机交互、智能决策控制等应用技术研发和产业化，支持人工智能领域的基础软硬件开发。鼓励领先企业或机构提供人工智能研发工具以及检验评测、创业咨询、人才培养等创业创新服务。

在制造、教育、环境保护、交通、商业、健康医疗、网络安全、社会治理等重要领域开展试点示范，推动人工智能规模化应用。发展多元化、个性化、定制化智能硬件和智能化系统，重点推进智能家居、智能汽车、智慧农业、智能安防、智慧健康、智能机器人、智能可穿戴设备等研发和产业化发展。

9. 中共中央办公厅、国务院办公厅要求加紧布局人工智能关键技术

2017 年 1 月 16 日，中共中央办公厅、国务院办公厅印发了《关于促进移动互联网健康有序发展的意见》，其内容有：实现核心技术系统性突破。坚定不移实施创新驱动发展战略，在科研投入上集中力量办大事，加快移动芯片、移动操作系统、智能传感器、位置服务等核心技术突破和成果转化，推动核心软硬件、开发环境、外接设备等系列标准制定，加紧人工智能、虚拟现实、增强现实、微机电系统等新兴移动互联网关键技术布局，尽快实现部分前沿技术、颠覆性技术在全球率先取得突破。

10. 人工智能首次被写入政府工作报告

2017 年 3 月，在十二届全国人大五次会议上人工智能首次被写入国务院的《政府工作报告》，正式进入国家战略层面。李克强总理在政府工作报告中提到，要加快培育壮大新兴产业，全国实施战略性新兴产品发展规划，加快人工智能等技术研发和转化，做大做强产业集群。

11. 国务院印发人工智能发展规划

2017 年 7 月，国务院印发《新一代人工智能发展规划》，提出了"三步走"的战略目标，宣布举全国之力在 2030 年抢占人工智能全球制高点，人工智能核心产业规模超过 1 万亿元，带动相关产业规模超过 10 万亿元。

12. 工业和信息化部制定人工智能产业发展三年行动计划

2017 年 12 月，工业和信息化部印发《促进新一代人工智能产业发展三年行动计划（2018—2020 年）》。计划提出，以信息技术与制造技术深度融合为主线，以新一代人工智能技术的产业化和集成应用为重点，推进人工智能和制造业深度融合，加快制造强国和网络强国建设。

13. 人工智能被写进党代会报告

2017 年 10 月 18 日，党的十九大将人工智能写进党代会报告，提出"加快建设制造强国，发展先进制造业，推动互联网、大数据、人工智能和实体经济深度融合"，更体现出新时期国家对人工智能发展的重视。

14. 2018 年，人工智能再一次进入中国《政府工作报告》

国家层面相继出台人工智能政策，从总体布局人工智能发展目标，鼓励人工智能技术的研发，建设人工智能资源库，培育所需人才与互联网+模式相结合，支持人工技能与实体经济融合发展，促进人工智能对经济的发展。我国逐渐形成了涵盖计算芯片、开源平台、基础应用、行业应用及产品等环节较完善的人工智能产业链。

10.7 人工智能时代我们怎么办

如今已有人工智能客服、人工智能还会写新闻稿，那么哪些人类工作会被人工智能取代呢？李开复曾预测：未来 15 年内，人工智能将取代人类 50% 的工作，如洗碗、缝纫等重复性劳动，特别是在相同或非常相似的地方完成的工作；客户服务、电话营销等有固定台本和对白内容的各种互动；文件归档、作业打分、名片筛选等相对简单的数据分类或识别工作；分拣、装配、数据输入等不需与人进行大量面对面交流的工作。工厂的工人、操作员、分析师、会计师、司机、助理，甚至部分医务工作人员、律师和教师等的一系列工作将被人工智能取代。

10.7.1 智能时代对人才的要求

1. 复合型、跨界思维，多元化知识结构是基本要求

人工智能是一门融合了数学、物理、软件、计算机、脑科学、心理学、哲学、语言学等多种学科的新兴学科。为适应人工智能发展需求，我们需要具备扎实的科学常识来总结事物发展的规律，运用规律来研发新的技术，依靠深厚的数学功底将问题转化为算法模型，并且通过工程设计形成新的产品。比如，在机器人行业，懂得人工智能+互联网+机器人硬件这三方面的人才，是可遇不可求的，因为在实际工作中，员工一定会和其他背景的人共同协作。

2. 数字化新技能是重要条件

有了自动化装备、工业机器人的广泛应用，人们不再需要承担繁重、枯燥的劳动，但需要面对更加复杂的工艺流程，同时要管理多种精密的机器。这要求我们要在强化既有的专业技能基础上，掌握软件和系统操作、机器编程、运维、人机交互、大数据分析等新的数字化技能，同时还要有较强的岗位适应性，既适应当前岗位又满足未来转岗需求。

3. 创造力、实践力是必备素质

人工智能可以有条不紊地解决问题，但是与机器相比，人类的最大的优势之一就是富有想象力、创造力和主观能动性，能够主动适应环境变化，不断学习和完善自己，做出有价值的决策。我们应该充分发挥这些优势，提高创造力、思辨力、实践力和协作力，依靠这些特有的能力与机器赛跑，并立于不败之地。

4. 理解力、沟通合作能力是入门条件

在协作的过程中，不仅仅要懂得专业知识，还需要与他人交流顺畅，语言是意识的承载，语言能力是人最为独特的能力之一，人工智能时代，沟通合作能力极其重要。

5. 既懂技术又有市场头脑是必备条件

一个人工智能产品，要做好市场，一定需要有两个不同背景的人共同协作，一是技术人才，二是市场人才。当他们一起思考的时候，才能知道做什么；但是他们也需要分开思考，因为他们不光要知道能做什么，更要知道不能做什么。只有既懂技术又懂市场的团队才能在人工智能时代获胜。

10.7.2　人工智能的学习方法

人工智能已经逐步进入生活的各个领域，我国已经从国家层面确定了人工智能的发展战略及方向，未来人工智能将出现爆发式增长，进而出现大量的应用人才缺口。

人工智能的入门过程分成 7 个步骤。

1. 学习数学知识

因为计算机能做的就只是计算，所以人工智能更多地来说还是数学问题，目标是训练出一个模型，用这个模型去进行一系列的预测，而训练的过程，就是求解最优解及次优解的过程。在这个过程中，需要掌握基本的高等数学、线性代数、概率论、数理统计和随机过程、离散数学、数值分析，数学基础知识蕴含着处理智能问题的基本思想与方法，也是理解复杂算法的必备要素。

2. 掌握机器学习的理论和算法

入行人工智能，机器学习是始终绕不开的话题，它是人工智能的核心，是使计算机具有智能的根本途径，其应用遍及人工智能的各个领域，它主要使用归纳、综合而不是演绎。机器学习是一门多领域交叉学科，专门研究计算机怎样模拟或实现人类的学习行为，以获取新的知识或技能，重新组织已有的知识结构使之不断改善自身的性能。学习者可以以模型为驱动学习机器学习，将不同的模型学习、分析透彻，充分掌握其中的数学原理和公式，并不断练习，做到举一反三，触类旁通。

3. 掌握一种编程语言

毕竟算法的实现还是要编程的，需要掌握至少一门编程语言，比如 Java、Python、C 语言、MATLAB 之类。

Java 是一种面向对象的程序语言，不仅吸收了 C++的各种优点，还摒弃了 C++中难以理解的多继承、指针等概念，Java 具有功能强大和简单易用两个特征，它极好地实现了面向对象理论。Java 可以编写桌面应用程序、Web 应用程序、分布式系统和嵌入式系统应用程序等。

Python 语言是一种解释型、面向对象、动态数据类型的高级程序设计语言，具有简便、高效的特点，是很多新入门的程序员的入门编程语言，也是很多老程序员后来必须掌握的编程语言。

MATLAB 是商业数学软件，是用于算法开发、数据可视化、数据分析以及数值计算的高级计算语言和交互式环境。

4. 关注最新动态和研究成果

了解行业最新动态和研究成果，比如人工智能界专家的经典论文、博客、读书笔记、微博、微信等媒体资讯。

5. 自己动手训练神经网络

接下来就是找一个深度神经网络，目前的研究方向主要集中在视觉和语音两个领域。找一个开源框架，自己多动手训练深度神经网络，多动手写写代码，多做一些与人工智能相关的项目。

初学者最好从计算机视觉入手，因为它不像语音等领域需要那么多的基础知识，结果也比较直观。

6. 深入感兴趣相关领域

人工智能目前的应用领域很多，主要是计算机视觉和自然语言处理以及各种预测等。对于计算机视觉，可以做图像分类、目标检测、视频中的目标检测等；对于自然语言处理，可以做语音识别、语音合成、对话系统、机器翻译、文章摘要、情感分析等，还可以结合图像、视频和语音，一起发挥价值。

可以深入某一个行业领域。例如，深入医学行业领域，做医学影像的识别；深入穿衣领域，做衣服搭配或衣服款型的识别；深入保险业、通信业的客服领域，做对话机器人的智能问答系统；深入智能家居领域，做人机的自然语言交互等等。

7. 在工作中遇到问题，循环往复

在训练中，准确率、坏案例、识别速度等都是可能遇到的瓶颈。训练好的模型也不是一成不变的，需要不断优化，也需要结合具体行业领域和业务进行创新，这时候就要结合最新的科研成果，调整模型，更改模型参数，一步步更好地贴近业务需求。

解决问题是职场中任何一个工种都必须要具备的能力，不同的岗位职责，需要解决不同的工作问题。除此之外，还要努力去争取实习实践机会，通过实习可以学到除了理论知识外的，实实在在的技术，这是理论知识无法带给你的。

10.7.3　创业者如何切入人工智能

2018 年是人工智能的爆发之年，而且在国家相关战略的支持下，人工智能将以更快的速度发展着，尤其是随着政府对于人工智能发展的重视程度持续升温，相关产业的扶持力度必定会进一步加大，因此人工智能领域创业的未来前景也被投资市场所看好。人工智能的就业和创业机会在大幅度提升，人们生活中已经离不开人工智能技术了，所以很明显人工智能在这个时代是最具潜力的领域，因此很多人进入到人工智能创业中来。

人工智能是当前就业薪金最高、发展前景最好的行业。人工智能在图像识别、数据分析、音频识别、策略建模等已经有成型的应用模式，哪些方向适合创业呢？首先，走学术研究，研究智能机器人，研究未来可能出现并使用的概念机；其次，走应用路线，结合行业应用，研究产品，将 AI 实际带入现实。人工智能领域人才是关键，顶端的技术专家、各行业技术人员和本身有行业数据的公司都是人工智能创业的先锋。

创业者切入人工智能要从以下几个方面考虑。

（1）人工智能本质是拼技术、人才、用户、流量与资本，创业者也很难拼过有实力的巨头。比如：AlphaGo 计算机用到将近 2 000 个 CPU 和 280 个 GPU，这么大规模的计算平台要搭建起来需要非常可观的资金，这对于很多中小型企业都是难以承受的。

（2）人工智能应用深度不够，拓展也迫在眉睫。比如：现在的人脸识别还停留在事后查证阶段，并不能事先预警以及事中控制。

（3）人工智能是一个庞大的系统工程，它的基础层涉及大数据、人机交互、计算能力等，它的通用算法、框架等极为复杂。

（4）数据是人工智能的基础，真正有价值的数据稀缺，影响了人工智能的学习。

（5）当前人工智能还停留在学术层，投资与回报方面不对等。

除此之外，人工智能技术还有群体智能少、实时计算不够、价值判断难题、安全隐私与便利矛盾等等，一系列的 AI 行业痛点都亟待我们去解决。所以开发它不会是一个突然出现的风口，更是一个长时间的发展缓慢沉淀与推动的过程。

10.7.4 我们的对应方法

人工智能技术自诞生以来，就伴随着巨大争议。唯一可以确认的是：人工智能已经成为各国争夺的技术制高点、全球经济强劲的增长热点，其加速发展态势不可逆转。这其中，也蕴藏着巨大的投资机会，"如果你不能战胜对手，就加入到他们中间去。"作为普通人，我们无法阻止人工智能前进的步伐，与其满怀忧虑，不如抓住它所带来的机会。

那么 AI 将来会怎么发展，会达到什么程度，我们更关心的是，它会代替哪些工作，会不会代替我的工作？AI 的发展方向毫无疑问，就是全面的超越人类，或者说现在的发展方向就是在全方位达到人类的水平。也就是说，人能干什么，AI 就能干什么，计算、记忆、寻找策略、干活，这就是 AI 的方向。

人工智能发展能够创造就业，也可能带来失业，我们需要提前谋划、积极行动，为迎接变革做好准备。其实，人工智能真正挑战不是就业问题，而是人类的教育，技术消除了人类的部分工作，却在其他领域创造了新的工作。

在思想认识上，要了解技术发展的客观规律，理智地看待人工智能及其影响，有冷静的判断力和充分的前瞻意识。

要做好职业规划，不论学习什么专业，都应该掌握计算机操作、数据分析以及一些算法、编程等技能，同时，应多了解一些跨领域的专业知识，提高创新思维能力。树立终身学习的理念，充分利用业余时间，参加各种关于人工智能的学习和培训，不断地提高对人工智能的认识。

管理部门要深化人才发展体制机制改革，加快多层次创新型人才培养，完善在职培训和再就业培训体系，提升劳动者技能和素质，实现更高质量和更充分就业。

人工智能从业门槛较高，从技术方向和专业领域看，大致需要三类人才。

1. 从事基础理论研究的创新型领军人才

需求多来自科研院所、有实力的人工智能科技企业、互联网企业和高校等，多从事大数据智能、跨媒体感知计算、高级机器学习、类脑计算、自主无人系统、智能芯片和系统、自然语言处理等"高、大、上"的基础前沿理论和关键技术研究。不仅需要非常坚实的数学、物理、脑科学、软件、算法等基础知识，而且对创新能力和科研攻关能力要求非常高。

2. 具有专业背景的复合型技术人才

需求多来自科技企业、系统解决方案供应商、互联网企业以及自动化程度较好的传统企业。具体包括算法工程师、平台开发人员、大数据分析师、新产品开发人员等，其中算法工程师需求最为迫切，尤其那些既掌握人工智能技术，具有算法研究和大数据分析能力，又了解自动化、信息通信技术，熟悉制造业、医疗、交通等行业需求，能够将技术转化为实际产品和服务的人才最受欢迎。

3. 技艺精湛的应用型高技能人才

需求多来自系统集成服务企业、高端装备制造企业、传统制造、物流企业等，主要包括机器人应用编程、操作与调试、机器视觉、系统集成等各领域的工程师。这类人才需要了解机器编程应用、自动化控制等知识，能够从事机器运行、调试、操作、维护等各种工作。当前我国工业机器人、智能制造相关的人才普遍缺乏，预计到 2025 年，高档数控机床和机器人产业缺口高达 450 万。

尽管我们说人工智能的进展神速，但截至目前，我们所能看到的人工智能还没有主动认知的功能，还只能算是机器，而不能叫"机器人"。所谓认知是指对外界事物认识的过程，或者说是对作用于人的感觉器官的外界事物进行信息加工的过程。在心理学中是指通过形成概念、知觉、判断或想象等心理活动来获取知识的过程，即个体思维进行信息处理的心理功能。而目前阶段的机器人尽管拥有大数据存储、分析数据能力，但始终不具有认知功能，从另一个层面来说，目前的人工智能还没有智商，只是对人工设定程序的一种执行，而如何让机器拥有认知的能力和智商，这也是人工智能发展的难点。

与其他科学技术一样，人工智能也会随着历史发展而发展，这是发展的大方向，尽管在这个过程中会有一些磕磕绊绊的因素。最后，让我们用美国未来学家库兹韦尔的一句话来结束这一章节：人工智能的进步会不断加速，聪明的机器会设计更聪明的机器，这种自我强化最终会导致人工智能达到一个奇点，成为远远超出人类智能水平的一种存在。

本章小结

人工智能的目标是希望计算机拥有像人一样的智能，可以替代人类实现识别、认知、分类和决策等多种功能。

本章主要介绍了人工智能的起源、含义、实现人工智能的技术、人工智能的应用领域及人工智能的发展前景，最后介绍了我国关于人工智能的相关政策及人工智能时代我们的应对方法。

了解人工智能，会使我们更好地适应高速发展的科技时代。

思考与练习

1. 简答题

（1）谈谈你了解的图灵测试，是谁第一个通过的这个测试？

（2）谈谈你了解的智慧城市是什么？

2. 填空题

（1）从"三盘棋类游戏"看人工智能，这三盘棋分别是跳棋、国际象棋和_____。

（2）人工智能的英文缩写是_____。

（3）融合计算机科学、统计学、脑神经学和社会科学的前沿综合学科，可以代替人类实现识别、认知、分析和决策等多种功能的技术被称为_____。

（4）1962 年，_____开发的跳棋程序战胜了盲人跳棋高手。

（5）用一句最通俗易懂的话说："人工智能是对人的意识、思维的信息过程的_____。"

（6）1997 年，_____在六局棋的对抗赛中战胜国际象棋大师卡斯帕罗夫，几乎全世界的人都在讨论它的强大和可怕，公众愿意相信，在它巨大的黑色机箱内，拥有一颗在棋类博弈领域不输人类的特殊"大脑"。

（7）2016 年 3 月 9 日，围棋世界冠军李世石在五盘棋中以 1:4 大败于_____，有关人工智能的热情和恐慌情绪同时在全世界蔓延开来，也因此引发了一波人工智能的宣传热潮。

（8）_____是计算机利用已有的数据（经验），得出了某种模型（迟到的规律），并利用此模型预测未来（是否迟到）的一种方法。

（9）_____算法，是一种模仿动物神经网络行为特征，进行分布式并行信息处理的算法数学模型。这种网络依靠系统的复杂程度，通过调整内部大量节点之间相互连接的关系，从而达到处理信息的目的。

（10）机器学习发展分为两个部分：浅层学习和_____。

（11）人工智能就是要让机器的行为看起来就是像人所表现出的智能行为一样，它的层次为弱人工智能、强人工智能和_____。

（12）未来学家和科幻作者喜欢用_____来表示超人工智能到来的那个神秘时刻。

（13）早在谷歌 AlphaGo 在公众中掀起 AI 热潮之前，_____就通过媒体告诉大家："完全人工智能的研发可能意味着人类的末日。"

（14）国务院印发《"十三五"国家科技创新规划》，在_____中提到：以智能、高效、协同、绿色、安全发展为总目标，构建网络协同制造平台，研发智能机器人、高端成套装备、三维（3D）打印等装备，夯实制造基础保障能力。

3. 选择题

（1）人工智能诞生在（　　）年。

    A）1946　　　　B）1956　　　　C）1966　　　　D）1936

（2）国内媒体说的人工智能三大奠基人是（　　）、Yann LeCun 与 Yoshua Bengio。

A）Geoffrey Hinton   B）Salakhut dinov

C）Map-Reduce   D）Jeff Dean

（3）AI 是（　　）的英文缩写。

A）automatic intelligence   B）artifical intelligence

C）artifical intelligence   D）artifical information

（4）发表了划时代的论文《计算机器与智能》，首次提出了对人工智能的评价准则，被称为计算机科学之父、人工智能之父的科学家是（　　）。

A）图灵   B）西蒙

C）香农   D）萨缪尔

（5）（　　）年被称为"人工智能元年"，这一年爆发了全球性的人工智能潮流。

A）1956   B）1997   C）2013   D）2016

（6）人工智能在计算机上实现时有两种不同的方式，分别是（　　）。

A）工程学方法和遗传法

B）工程学方法和模拟法

C）遗传法和模拟法

D）工程学方法和神经网络法

（7）下面学科与机器学习无关的是（　　）。

A）模式识别   B）数据挖掘

C）语音识别   D）物理化学

（8）要想让机器具有智能，必须让机器具有知识。因此，在人工智能中有一个研究领域，主要研究计算机如何自动获取知识和技能，实现自我完善，这门研究分支学科叫（　　）。

A）专家系统   B）机器学习   C）神经网络   D）模式识别

（9）人工智能与人类智能相对比，以下说法错误的是（　　）。

A）机器人在记忆、计算、感知等方面比人强

B）机器人在模式识别、情感等方面接近人

C）不强调外观和运动能力、自由意志与灵魂的前提下，AI 约等于机器人

D）人工智能无法自己学习和创造，所有程序都是人为灌输，所以在智能上是无法超越人类的

（10）下面不是智能时代对人才的要求的是（　　）。

A）多元化知识结构是基本要求

B）单一化知识结构是基本要求

C）创造力、实践力是必备素质

D）数字化新技能是重要条件

（11）2015 年 7 月 5 日，国务院印发《"互联网+"行动指导意见》，其中提出，大力发展智能制造，包括（　　）。

A）培育发展人工智能新兴产业

B）推进重点领域智能产品创新

C）提升终端产品智能化水平

D）以上全包括

（12）人工智能的发展经历了（　　　）次热潮，两次寒冬。

　　A）一　　　　　　　B）二　　　　　　C）三　　　　　　D）四

（13）智慧城市的四大基础特征体现为：全面透彻的感知、宽带泛在的互联、智能融合的应用以及（　　　）。

　　A）以互联网为本的可持续创新

　　B）以人为本的可持续创新

　　C）以人为本的绿色发展

　　D）以互联网为本的绿色发展

参考文献

[1] 鄂大伟. 大学信息技术基础 [M]. 厦门：厦门大学出版社，2005.

[2] 赵政五，甘露，汪利辉. 信息论导引 [M]. 2版. 成都：电子科技大学出版社，2017.

[3] 杜玉华，李永全. 信息论理论基础教程 [M]. 北京：中国电力出版社，2014.

[4] 钟义信. 信息科学原理 [M]. 5版. 北京：北京邮电大学出版社，2013.

[5] 顾学迈，石硕，贾敏. 信息与编码理论 [M]. 哈尔滨：哈尔滨工业大学出版社，2014.

[6] 蔡永华. 计算机信息技术基础 [M]. 2版. 北京：清华大学出版社，2015.

[7] 赵生妹. 信息论基础与应用 [M]. 北京：清华大学出版社，2017.

[8] 黄正洪，赵志华. 信息技术导论 [M]. 北京：人民邮电出版社，2017.

[9] 郦全民. 关于计算的若干哲学思考 [J]. 自然辩证法研究，2006（8）：20.

[10] 权少亭，周慧宁，商欢，等. 浅析计算机硬盘技术发展与优化应用 [J]. 电脑知识与技术，2018，14（20）：217-218，227.

[11] 谢涛. Raptor 程序设计案例教程 [M]. 北京：清华大学出版社，2014.

[12] 冉娟. RAPTOR 流程图+算法程序设计教程 [M]. 北京：北京邮电大学出版社，2016.

[13] 裴新凤，邓磊. 大学计算机实验教程 [M]. 西安：西北工业大学出版社，2013.

[14] 石玉强，闫大顺. 数据结构与算法 [M]. 北京：中国农业大学出版社，2017.

[15] 吴建平，李星. 下一代互联网 [M]. 北京：电子工业出版社，2012.

[16] 刘锋. 互联网进化论 [M]. 北京：清华大学出版社，2012.

[17] 谢希仁. 计算机网络 [M]. 7版. 北京：电子工业出版社，2017.

[18] 王新冰. 移动互联网导论 [M]. 2版. 北京：清华大学出版社，2017.

[19] 孔剑平，黄卫挺. 互联网+：政府和企业行动指南 [M]. 北京：中信出版集团，2015.

[20] Bill Gates. 未来之路 [M]. 北京：北京大学出版社，1996.

[21] 宗平. 物联网概论 [M]. 北京：电子工业出版社，2012.

[22] 刘化君，刘传清. RFID 系统的工作原理 [M]. 北京：电子工业出版社，2010.

[23] 赵建忠. 我国物联网在智能家居应用发展的若干问题探讨 [J]. 中国集成电路，2016，25（12）：15-22.

[24] 周立新，刘琨. 智能物流运输系统 [J]. 同济大学学报（自然科学版），2002，30（7）：829-832.

[25] 沈昌祥，左晓栋. 网络空间安全导论 [M]. 北京：电子工业出版社，2017.

［26］袁津生．计算机网络安全基础［M］.5 版．北京：人民邮电出版社，2008．

［27］梅宏．大数据导论［M］.北京：高等教育出版社，2018.

［28］刘鹏．大数据［M］.北京：电子工业出版社，2017.

［29］江晓东．实战大数据［M］.北京：中信出版集团，2016.

［30］付雯．大数据导论［M］.北京：清华大学出版社，2018.

［31］孙宇熙．云计算与大数据［M］.北京：人民邮电出版社，2016.

［32］林子雨．大数据技术原理与应用［M］.北京：人民邮电出版社，2017.

［33］李开复，王咏刚．人工智能［M］.北京：文化发展出版社，2017.

［34］李彦宏，等．智能革命［M］.北京：中信出版集团，2017.

［35］Michael Miller. 万物互联［M］.赵铁城，译．北京：人民邮电出版社，2017.